KB102061

하리하라의 청소년을 위한 의학 이야기

하리하라의 청소년을 위한 의학 이야기

이은희 지음

살림Friends

들어가는 말

1888년 어느 날, 다이너마이트의 발명자로 알려진 알프레드 노벨(Alfred Bernhard Nobel)은 신문을 읽다 큰 충격에 빠진다. 그의 눈에 들어온 것은 '죽음의 상인 알프레드 노벨, 숨지다'라는 기사였다. 물론 기사는 오보였다. 죽은 사람이 신문을 볼 수는 없을 테니 말이다. 실제 사망한 것은 그가 아니라 그의 친척이었는데 '노벨'이라는 성(姓)을 듣고 착각한 기자가 기사를 잘못 쓴 것이었다. 하지만 멀쩡히 살아 있는 사람을 죽은 사람으로 만든 것보다 더욱 노벨에게 충격을 주었던 것은 자신의 이름 앞에 붙은 '죽음의 상인'이라는 별칭이었다. 그는 자신에 대한 세간의 평가가 '죽음의 상인'이었다는 사실에 충격을 받고 깊은 고민에 빠져들었다.

그로부터 8년 뒤인 1896년, 이번엔 진짜로 알프레드 노벨이 세상을 떠났다. 세간의 관심은 그의 유언장에 쏠렸다. 그는 다이너마이트를 발명하여 어마어마한 재산을 모은 것으로 알려져 있었다. 하지만 노벨은 평생 결혼도 하지 않았고 아이를 입양한 적도 없었기에 엄청난 유산이 과연 누구에게로 상속될 것인지에 대해 세간의 관심이 집중되었다. 유산 상속자에 대한 예측이 분분한 가운데 공개된 유언 내용은 모든 이의 예상을 빗나갔다.

놀랍게도 노벨은 자신이 일평생 다이너마이트를 통해 벌어들인 재산 3,100만 크로네(현재 환율로 단순 환산하면 약 50억 원, 인플레이션을 감안한 현재가치로 환산하면 약 2,700억 원이다), 거의 전부를 유언 집행자인 솔만(Ragnar Sohlman)과 리예크비스트(Rudolf Lijeqvist)에게 위탁하고, 그들에게 '이 재산을 운용하여 해마다 인류 복지에 가장 구체적으로 공헌한 사람들에게 나누어주라'고 유언장에 적어놓았다. 뜻밖의 내용이 담긴 노벨의 유언장이 공개되자 유산을 기대하고 있던 친지들은 물론 이거니와 노벨의 고국이었던 스웨덴 국민 전체가 커다란 충격에 휩싸였다고 한다. 심지어 몇몇 친척들은 자신들에게 유산 상속권이 있다고 주장하며 법적 대응에 나서기도 했고, 스웨덴 국왕은 스웨덴 사람이 벌어들인 돈이니 스웨덴 국고에 귀속해야 한다고 불만을 표하기도 했다. 게다가 다른 노벨상과 달리 왜 평화상의 선정 주체가 스웨덴이 아니라 이웃나라인 노르웨이로 지정되었는지에 대한 의문도 만만치 않았다(노벨은 유언장에서도 그 이유를 명확히 밝히지 않았다).

노벨의 유언장이 세상에 던진 여파는 컸다. 하지만 두 집행인들은 고인의 뜻을 최우선에 놓고 일을 추진했고, 결국 노벨 사후 5년 만인 1901년 노벨재단을 수립해 노벨상 수상의 기반을 마련하는 데 성공했다. 그리고 같은 해 12월 10일, 5개 부문 6명, 물리학상을 수상한 뢴트겐, 평화상을 수상한 뒤낭 등이 첫 시상대에 올랐다. 노벨이 사망한 지 꼭 5년이 되는 날이었다.

이렇게 한 백만장자의 고민에서 시작된 노벨상은 114년을 맞이하는 현재, 전 세계에서 가장 권위 있는 상이자 가장 명예로운 상으로 평가받고 있다. 수많은 훌륭한 사람들이 청보랏빛 바닥에 선명하게 새겨진 Ⓝ 로고 위에 올랐고, 그들의 노고 덕분에 이 세상은 노벨이 사망하던 때보다 더욱 많은 것을 누릴 수 있는 세상이 되었다. 필자는 지난 113년간의 노벨생리의학상에 대한 자료들을 우연히 접한 후, 사람들의 목숨을 구하고 생명의 신비를 파헤치기 위해 때로는 빛나는 호기심과 무한한 열정과 끈질긴 노력을 아끼지 않았던 사람들의 이야기에 매료되었다. 그리고 그들이 결정적인 발견을 했을 때 어떤 심정이었을지 상상하며 이 글을 쓰게 되었다. 그들이 연구에 바쳤던 시간과 노력과 열정과 인생을 통해 100여 년 전과는 전혀 다른 삶과 미래를 꿈꿀 수 있게 되었음에 감사할 따름이다.

- 2014년 어느 날, 하리하라

노벨의 유언장 일부

돈으로 바꿀 수 있는 나의 나머지 모든 유산은 다음과 같은 방법으로 처리해야 한다. 즉 유언 집행자는 유산을 안전한 유가증권으로 바꿔 투자하고, 그것으로 기금을 설치하여 그 이자로 매년 그전 해에 인류를 위해서 최대의 공헌을 한 사람들에게 상금 형식으로 수여하여야 한다.

일부는 물리학 분야에서 가장 중요한 발견 또는 발명을 한 인물에게, 일부는 가장 중요한 화학의 발견 또는 개량을 한 사람에게, 일부는 생리학 또는 의학의 영역에서 획기적인 발견을 한 사람에게, 또 일부는 문학 분야에서 이상주의적인 경향의, 가장 두드러진 작품을 창작한 인물에게 그리고 또 다른 일부는 국가 간의 우호, 군대의 폐지 또는 감축과 평화 회의의 개최나 추진을 위해서 최대 또는 최선의 일을 한 인물에게 주도록 한다.

물리학상과 화학상은 스웨덴과학아카데미가, 생리학·의학상은 스톡홀름의 카롤린스카연구소가, 문학상은 스톡홀름아카데미가, 그리고 평화상은 노르웨이 국회가 선출하는 5인의 위원회가 수여하도록 한다. 수상자를 선정함에 있어 후보자의 국적을 일체 고려해서는 안 된다. 스칸디나비아 사람이건 아니건 관계없이 가장 적합한 인물이 수상자가 되어야 한다. 나는 이 점을 특별히 당부한다.

– 1885년 11월 27일 파리에서, 알프레드 베른하르드 노벨

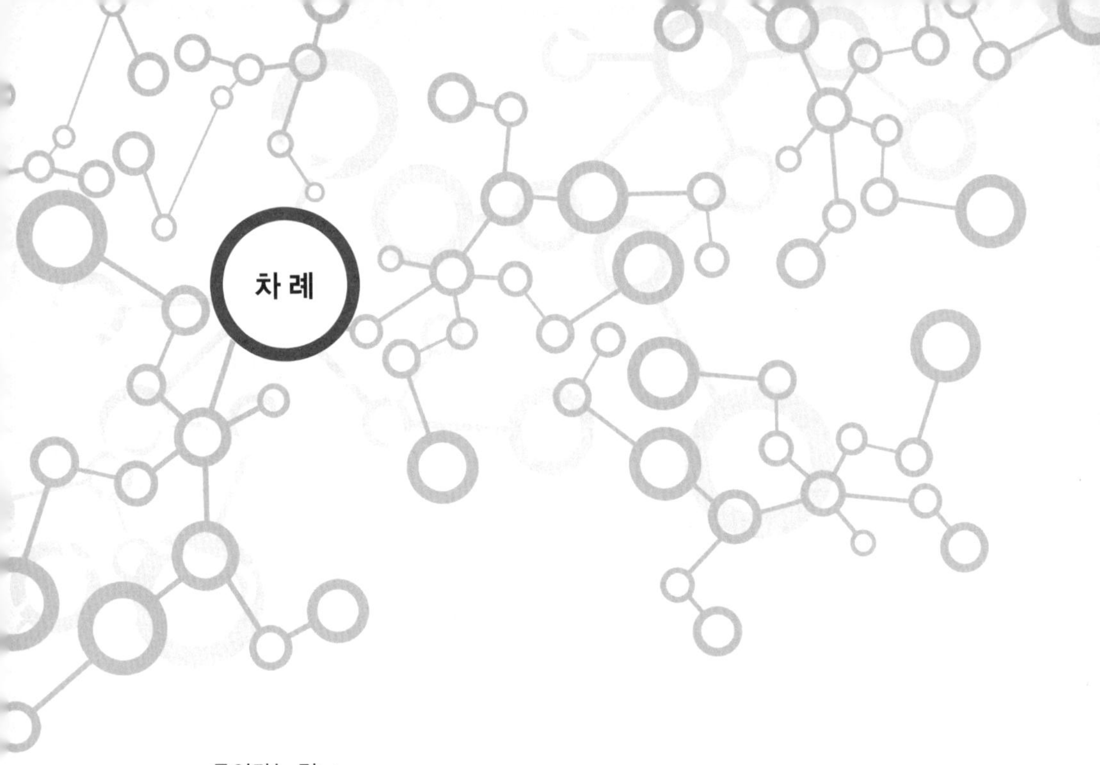
차 례

제2부 유전자와 질병, 베일을 벗다

제3부 21세기 현대인의 건강한 삶을 위하여

제1부
노벨상, 여명을 열다

제1장

비밀은 핏속에 있다

폰 베링과 면역학

"역시 비밀은 핏속에 있었어!"

그의 목소리에 우리 안에서 옹기종기 모여 있던 토끼들이 화들짝 놀란 듯했다. 토끼들은 어리둥절해보였지만 어디 하나 아픈 구석 없이 건강해보였다. 만약 누군가에게 이 토끼들이 며칠 전에 디프테리아(diphtheriae) 독소를 접종받은 토끼라고 귀띔해준다면, 그는 아마 절대 믿을 수 없다고 펄쩍 뛸 것이다. 그렇지만 사실이었다. 이 토끼들은 분명 며칠 전에 디프테리아균(Corynebacterium diphtheriae)이 만들어낸 치명적인 독소를 대량으로 투여받았다. 차이가 있다면, 이 토끼들은 이전에도 아주 소량의 디프테리아 독소를 투여받은 적이 있다는 것뿐이었다. 두 번의 디프테리아 독소 투여에도 아무런 이상이 없는, 아니 두 번을 투여받았기에 아무 이상도 없는 토끼들을 바라보며 기쁨에 찬 탄성을 지르는 사람은 바로 에밀 폰 베링(Emil Adolf von Behring, 1854~1917)이었다.

면역학의 아버지, 폰 베링

에밀 폰 베링

독일의 의학자이자 세균학자였던 에밀 폰 베링. 역사는 그를 현대적 개념의 백신 제조법을 밝혀낸 사람이라는 의미를 담은 '면역학의 아버지' 혹은 '제1회 노벨 생리의학상 수상자'로 기억한다. 노벨상의 수여 목적이 '인류 복지에 구체적으로 기여한 사람'이었다는 측면에서 본다면 베링을 첫 수상자로 결정한 것은 매우 적절한 선택이었다. 그가 찾아낸 디프테리아 혈청요법을 시작으로 면역학의 가장 중요한 개념이 수립되었으며, 다양한 질병을 예방하고 치료할 수 있는 백신들이 줄줄이 제작되었기 때문이다. 그로 인해 수많은 사람들이 질병의 공포로부터 벗어났고 새로운 인생을 부여받았다.

1854년, 베링은 평범한 학교 교사였던 아버지의 열세 자녀 중 다섯째로 태어났다. 그는 의학을 공부하고 싶었지만 아버지의 수입만으로는 가족들이 먹고 사는 것마저 버거운 지경이었다. 형제자매가 많은 집의 아이는 일찍부터 자기 앞가림을 하는 법을 배워야 한다. 베링은 학비를 들이지 않고서도 의학 공부를 할 수 있는 방법을 찾아냈다. 바로 군의관을 양성하기 위한 군의학교에 입학하는 것이었다. 그는 군의학교에서 의학을 배웠고 졸업 후에는 군의관으로 군대에 배치되어 의무복무를 하며 의학자로서의 삶을 시작했다. 평범한 군의관이던 베링에

로베르트 코흐 연구소 전경, 1900년 ©Robert Koch Institute.

게 기회가 찾아온 것은 그가 34세가 되던 1888년이었다. 군 당국이 성실하게 일하던 그의 재능을 높이 평가해 베를린대학교 코흐 교수 연구실에서 일할 수 있게 배려해주었던 것이다. 하인리히 코흐(Heinrich Hermann Robert Koch, 1843~1910)는 '특정 전염병은 특정한 병원균이 원인이 되어 일어난다'는 '미생물 병원체설'을 주장하여 현대 전염병학의 근간을 마련한 인물로, 프랑스의 루이 파스퇴르(Louis Pasteur, 1822~1895)와 함께 '세균학의 아버지'로 불리는 인물이었다. 물론 당대 최고의 세균학자이기도 했다.

평소 존경해 마지않았던 코흐 교수 연구실에 들어간 베링은 아마 뛸 듯이 기뻤을 것이다. 당시 베링은 상상이라도 했을까? 그로부터 10여 년 후, 자신이 그토록 존경했던 스승보다 먼저 영광스러운 노벨상의 주인공이 되고, 연구 업적을 두고 스승과 의견이 엇갈려 갈라서리라는 것을. 노벨상의 역사를 살펴보면 스승과 제자, 혹은 부모와 자식이 공동 수상을 하거나 혹은 대를 이어 수상한 전례가 여럿 있지만 제자가 스승보다 먼저 수상한 경우는 딱 세 번 있었다. 코흐의 제자였던 베링이 제1회 노벨상을 수상하고 코흐가 제5회 수상자로 선정된 것이 그중 하나였다. 그 외 1932년 노벨 물리학상을 받은 베르너 카를 하이젠베르크(Werner Karl Heisenberg, 1901~1976)는 1954년 노벨상을 수상한 막스 보른(Max Born, 1882~1970)의 제자이며, 1902년 노벨 화학상을 받은 헤르만 에밀 피셔(Hermann Emil Fisher, 1852~1919)도 1905년에 노벨 화학상을 수상한 아돌프 폰 베이어(Adolf von Baeyer, 1835~1917)의 제자다.

디프테리아, 베링의 도전 대상이 되다

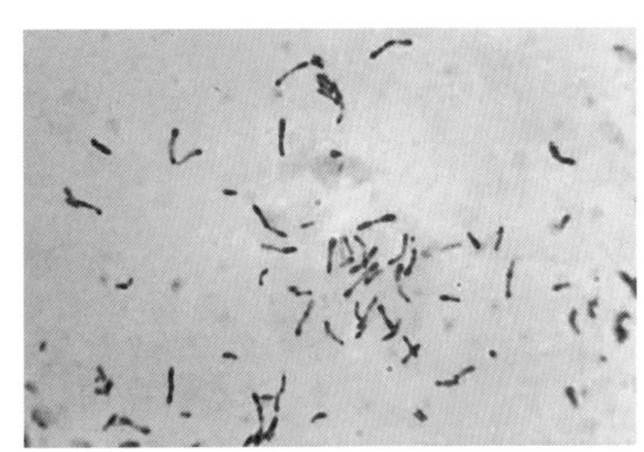
디프테리아균

어쨌든 장차 스승의 명성을 뛰어넘을 잠재력을 지녔던 베링이었지만, 그가 처음 코흐 연구실에 들어갔을 당시에는 적지 않은 나이에 처음 실험을 배우러 들어온 늦깎이 초보 연구자에 불과했다. 코흐의 실험실에서 그가 연구했던 과제는 디프테리아였다. 지금은 백신의 보급으로 인해 거의 사라진 질병이 되었지만, 그 당시 디프테리아■는 매우 위험한 질병 중 하나였다. 디프테리아는 디프테리아균이 원인이 되어 발병하는 전염병으로 주로 면역력이 약한 어린아이들이 잘 걸렸다. 디프테리아균은 주로 코와 목의 점막에 침투하므로 초기 디프테리아 환자는 목이 붓고 아프며 열이 나는 등 목감기와 비슷한 증상을 겪는다. 그러나 디프테리아균에 감염되면 감

디프테리아 우리나라의 경우, 현재 디프테리아는 법정 전염병으로 지정되어 있어서 환자가 발생하는 즉시 관할 지역 보건소장에게 신고해야 한다. 디프테리아에 걸린 후 치료하지 않은 사람은 약 2~4주 동안 전염력을 가지기 때문에 디프테리아 환자는 2주간 격리 치료하는 것이 기본이다. 법정 전염병으로 지정되어 있기에 디프테리아 예방접종은 기본필수접종으로 전국의 모든 보건소와 병원에서 무료로 접종한다. 흔히 쓰이는 접종 백신은 디프테리아와 파상풍, 백일해 백신을 혼합한 DPT 혼합 백신이다. 일반적으로 생후 2개월, 4개월, 6개월에 1회씩 3회 접종하고, 3회차 접종 후 6~12개월 후에 4차 접종을, 만 4~6세 때에 5차 접종을 하면 접종 사이클이 완료되어 디프테리아에 대해 확실한 면역력을 가지게 된다. 최근 들어서는 DPT 백신의 보급률과 접종률이 높아져 디프테리아의 발생률은 극히 낮아졌다.

독일의 프리드리히 뢰플러 기념우표

염 부위에 옅은 회색의 얇은 막이 생기기에 목감기와 구별된다. 디프테리아균 감염보다 더 무서운 것은 디프테리아균이 만들어내는 독소다. 이 독소는 인체 내로 흡수되어 심근염을 일으키거나 신경을 마비시키는데 이로 인해 환자가 사망에 이르기도 했다. 디프테리아로 인한 사망률은 5~10% 정도이지만 전염성이 높기 때문에 디프테리아가 한번 유행하기 시작하면 수많은 아이들이 희생되었다. 베링이 연구를 시작했던 19세기 말 즈음에도 유럽에 디프테리아가 대유행하여 독일에서만도 해마다 5만 명 이상의 어린아이들이 사망했다. 이처럼 위험성이 매우 컸기에 당시 디프테리아는 베링 이외에도 많은 의학자들의 관심 대상이었고 그만큼 많은 연구가 진행되고 있었다.

베링 이전에도, 역시 코흐의 제자였던 프리드리히 뢰플러(Friedrich August Johannes Löffler, 1852~1915)는 1884년 디프테리아균을 최초로 발견했고, 프랑스의 피에르 루(Pierre Paul Emile Roux, 1853~1933)는 1888년 디프테리아균의 배양액에서 디프테리아를 일으키는 독소를 추출하는 데 성공하는 등 연구가 활발히 진행되고 있었다. 이들의 선행연구로 인해 베링이 연구에 착수하던 즈음에는 이미 디프테리아균 그 자체보다는 균이 분비하는 독소가 더 큰 위험 요인이라는 사실이 밝혀진 상태였다. 이제 남은 것은 어떻게 해서 이 독소의 힘을 약화 혹은 무력화시키느냐는 것이었다. 베링은 30대가 되어 뒤늦게 연구를 시작한지라 앞서나가고 있던 이들에 비해 한참 뒤처진 상태였다. 그런데 가장 중요하고도 결정적인 마지막 관문을 통과한 주인공은 아이러니하게도 가장 늦게 출발한 베링이었다.

베링, 실마리를 잡다

디프테리아 연구를 처음 시작한 베링은 과거의 경험을 살려 실험동물들에게 여러 가지 화학물질을 주사했다. 군의관으로 재직하던 시절, 베링은 특정한 전염병을 치료할 수 있는 화학물질을 찾고자 여러 가지 화학물질을 동물에 투여해본 경험이 있었다. 그는 특히 아이오딘(Iodine)에 주목했다. 기존의 경험으로 전염병의 원인이 되는 세균을 실험동물에 주입시키기 전에 아이오딘을 투여하면, 질병을 일으키는 능력이 약화된다는 사실을 알고 있었기 때문이다. 베링은 이 경험을 바탕으로 실험동물인 기니피그에게 아이오딘을 투여한 뒤, 디프테리아균을 주사했다. 역시 이 경우에도 아이오딘을 투여받은 기니피그들은 그렇지 않은 그룹보다 살아남은 비율이 높았다. 그 순간, 아마도 베링은 뛸 듯이 기쁘지 않았을까? 디프테리아를 퇴치할 수 있는 실마리를 잡았다는 생각에 말이다.

하지만 기쁨은 오래 가지 않았다. 아이오딘이 디프테리아를 약화시키는 원리를 구체적으로 설명할 수 없었을 뿐 아니라 아이오딘을 투여한다고 해서 꼭 디프테리아에 걸리지 않는다거나 반드시 낫는 게 아니었기 때문이다. 실험결과는 들쭉날쭉했다. 질병의 치료제 혹은 예방제라고 한다면, 그 질병에 대해서는 예측할 수 있는 효과를 나타내야 하는데 아이오딘은 전혀 그렇지 못했다.

까다로운(?) 아이오딘의 효능에 갈피를 잡지 못하고 있던 어느 날, 베링은 생각지도 못했던 현상을 목격하게 된다. 강력한 디프테리아균을 주사한 실험동물 우리에 이상한 일이 벌어졌던 것이다. 보통 이 정도 수준의 디프테리아균을 주입받았다면 다들 죽거나 죽음 직전에 도달했을 시기에, 몇몇 동물들이 멀쩡하게 살아 있었던 것이다. 아니, 간신히 살아 있는 수준이 아니라 아무 이상 없이 건강했다. 마치 디프테리아균을 주입받은 적이 없는 것처럼 보일 정도였다. 무엇이 이들을 디프테리아의 무차별 공격으로부터 막아준 것이었을까?

루이 파스퇴르와 노벨상 수상 조건 탄저병 백신을 만들어내 면역학의 단초를 제공한 이는 파스퇴르다. 하지만 파스퇴르는 노벨상을 받지 못했다. 노벨상은 1901년부터 수여되었는데, 파스퇴르는 1895년에 사망했기 때문이다. 노벨상은 '현재 살아 있는 자'를 대상으로 수여하기 때문에 이미 사망한 파스퇴르는 노벨상 수상자 대열에 오를 수 없었다. 마찬가지로 뛰어난 화학자로 평가받아 노벨상 수상 1순위로 거론되던 과학자 모즐리(Henry Gwyn-Jeffreys Moseley, 1887~1915)는 제1차 세계대전에 자원입대한 뒤 28세의 나이에 전사하여 영원히 노벨상 수상자의 대열에 들 수 없게 되었다.

한 번은 질 수 있어도 두 번은 지지 않는다

이상하게(?) 건강한 동물들을 조사하던 베링은 이들 모두가 이전의 디프테리아 실험에서 한 번 디프테리아에 걸렸다가 살아난 동물이라는 사실을 알아냈다. 거듭 실험을 해보아도 일단 디프테리아에 걸렸다가 살아났던 동물들은 이후에는 아무리 많은 양의 디프테리아균을 주사하거나 디프테리아 독소에 노출되어도 디프테리아에 걸리지 않았다. 아마 이 순간 베링의 뇌리엔 파스퇴르의 '탄저병 백신' 실험이 떠올랐으리라. 이미 1881년, 프랑스의 세균학자 루이 파스퇴르■는 대규모 가축 탄저병 백신 실험을 통해, 탄저균을 약화시켜 가축에게 투여해 탄저병을 약하게 앓게 만들고 나면 이후에는 아무리 강한 탄저균을 주입하더라도 병에 걸리지 않는다는 사실을 밝힌 바 있었다. 베링은 이 사실에 주목했다. 탄저병뿐 아니라 홍역이나 수두, 천연두처럼 한 번 질병을 앓고 나면 다시는 걸리지 않는 질환은 많았다. 따라서 전염병 환자를 간병하는 데 가장 좋은 사람은 이전에 그 병을 앓았다가 나은 사람이라는 사실도 널리 알려져 있었다. 그렇다면 무엇이 이를 가능하게 하는 것일까?

〈연구실의 루이 파스퇴르(Louis Pasteur in his laboratory)〉, 알베르트 아델펠트(Albert Edelfelt), 1885, 오르세 미술관. 인상파 화가 아델펠트의 대표작. 파스퇴르에 매혹된 이 화가는 초상화를 그리기 위해 파스퇴르의 실험실에서 몇 달간 머무르며 작품을 완성했다.

비밀은 핏속에 있다

베링은 그 비밀이 핏속에 있을 것으로 믿었다. 디프테리아에 걸리면, 우리 몸은 살아남기 위해 디프테리아균이 뿜어내는 독소에 대항하는 물

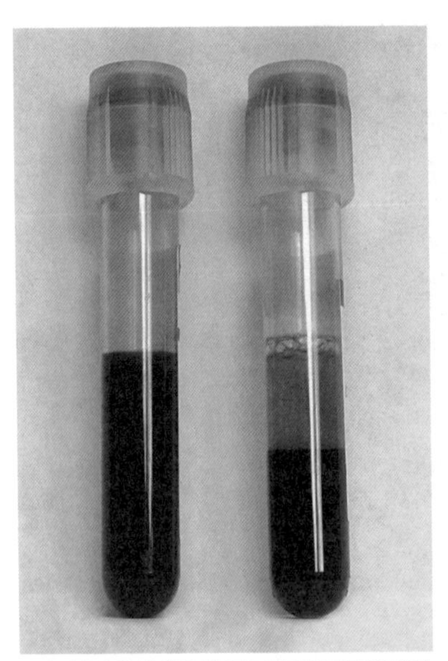

채혈 직후의 혈액(좌)과 시간이 경과해 분리된 혈액(우). 노란색 액체 부분이 혈장이고, 그 아래 짙은 붉은색 덩어리는 혈병이다.

질, 즉 항독소(抗毒素, antitoxin)를 만들어낼 것이고, 일단 만들어진 항독소는 없어지지 않고 계속 핏속에 남아 있기 때문에 다음에는 디프테리아균이 몸에 들어와도 이미 존재하는 항독소 덕분에 기를 펴지 못한다고 추측했던 것이다. 하지만 이는 어디까지나 가설일 뿐이었다. 과학 연구에 있어 가설은 관찰이나 실험을 통해 증명되어야만 가치를 지니기에, 베링은 자신의 가설을 증명하기 위해 적절한 실험을 고안해야 했다.

베링은 이미 디프테리아에 걸렸다가 나은 동물들에게서 피를 뽑아 혈청(血淸, serum)을 만들었다. 혈액을 채취해서 가만히 놓아두면 혈액이 두 층으로 분리되는데, 아래에 가라앉은 짙은 붉은색의 덩어리는 혈액 속 세포 성분인 적혈구, 백혈구, 혈소판 등이 가라앉아 만들어진 혈병(血餠, cruor)이고, 위에 뜬 노란 액체는 혈액의 액체 성분인 혈장(血漿, plasma)이다. 액체 성분인 혈장에서 혈액 응고에 관여하는 물질을 제거한 것이 혈청이다. 혈청은 눈으로 보기에는 그저 노란색의 액체일 뿐이지만 그 안에는 질병에 대항하는 다양한 항체들이 들어 있는 귀중한 물질이다. 베링은 디프테리아에 걸렸다가 나은 동물들의 혈액에서 추출한 혈청에 디프테리아균을 섞어서 디프테리아를 앓은 적이 없는 다른 동물에게 주사했다. 하지만 며칠이 지나도 그 동물들은 디프테리아에 걸릴 기미가 보이지 않았다. 반면에 이전에 디프테리아에 걸린 적이 없는 동물에게서 추출한 혈청에 디프테리아균을 섞어 주사한 경우에는 모든 동물들이 디프테리아에 걸려서 앓기 시작했다.

이를 통해 베링은 아주 중요한 사실을 밝혀냈다. 특정 질병에 걸렸다가 나은 개체는 이 질병에 대응할 수 있는 물질을 만들어내고 그 물질은 핏속에 존재하여 온몸을 돌아다닌다는 사실을 말이다. 베링은 핏속에 질병에 대항하는 물질이 존재한다는 사실을 증명해낸 것이다.

수동면역의 원리를 발견하다

베링은 자신의 연구 결과를 1890년 논문으로 발표했고, 그의 연구 결과에 힘입어 2년 뒤인 1892년에는 디프테리아 항독소가 포함된 혈청(디프테리아 항혈청)이 상품화되어 시장에 나오기에 이른다. 디프테리아 항혈청은 나오자마자 곧 디프테리아 치료 및 예방의 기본으로 자리잡게 된다. 디프테리아 항혈청을 이용하게 되면, 디프테리아에 걸린 사람을 치료할 수 있을 뿐 아니라 때로는 디프테리아에 걸리는 것을 예방할 수도 있기 때문에 항혈청 요법은 빠르게 퍼져나갔다. 뒤이어 베링은 같은 연구실에서 일하던 일본인 기타사토 시바사부로[北里柴三郎, 1853~1931]와 함께 비슷한 방법을 이용하여 파상풍 예방과 치료에 효과가 있는 파상풍 항혈청을 개발하는 데도 성공한다.

기타사토 시바사부로

현대 의학은 특정 질병에 걸렸다가 나은 뒤 그 질병에 다시는 걸리지 않는 현상, 즉 면역 현상을 '항체(抗體, antibody)'와 '기억세포(memory cell)'의 존재로 설명한다. 외부 물질이 침입하면 신체는 이를 물리치기 위해 다양한 전략을 구사하는데, 그중 하나가 항체를 만들어 이들을 공격하는 것이다. 비유하자면 항체는 일종의 유도 미사일이다. 미리 입력된 특정 대상만을 골라서 타격하는 유도 미사일처럼, 항체는 외부에서 유입한 병원균이나 기타 물질들만을 골라서 공격하는 특징을 가지기 때문이다. 예를 들어, 천연두 바이러스가 들어오게 되면 우리 몸에서는 즉시 이에 대응하는 천연두 항체가 만들어지기 시작한다. 천연두 항체가 만들어지면, 이 항체는 다른 세포들은 건드리지 않고 오로지 천연두 바이러스만을 공격한다. 다만 항체는 미리 준비되는 것이 아니라 이상이 감지되면 그때부터 만들어지기 시작하므로 어느 정도 시간이 걸린다. 따라서 이 시간을 견디지 못하면 사망할 수도 있다. 하지만 일단 항체들이 만들어지면, 이들이 외부 침입자들을 효과적으로 퇴치하기 때문에 병에서 회복될 수 있다. 또한 한번 만들어진 항체는 침입자가 퇴치되면 같이 사라지는 것이 아니라, 기억세포라는 세포에 그 정보를 남기게 된다. 일단 기억세포에 항체의 정보가 저장되면 신체는 이제 그 질병에 대해서는 사전 대비 시스템을 갖추게 되는 셈이다. 따라서 동일한 병원균이 다시 침입하게 되면 이미 입력된 정보를 바탕으로 빠르게 항체를 만들어내 초기 진압이 가능하기에 더 이상 같은 질병에 걸리지 않는데, 이를 일컬어 '면역력을 획득했다'고 말한다.

이런 과정을 거쳐 만들어지는 항체와 기억세포는 질병 퇴치에 매우 유용하므로 이를 잘만 이용하면 질병을 치료하거나 예방하는 것도 가능해진다. 베링이 발견한 것은 항체를 이용한 다양한 면역 방법 중의 하나인 수동 면역의 원리였다. 수동 면역이란 이미 타인의 몸에서 만들어진 항체를 추출하여 제3자에게 투여함으로써 질병을 치료하는 방식을 말한다. 수동 면역은 일단 질병의 원인균이 들어왔지만 이전에 이 질병을 앓아본 적이 없어 체내에서 충분한 양의 항체가 만들어지지 않은 경우에 매우 유용하다. 그 질병의 원인균만 골라서 공격하는 무기를 외부에서 대량으로 공급해주는 것이기 때문이다. 하지만 수동 면역은 일단 걸린 질병을 치료하기에는 유용하지만 항체를 스스로 만들어내는 것이 아니기 때문에 지속적인 면역력을 갖추기에는 부족하다는 단점이 있다. 지속적이고 안정적인 면역력을 갖추기 위해서는 능동 면역의 과정이 필요하다. 능동 면역이란 실제 질병을 앓았거나, 혹은 질병의 원인균을 직접 접한 신체가 스스로 그에 맞는 항체를 생성하는 것으로, 앞에서 설명한 대로 이런 방식으로 항체가 만들어지면 기억세포에 정보가 남기 때문에 지속적이고 안정적인 면역력 확보가 가능하다. 현대의 예방의학에서 백신 제조의 기본 원리는 신체가 가지고 있는 능동 면역 능력을 이용하여, 실제 질병에 걸리지 않고도 항체만 제조할 수 있도록 하는 물질을 투여하는 것이 골자다.

비록 항체의 정확한 정체는 알지 못했지만, 베링은 혈청 속에 항체(그는 이를 항독소라고 불렀지만)가 존재한다는 사실과 이를 이용해 질병을 치료하고 나아가 예방할 수 있다는 사실(수동 면역)을 알아냄으로써 전염병을 퇴치하는 데 획기적인 공헌을 한 공로로 1901년 최초의 노벨 생리의학상 수상자로 이름을 올리게 된다.

디프테리아, 역사 속으로 사라지다

베링의 디프테리아 연구 이후, 다양한 연구가 이어졌다. 항혈청을 개발해 디프테리아 치료의 서막을 연 것은 베링이었지만, 실제 널리 쓰일 수 있는 디프테리아 백신의 개발은 시간이 조금 더 필요했다. 1924년, 프랑스의 가스통 라몽(Gaston Ramon, 1886~1963)이 디프테리아의 독소에 포르말린을 가해 37℃에서 3~4주간 방치하면 독성은 사라지지만, 인체 내에서 디프테리아에 대응하는 항체를 만들어낼 수 있는 성분은 그대로 유지한다는 사실을 알아냈다. 이는 대규모 디프테리아 백신 개발의 단초가 되었다. 이처럼 특정 독소를 변형시켜 독성은 없애면서도 항체 유발은 가능하게 한 것을 아나톡신(anatoxin)이라 하는데, 아나톡신 제조 기법은 이후 디프테리아뿐 아니라 뱀독의

해독제 제조에도 널리 이용되었다.

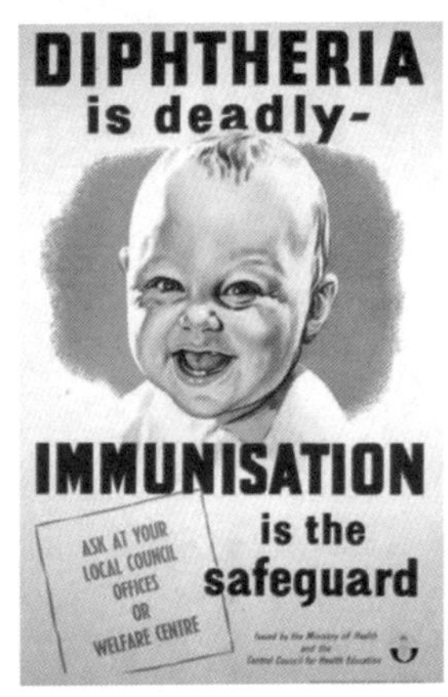

제2차세계대전 당시 영국의 디프테리아 백신 포스터.

베링의 항혈청 연구와 라몽의 아나톡신 연구 이후 디프테리아의 발병률은 현저히 떨어졌다. 우리나라의 경우 디프테리아와 파상풍, 백일해를 예방하는 혼합 백신인 'DPT(삼종 혼합 백신)'는 의무접종 대상으로 전국 모든 병원에서 무료로 접종 가능하다. 우리나라에서도 1950년대까지만 하더라도 해마다 수천 명씩 디프테리아 환자가 발생했고, 이 중 많은 환자들이 디프테리아성 심근염으로 숨지곤 했었다. 그런데 1958년 예방 백신이 도입된 이후 발병률은 급속도로 떨어져 1983년에는 겨우 19명의 환자만 보고되었을 뿐이며, 그나마도 1987년 이후에는 아예 발생 신고 자체가 사라졌다. 예방 백신이 보급된 지역에서 수십 년간 디프테리아의 발생이 없는 현상이 흔히 나타나게 되었다. 베링이 꿈꾸었던 디프테리아로 죽어가는 어린 생명들이 없는 세상이 현실이 된 것이다.

제2장

질병의 원인을 모기에게서 찾다

로스와 말라리아

"그래, 드디어 찾았어! 드디어 찾았다고! 말라리아는 역시 모기에 의해 전염되는 것이었어!"

1897년의 어느 날, 현미경을 들여다보던 한 남자는 희열에 가득 차 소리를 질렀다. 2년 만이었다. 말라리아라는 질병이 모기에 의해 전염된다는 가설을 세우고 실험에 착수했던 것이 2년 전이었다. 그 세월 동안 그는 수없이 많은 모기들을 잡아 수백 번 아니 수천 번도 더 현미경으로 들여다보았지만 한 번도 성공한 적이 없었다. 그동안 주변 사람들은 의사라는 본업은 팽개치고 하루 종일 모기를 잡으러 다니는 그를 미

로널드 로스

친 사람처럼 쳐다보기 일쑤였고, 일부 항온동물인 사람의 몸속에서 기생하는 기생충이 변온동물인 모기의 몸속에서는 살 수 없을 거라는 이유로 그의 연구를 비웃기도 했다. 하지만 그는 보았다. 모기의 내장 속에서 말라리아를 일으키는 원충들을 보았고, 원충들이 포자를 형성해 모기의 침샘 속으로 집결하는 것을 보았던 것이다. 침샘 속에 포자를 가진 모기가 사람을 물게 되면, 포자가 사람에게로 옮겨가 말라리아를 일으킬 것이다. 로널드 로스(Sir Ronald Ross, 1857~1932)는 수천 년간이나 인류를 괴롭혀왔던 말라리아의 전염 경로를 드디어 확인한 것이다.

모기, 지긋지긋한 악연

상상해보자. 어느 맑은 여름날 밤, 캠핑에 나섰다. 밤공기는 적당히 서늘해 상쾌하고 밤하늘의 별들은 보석을 뿌려놓은 듯 반짝였다. 낮게 울리는 풀벌레 소리와 향긋하게 퍼지는 풀냄새에 여름밤의 낭만을 즐기려던 찰나, 복병이 나타났다. 바로 모기다. 앵앵거리는 소리를 내며 신경을 자극하던 모기들은 급기야는 몸 여기저기를 물어뜯어 시뻘겋게 부풀어 오른 자국을 남기고야 말았다. 결국 여름밤의 낭만은 사라지고 벌겋게 부풀어 오른 팔다리를 벅벅 긁는 것으로 캠핑은 끝났다.

모기는 여름밤의 낭만을 해치는 주범이며, 동시에 많은 이들의 밤잠을 설치게 하는, 인간과는 절대로 친해질 수 없는 곤충이다. 말라리아,

뇌염, 황열병, 웨스트나일열, 뎅기열 등 모기가 옮기는 치명적인 병만 해도 한 손에 꼽고 넘칠 정도이니 그 누가 모기를 예뻐할 수 있으랴. 그 중 가장 역사가 오래되고 가장 인류에게 피해를 많이 입힌 질병은 뭐니 뭐니 해도 말라리아다. 그러니 우리의 역사가 로널드 로스의 이름을 평범한 의사가 아닌, 말라리아의 전염 경로를 밝혀낸 최초의 인물이자 두 번째 노벨 생리의학상 수상자로 기억하는 것은 그가 찾아낸 말라리아 전염 경로에 대한 당연한 헌정이다.

평범한 의사 로스, 말라리아에 관심을 갖다

1857년, 영국의 중산층 가정에서 열 명의 아이들 중 맏이로 태어난 로스는 부모의 기대를 한 몸에 받고 성장해 의대에 진학한다. 졸업 후 의사가 된 그는 27세가 되던 해, 당시 영국의 식민지였던 인도로 건너간다. 그 시절 인도에서 영국인 의사로 일한다는 것은 곧 부유한 삶을 의미했다. 환자가 많지 않아 병원은 항상 여유로웠고, 안개와 비가 잦아 우중충하고 음침한 영국과는 달리 늘 밝고 따뜻한 햇살이 비추었다. 또한 물가가 낮으니 영국에서 살던 집보다 몇 배나 넓고 큰 집에서 많은 하인들의 시중을 받으며 하고 싶은 취미 활동을 충분히 즐길 수 있었다. 따라서 당시 인도는 영국인 의사들에겐 낙원 같은 곳이었다. 로스도 처음 몇 년은 이런 생활을 즐겼다. 하지만 성공에 대한 열망을 품

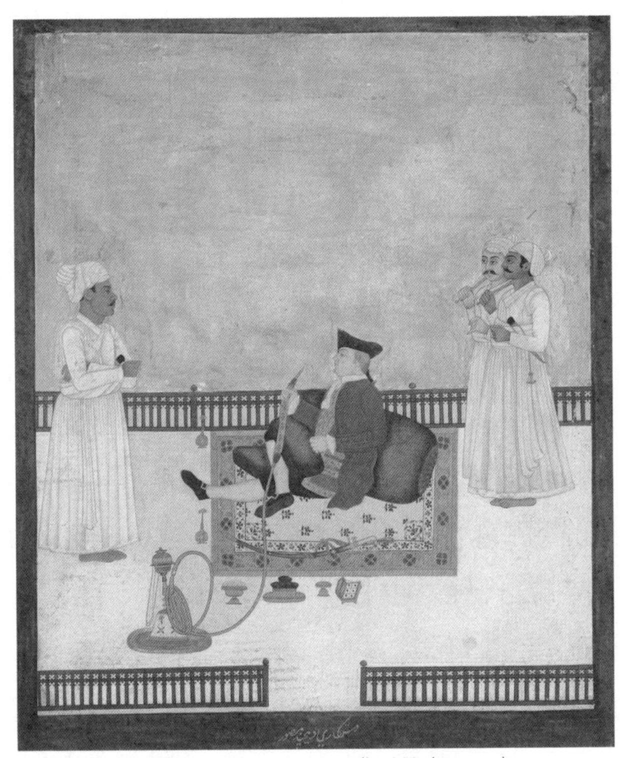

〈동인도회사의 자화상(Portrait of East India Company)〉, 딥 챈드(Dip Chand)

고 있던 젊은 로스는 점차 이런 생활에 지루함을 느끼기 시작했다. 그에게는 안락하고 나른한 행복보다는, 진취적이고 열정적으로 자신을 불태울 만한 대상이 필요했던 것이다.

19세기 말, 세상은 급변하고 있었고 과학 분야에서도 급진적인 발견들이 나타나고 있었다. 특히나 의학 분야에서는 파스퇴르와 코흐의 '미생물 병원체설'이 하나의 패러다임으로 자리를 잡는 중이었고, 이에 힘

말라리아 연구로 노벨상을 받은 또 다른 과학자 비록 말라리아 감염 경로를 밝힌 공로로 로스가 제2회 노벨 생리의학상을 먼저 수상했지만, 라브랑 역시 말라리아 원충뿐 아니라, 원생생물이 일으키는 질환에 대해 광범위한 연구를 한 인물로 '인체에 질병을 일으키는 원생생물에 대한 연구'로 1907년 제7회 노벨 생리의학상을 수상했다.

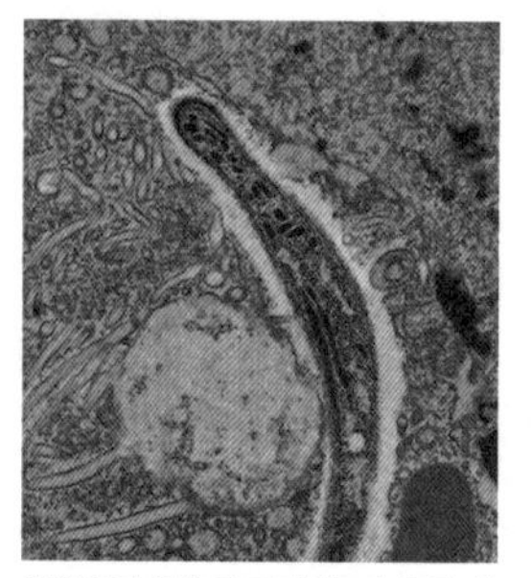
말라리아 원충의 포자세포가 중장 상피 조직을 통해 이동하는 모습.

입어 다양한 감염병들의 원인이 되는 미생물들이 하나 둘씩 밝혀지고 있었다. 그중에서 로스의 눈길을 끈 것은 말라리아였다. 로스의 거주지였던 인도는 다른 고온 다습한 지방과 마찬가지로 말라리아가 큰 골칫거리였다. 하지만 로스의 관심사는 말라리아를 일으키는 원인이 아니었다.

가장 큰 이유는 이미 1880년, 프랑스의 기생충학자였던 알퐁스 라브랑■(Alphonse Laverant, 1845~1922)이 말라리아에 걸린 환자의 몸에서 말라리아 원충(plasmodium parasite)을 발견한 바 있었기 때문이었다. 그래서 로스의 관심은 이 말라리아 원충이 어떻게 사람의 몸속으로 들어오는지에 집중되었다.

대개의 감염성 질환은 물이나 공기, 혹은 직접적인 접촉을 통해 전염된다. 인체에 감염되는 미생물들이 물이나 공기, 직접적인 신체 접촉을 통해 한 사람에게서 다른 사람으로 옮겨지는 탓이다. 하지만 말라리아의 경우는 어떤 조건에도 들어맞지 않았다. 말라리아는 환자와 같이 이야기하고 같은 음식물을 나눠 먹어도 전염되지 않았고, 심지어는 입을 맞추거나 성적인 관계를 맺어도 마찬가지였다. 하지만 암이나 심장병과는 달리 말라리아는 유행하는 질병이었고 어디서인가 옮겨지는 감염성 질환임이 분명했다. 물도, 공기도, 직접적인 접촉도 아니라면 도대체 말라리아는 어떤 경로로 옮겨지는 것일까? 이 수수께끼가 안락하지만 단조로운 삶을 지루해하던 로스에게 열정을 불태울 대상으로 다가왔다.

말라리아란 어떤 질병인가

말라리아란 이탈리아어로 '나쁜'이라는 뜻을 지닌 'mal'과 '공기'라는 뜻의 'aria'가 더해진 단어로 '나쁜 공기'로 해석된다. 말라리아의 전염 경로를 몰랐던 옛사람들은 말라리아는 '나쁜 공기', 즉 일종의 '독기(毒氣)'에 의해 발생하는 질환으로 여겼다. 만약 어떤 질환이 무색무취인 공기를 통해 퍼져나가는 독기가 원인이 된다면 인간은 이를 알아차리고 피할 수 없다. 즉 말라리아라는 이름 자체에 인간의 힘으로는 도저히 막을 수 없는 질환이라는 절망감과 공포가 깃들어 있는 것이다.

옛사람들이 말라리아의 원인을 독기로 여겼던 것과는 달리, 사실 말라리아는 말라리아 원충이라 불리는 작은 기생충들에 의해 발생하는 감염성 질환이다. 말라리아는 말라리아 원충을 지닌 모기에 물려 감염된다. 말라리아모기에 물리면 약 7일에서 14일 정도 잠복기를 거친 후 발병하는데, 환자는 고열과 오한을 반복하다가 심해지면 황달, 혈액 응고 장애, 쇼크, 간부전, 혼수 등을 일으켜 사망에 이를 수도 있다. 말라리아의 가장 큰 특징은 39~41℃의 고열이 3일 혹은 4일을 간격으로 주기적으로 나타난다는 것이다. 이런 특징적 증상은 말라리아를 일으키는 말라리아 원충의 특이한 생활사와 관련이 있다.

말라리아 원충이 속하는 플라스모디움(plasmodium) 속에는 수십 종류의 원충들이 존재하는데, 이 중에서 4종류의 원충들이 인간에게서 말라리아를 일으킨다. 말라리아 원충들은 인간을 숙주로 삼아 기생하여 살아간다. 문제는 말라리아 원충은 스스로 다른 숙주로 옮겨갈 수 없다는 것이다. 따라서 이들은 한 숙주로부터 다른 숙주로 전파될 때에도 역시 누군가에게 기생해서 옮겨가야 한다. 이렇듯 기생충들이 숙주에서 다른 숙주로 이동 시 잠시 들르는 개체를 '중간숙주'라고 부른다. 말라리아는 최종 안착 대상이 되는 숙주인 인간에게로 옮겨가기 위해 중간숙주로 '모기', 그중에서도 '학질모기'라 불리는 아노펠레스(Anopheles)속에 속하는 모기를 이용한다.

말라리아에 걸린 사람들의 혈액 속에는 말라리아 원충이 기생하고 있다. 따라서 모기가 말라리아 환자의 피를 빨게 되면, 혈액과 함께 말라리아 원충이 모기의 몸속으로 옮겨지게 된다. 모기의 몸속으로 들어온 말라리아 원충은 대부분 소화되지만 소화되지 않고 남은 일부는 단단한 포자 상태로 변해 모기의 침샘으로 이동한다. 모기는 원래 식물의 수액이나 과즙을 먹고 사는 곤충이다. 인간의 피를 빠는 것은 모기의 암컷만으로, 암컷도 생존을 위해서가 아니라 알을 낳기 위해 단백질이 필요할 때만 피를 빤다. 따라서 정확하게 말하자면 말라리아를 옮기는 것은 '모든' 모기가 아니라■, '아노펠리스속에 속하는 암컷 모기'다.

이렇게 인체로 들어온 말라리아 원충의 포자는 혈액을 타고 간으로 들어가 부화되며, 부화된 말라리아 난충(卵蟲)은 혈액 속의 적혈구로 파고 들어간다. 적혈구로 들어간 난충은 성충이 되어 유성생식을 통해 다시 말라리아 원충들을 만들어 내는데, 얼마쯤 시간이 지나면 적혈구 내부는 말

모든 모기가 말라리아를 옮기는 것은 아니다 침샘을 통해 혈액의 응고를 방지하고 혈관을 확장시키는 물질을 인체에 먼저 밀어 넣어 피를 빨기 수월하게 만든다. 이 과정에서 모기의 침샘에 모여 있던 말라리아 원충의 포자가 숙주가 될 사람의 몸속으로 같이 들어가게 된다.

라리아 원충들로 가득 차게 된다. 숫자가 늘어나 공간이 좁아지면 말라리아 원충들은 이제껏 기생하던 적혈구를 파괴시키고 밖으로 나와 다른 적혈구 속으로 숨어 들어간다. 말라리아 원충은 이처럼 적혈구 속으로 숨었다 다시 혈액 속으로 유출되는 과정을 되풀이하는데, 말라리아 원충이 적혈구를 터뜨리고 혈액 속으로 유출되는 순간 인체 내 면역계들이 이를 인식해 격렬한 면역 반응이 나타나므로 순식간에 고열이 치솟게 된다. 하지만 이들이 적혈구 속으로 숨어들어 가면 다시 면역 반응이 잦아들어 열이 내려간다. 말라리아 원충들이 적혈구를 터뜨리고 나오는 주기가 3일 혹은 4일이기에, 말라리아에 걸리게 되면 3일 혹은 4일에 한 번씩 엄청난 고열이 나는 것이다.

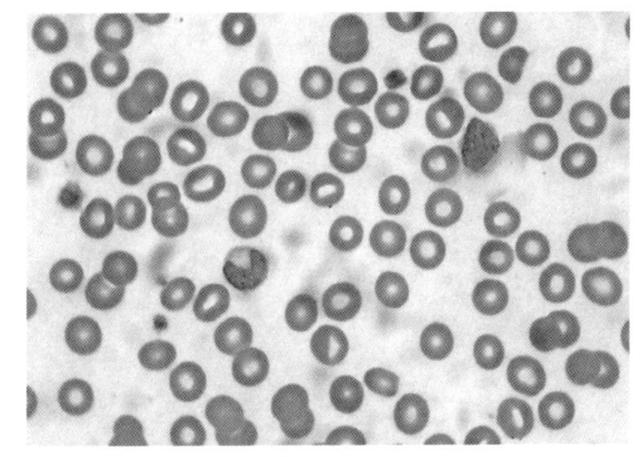
말라리아에 감염된 환자의 적혈구.

앞서 말했듯이 인간에게 말라리아를 일으키는 원충은 크게 4종류가 있는데, 우리나라에서 주로 유행하는 3일열 말라리아(열이 3일 간격으로 남)를 비롯해 4일열 말라리아, 난형 말라리아, 열대열 말라리아 등이 그것이다. 이 중에서 가장 심각한 피해를 가져오는 것은 주로 사하라 사막 남쪽에서 유행하는 열대열 말라리아다. 열대열 말라리아는 4종류의 말라리아 중 가장 증상이 심하고 후유증도 크다. 현재도 해마다 3~4억 명이 열대열 말라리아에 감염되고 이 중에서 200만 명 정도가 사망한다. 말라리아는, 감염성 질환으로 인한 사망자 수가 결핵에 이어

두 번째로 꼽히는 '아직도 무서운' 질병인 것이다.

모기를 해부하다

로스가 처음 연구에 착수한 것은 1892년경으로 알려져 있다. 당시 저명한 기생충 학자였던 패트릭 맨슨(Patrick Manson, 1844~1922)은 말라리아 원충을 옮기는 매개체, 즉 중간숙주가 모기라고 가정했고, 이에 영향을 받은 로스는 수없이 많은 모기를 잡아 연구했다. 그들은 말라리아가 유행하는 지역은■ 거의 예외 없이 모기가 창궐하는 더운 지방이며, 추운 지방에서는 거의 발생하지 않는다는 사실에 주목했다. 맨슨의 조언하에 로스는 '모기 가설'을 증명하기 위해 얼핏 단순해보이는 실험을 설계했다. 모기를 잡아다가 말라리아 환자의 피를 빨게 하여 그 모기의 몸속에서 말라리아 원충이 생존하는 것인지를 보는 실험이었다. 만약 모기가 말라리아를 옮기는 중간숙주라면 모기의 몸속에 말라리아 원충이 일정 시간 이상 존재해야 하며, 그것이 인간에게 옮겨갈 수 있도록 모기의 체내 적당한 곳(예를 들어 침샘)에 자리 잡아야 할 것이다. 로스는 모기의 내장 기관을 현미경으로 관찰해 말라리아 원충을 찾아내기만 하면 가설이 쉽게 증명될 것이라 여겼다.

주요 말라리아 감염 지역 현재 전 세계적으로 말라리아 감염 상황을 살펴보면, 모든 말라리아 환자의 90% 이상이 사하라 사막 이남 아프리카에서 나타나며, 나머지 10%도 대부분 인도, 동남아시아, 중남미 지역에서 발생하며, 이외 지역의 말라리아 발생률은 극히 낮다.

하지만 실험은 예상만큼 쉽지 않았다. 말라리아 환자

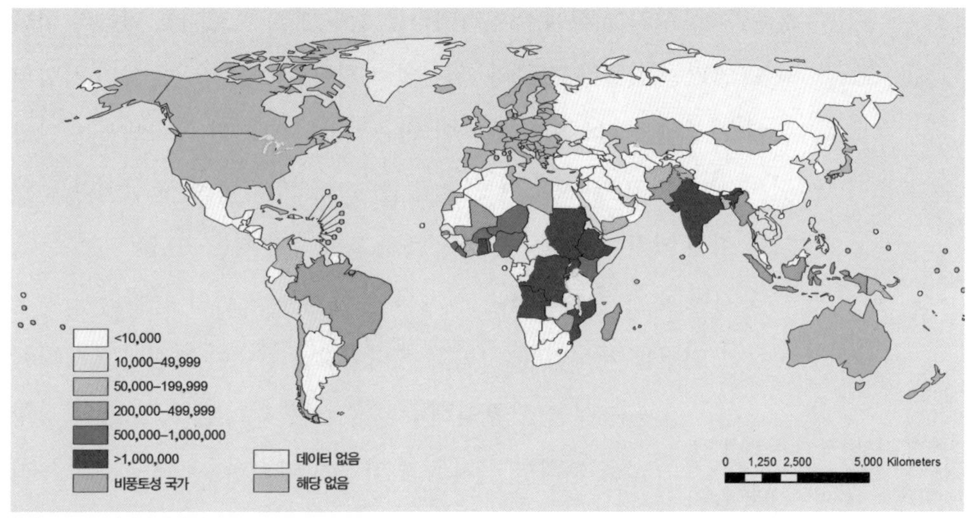

확인 보고된 말라리아 발생 건수. ©WHO 2012

의 피를 빤 모기를 수없이 해부했지만, 모기의 몸속에서 말라리아 원충을 발견하지 못한 것이었다. 처음 몇 번은 실험상의 실수로 치부하고 넘길 수 있었지만, 실패가 되풀이되다 보니 자신의 이론이 맞는 것인지 의구심이 들기 시작했다. 게다가 로스가 의사 일도 거의 포기한 채 매일같이 모기 배 속만 들여다보고 있다는 사실이 알려지면서 기존의 기생충학자들과 곤충학자들의 비웃음 섞인 충고도 그를 아프게 찔렀다. 조금 과격한 이들은 의사로 교육받았을 뿐 기생충이나 곤충의 생활사에 대한 지식도 없고 모기 해부하는 방법조차 모르는 로스가 모기의 몸속에서 말라리아 원충을 찾아내겠다고 뛰어든 것 자체가 무모한 짓이라고 비난했다. 실제로 로스는 연구 초반에는 모기를 제대로 다룰 줄

몰라, 해부하기도 전에 터뜨려버리는 실수를 자주 했기에 이들의 비난에도 일리는 있었다. 그보다 조금 덜 과격한 이들은 항온동물인 사람의 몸에 기생하는 말라리아 원충이 변온동물인 모기의 몸속에서는 살아갈 수 없으며, 만약 로스가 곤충학 분야에 대한 지식이 조금이라도 있다면 이런 어리석은 실수는 하지 않을 것이라며 혀를 찼다.

하지만 로스는 계속되는 실패와 쏟아지는 의심의 눈초리에도 불구하고 연구를 계속했다. 그리고 드디어 2년 만에야 자신이 옳았다는 사실을 뒷받침해주는 증거를 찾아낸다. 로스의 상황을 분석한 학자들의 의견에 따르면, 당시 로스가 논리적인 가설을 세우고 적합한 실험방법을 고안했으면서도 2년간이나 가설 증명에 실패한 이유를 '이론 적재성(Theory Laden)■'으로 설명한다.

이론 적재성 이론 적재성은 과학적 관찰에 있어서 매우 중요하다. 해당 이론에 대해 많이 알고 있을수록 자신이 '본' 것을 이론에 맞춰 해석할 여지가 다양해지므로 훌륭한 관찰을 수행할 수 있다. 하지만 때때로 이론 적재성이 발목을 잡을 수도 있다. 관찰의 결과를 자신이 가진 이론의 방식으로만 보게 되면, 발상의 전환이 이루어지기 어렵기 때문이다.

'과학적 관찰'이란 그냥 '보는 것'이 아니다. 과학적 관찰은 특정한 이론을 배경으로 하여 적절하게 훈련된 사람만이 할 수 있다. 예를 들어, 보통 사람은 밤하늘의 별을 바라보면서 그저 별이 많다, 반짝인다는 지각밖에는 할 수 없지만, 천문학 이론을 알고 망원경을 이용해 밤하늘을 바라보는 훈련을 받은 천문학자라면 행성들의 미묘한 움직임을 포착하고 이것이 일상적인 일인지 비정상적인 사건인지를 구별하는 것도 가능하다. 전자는 밤하늘을 그저 '본' 것이지만, 후자는 '관찰'을 했기 때문에 같은 것을 보더라도 볼 수 있는 범위가 달라지는 것이다. 이처럼 과학적 관찰에서는 얼마나 많은 이론을 알고 있느냐와 해당 분야에 대해서 얼마나 많은 훈련을 거쳤는지가 매우 중요한데, 곤충학이나 기생충학에 대한 경험이 전혀 없던 로스는 바로 이러한 '이론의 부적재'로 인해 꽤 오랜 시간 동안 자신이 예측했던 답을 찾을 수 없었던 것이다. 2년의 시간은 그에게는 이론을 적재하고 실험기법을 훈련하는 시간이었으며, 그 과정을 거치고 나자 비로소 그는 모기의 몸속을 진짜로 '관찰'하며 거기에 있던 증거를 찾아낼 수 있었다.

모기가 준 노벨상, 그 이후

비록 여러 시행착오를 거쳤지만 로스의 연구 결과는 결국 결실을 맺었고 말라리아가 모기에 의해 전염되는 곤충 매개성 질환이라는 사실이 증명되었다. 이미 17세기 초, 페루 원주민들의 민간요법을 통해 키나나무 껍질이 말라리아에 특효라는 사실이 알려져 있었고, 19세기 초에는 여기서 말라리아 유효 성분인 퀴닌(Quinine)을 추출해낸 바 있었다. 퀴닌은 말라리아 치료에 효과적이기는 하지만, 구토 · 두통 · 시력 저하 · 청각장애 등의 부작용이 심하고 공급량이 부족해 그것만으로 말라리아를 퇴치하기에는

키나나무. 나무껍질에서 말라리아의 특효약인 퀴닌을 제조한다

역부족이었다. 어떠한 질병이든 발병 이후 치료하는 것보다는 발병 전에 감염 경로를 차단시키는 것이 훨씬 더 효과적이기에, 로스의 말라리아모기 매개설은 말라리아의 감염 경로를 파악해 효과적인 퇴치의 길을 연 것이나 다름없었다. 모기가 옮기는 병이라면 모기에 물리지 않거나 모기를 박멸하는 방법으로 질병의 감염을 피할 수 있다. 실제로 이 방법을 적용해 모기 박멸에 성공한 지역에서는 말라리아 환자의 발병률이 급속도로 줄어들었다. 이 모든 것이 2년이 넘는 세월 동안 현미경과 모기에만 매달렸던 로스의 열정과 끈기 덕분이었다. 그의 발견은 수백만, 수천만 명이 넘는 잠재적 말라리아 환자들을 구해낸 결정적인 발견이었다. 노벨상 위원회가 말라리아 원충을 발견한 라브랑보다도 로스를 먼저 노벨상 수상자로 선정한 것도 로스가 '실질적'인 말라리아 퇴치에 필요한 중요한 단서를 제공했기 때문이다. 로스는 자신의 발견을 정리하여 1897년, 논문으로 발표했고 역사는 그를 제2회 노벨 생리의학상 수상자로 기억하고 있다.

말라리아모기로부터 DDT 발견까지

로스가 모기와 인간의 사이의 악연의 고리를 찾아냈지만 실제로 이 고리를 끊어낸 것은 한참 뒤의 일이었다. 1939년 스위스의 과학자 파울 뮐러(Paul Müller, 1899~1965)가 DDT(dichloro-diphenyl-trichloroethane)라는 화학물질이 탁월한 살충 능력을 가지고 있음을 입증하면서부터였다(파울 뮐러는 DDT 개발로 1948년에 노벨 생리의학상을 수상했는데, 그에 대해서는 제10장에서 자세히 이야기하겠다). DDT는 모기를 죽이는 데 뛰어난 효과를 발휘했고, 실제로 DDT가 사용되기 시작하자 말라리아 환자의 수는 기적이라고 할 만큼 급감했다. 세계보건건강기구(WHO)는 1955년, DDT를 이용한 대규모 모기 박멸에 나선 이후 전 세계 말라리아 환자 사망률이 인구 10만 명당 192명에서 10만 명당 7명으로 급감했다고 발표했다. 심지어 스리랑카에서는 DDT가 사용되기 이전에는 연간 약 200만 명이 말라리아에 걸리곤 했지만, DDT 사용이 보편화된 1963년에는 말라리아 환자가 겨우 17명에 불과했다. 이는 기적에 가까운 수치였다. 하지만 DDT의 기적은 오래가지 못했다.

1962년 발간된 레이첼 카슨(Rachel Carson, 1907~1964)의 『침묵의 봄(Silent Spring)』으로 DDT가 심각한 환경오염 물질이며 생명체에 해로운 내분비계 장애물질(환경호르몬)이라는 사실이 알려지기 시작했다. 이 책이 사회에 미친 파장은 컸다. DDT의 위험성이 밝혀지자 1969년부터는 선진국을 중심으로 DDT 사용이 금지되기 시작했기 때문이다. 이후 말라리아 환자들의 수는 다시 증가했다. 비록 DDT는 실패했지만, 이후 말라리아 퇴치 사업의 기본적인 모토는 여전히 '모기 수 줄이기'와 '모기에 물리지 않기'라는 기본 전제하에 이루어지고 있다. 이는 로널드 로스의 발견이 말라리아 퇴치 활동에 얼마나 큰 공헌을 했는지를 단적으로 보여주는 증거라 할 수 있다.

제3장

인간 심리 발견의 기초를 만들어내다

파블로프와 조건 반사

19세기가 막 저물어갈 때 즈음, 러시아의 임페리얼 의학 아카데미의 한 연구실. 한 그룹의 연구원들이 개를 이용한 실험에 한창이었다. 분주하게 이것저것 준비하는 연구원들과는 달리 이상하게 생긴 장치에 묶인 개는 주변의 변화에 별다른 관심이 없는 듯했다. 그때였다. 어디선가 벨 소리가 울리기 시작했다. 순식간에 개의 눈빛이 달라졌다. 개는 갑자기 활기를 되찾은 듯 흥분을 감추지 못했고, 볼에 설치된 관을 타고 약간의 거품이 섞인 찐득한 액체가 흘러나왔다. 개는 마치 먹음직스러운 고깃덩이라도 본 듯한 행동을 보이고 있었다. 지금 개의 눈앞에는 아무것도 없음에도 불구하고 말이다.

"먹이를 주지 않아도 벨 소리 자체가 개에게서 먹이를 먹을 때의 반응을 이끌어내고 있어. 심리적 요인이 생리적 반응을 이끌어냈다고!"

연구실에 있던 중년의 연구자는 기쁜 빛을 감추지 못했다. 그의 이름은 이반 페트로비치 파블로프(Ivan Petrovich Pavlov, 1849~1936). 임페리얼 의학 아카데미의 교수였으며 생리학자였으며, 훗날 1904년 노벨 생리의학상의 주인공이 되는 인물이었다.

파블로프의 개

만약 누군가에게 '당신은 파블로프의 개와 같은 행동을 하고 있다'라고 한다면 그 사람은 매우 기분 나빠할 것이다. 현대 사회에서 '파블로프의 개'란 본인의 뚜렷한 생각이나 의지 없이 그저 주어진 자극에 대해 반응하는 '수동형 인간'이란 뜻이 내포되어 있기 때문이다. 하지만 '파블로프의 개'에 담긴 애초의 의미는 인간 의지에 대한 모독이 아니라, 심리적 요인과 생리적 반응과의 연관성이었다.

이반 페트로비치 파블로프의 초상화. 러시아 상징주의 화가 미하일 네스테로프(Mikhail Vasilevich Nesterov)의 1930년도 작품.

예부터 사람들은 인간에게는 육체와 정신이라는 두 가지 요소가 모두 존재한다고 생각했다. 인간의 육체는 정신을 담는 그릇이기에 둘은 같이 존재하지만, 이 둘은 전혀 다른 성질과 특성을 지닌 요소라고 여겼던 것이다. 하지만 이 오랜 믿음에 정면으로 도전장을 내민 사람이 있었다. 파블로프는 자신의 이름을 길이 남겨줄 '파블로프의 개' 실험을 통해 심리적 요인, 즉 정신적인 요인이 신체적 반응을 이끌어낼 수 있으며, '신경'이라는 물질적 존재가 '정신'이라는 비물질적이고 영적인 존재를 담보한다는 사실을 알려준 인물이기도 하다.

파블로프, 신경의 비밀에 주목하다

이반 페트로비치 파블로프는 19세기 중반 러시아의 라쟌 지방에서 태어났다. 독실한 기독교 신자였던 할아버지와 목사였던 아버지를 두었던 파블로프는 자연스럽게 신학교에 입학했고 신학을 공부하기 시작했다. 하지만 그의 마음은 신학보다도 과학에 끌렸던 모양이었다. 21세가 되던 1870년, 그는 돌연 신학교를 떠나 상트페테르부르크대학에서 생리학과 화학 공부를 시작했기 때문이다. 그는 열심히 공부했고, 심장 운동에 대한 신경 기관의 조절 작용에 대한 연구로 1883년 박사학위를 받기에 이른다. 그는 이 논문에서 심장이 끊임없이 박동하며 한 번에 일정한 양의 피를 뿜어낼 수 있도록 조절하는 근원은 심장 그 자체가 아니라 자율신경에 의해 조절되는 현상이라는 사실을 제시했다. 그는 '신경'의 존재가 신체의 움직임을 조절하는 데 커다란 영향을 미친다는 사실을 이미 알고 있었던 것이다.

지능적인 침샘

1890년부터 임페리얼 의학아카데미의 실험의학연구소에 부임한 그는 이때부터 30여 년의 세월 동안 소화에 관련된 연구를 하게 된다. 소화 분야에서도 특히 그의 관심을 끈 분야는 소화액을 분비하는 소화선과 그 조절에 관한 것이었다. 1904년, 그가 노벨상 수상자로 지목된 이유도 '위와 췌장에서 분비되는 소화액이 미주신경의 영향을 크게 받는다'는 것을 밝힌 공로였다.

파블로프의 유명한 실험에 대해 설명하기 전 간단히 소화 과정에 대해 알아보자. 소화(消化)란 생물체가 섭취한

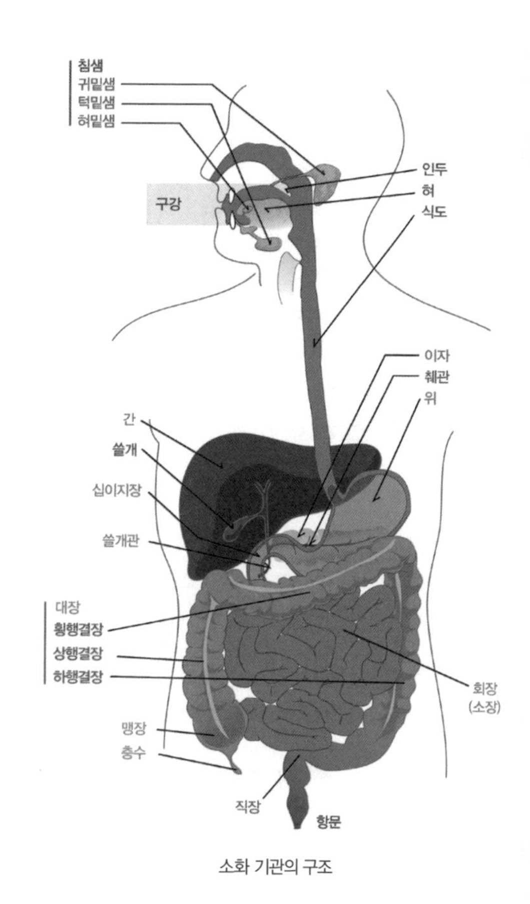

소화 기관의 구조

위치	소화액	기능
입	아밀라아제	녹말을 엿당으로 분해
위	펩신	단백질을 폴리펩티드로 분해
십이지장	아밀라아제	녹말을 엿당으로 분해
	트립신	단백질을 폴리펩티드로 분해
	리파아제	지방을 지방산과 글리세롤로 분해
소장	말타아제	엿당을 포도당으로 분해
	펩티다아제	폴리펩티드를 아미노산으로 분해

각 기관에서 일어나는 기계적 소화 기계적 소화란 음식물을 잘게 씹거나 섞는 등의 활동. 이로 음식물을 씹는 활동이나 위나 장이 연동 운동을 통해 음식물을 뒤섞는 것으로, 기계적 소화는 음식물의 성분을 분해하는 것이 아니라 단지 잘게 쪼개거나 뒤섞는 행위를 통해 음식물이 소화액과 잘 반응할 수 있도록 도와준다. 실질적인 소화는 소화액에 의한 화학적 소화가 담당한다.

음식물을 분해하여 흡수할 수 있는 상태로 쪼개는 과정을 말한다. 우리가 섭취한 음식물은 소화 과정을 통해 단백질은 아미노산으로, 탄수화물은 포도당으로, 지방은 지방산과 글리세롤로 분해되어 흡수된다. 파블로프의 관심을 끈 것은 바로 이 분해과정이었다. 소화는 기계적으로 일어나기도 하지만■, 화학적인 소화, 즉 소화액에 의한 소화가 주된 과정이다. 화학적 소화를 거치고 나야 비로소 복잡한 고분자들이 세포가 흡수할 수 있는 작은 단위로 쪼개지기 때문이다. 파블로프의 관심은 바로 이 화학적 소화를 가능하게 하는 다양한 소화액의 분비가 어떻게 조절되느냐는 것이었다. 소화액은 항상 적당하고 알맞게 분비된다. 예를 들어 침의 경우, 오징어처럼 딱딱하고 마른 음식을 먹을 때는 많이 나오지만, 무르고 물기가 많은 죽을 먹을 때는 거의 나오지 않는다. 이는 반드시 음식에만 국한되는 반응은 아니다. 먹을 수 없는 것을 입에 넣는 경우에도 마찬가지다. 매끈한 유리구슬을 입에 넣으면 침이 거의 나오지 않지만, 거칠고 빽빽한 모래나 흙이 들어가면 침 분비량은 늘어난다. 침은 입 안에 무얼 넣든 간에 매번 꼭 필요한 만큼만 반응하고 딱 그만큼만 나온다. 파블로프는 이 정교한 조절 과정에 매료되었다. 그는 심지어 '마치 침샘에 지능이 있는 것 같다'라고 말했을 정도였다.

파블로프는 관심을 가진 소화액 분야를 연구하기 위해 특정한 동물 실험모델을 고안해냈다. 개의 침샘에 외과적 수술을 통해 유리관을 연결해서, 개가 분비하는 침의 양을 정확히 측정하는 실험 모델을 개발한 것이다. 정교한 실험모델의 개발 역시 파블로프의 업적 중 하나였다. 그는 철저한 과학주의자였고, '실험은 위대하다'라고 믿는 사람이었기에 정확하고 객관적인 실험모델 형성에 힘을 기울였다. 단순히 침이 많이 나온다 혹은 적게 나온다는 관찰에 그치는 것이 아니라 외과수술을 통해 개의 소화액 분비선에 관을 연결하고 침의 양을 정확하게 측정하는 모델을 개발한 것이다. 파블로프의 이런 철저한 실험정신은 훗날 동물과 인간의 행동을 측정하는 데 있어 정교한 모델을 형성하는 기본이 된다.

파블로프는 처음에는 개에게 먹이의 종류를 달리해서 주면 침의 분비가 어떻게 달라지는지를 관찰했다. 그런데 이런 실험이 계속되다 보니 의도치 않은 상황이 연출되기 시작했다. 처음에는 음식을 먹기 전에는 전혀 침을 분비하지 않았던 개가 음식을 주기도 전에 침을 흘리는 것이 관찰된 것이다. 실험에 익숙해지자 개는 먹이 그릇만 보거나 먹이 그릇을 들고 오는 사람만 보아도 침을 흘렸고, 심지어는 먹이를 들고 오는 사람의 발소리만 들려도 침을 분비하기 시작했다. 앞서 말했던 것처럼 침샘은 매우 '지능적'일 뿐 아니라, 마치 경험을 학습하는 능력까지 지니고 있는 것만 같았다. 파블로프의 호기심은 이제 다른 방향으

파블로프는 개의 침샘에 유리관을 연결하는 외과 수술을 통해 분비되는 침의 양을 정확하게 측정했다.

로 자라나기 시작했다. 도대체 무엇이 먹이를 먹기도 전에 개에게서 침샘 분비를 유도하는가? 혹시나 먹이와 관련이 없는 자극도 침샘 분비를 유도할 수 있는가?

파블로프의 조건 반사 : 벨과 먹이 실험

이를 증명하기 위해 파블로프는 그 유명한 '벨과 먹이' 실험을 고안했다. 실험방법은 매우 간단했다. 실험용 개에게 먹이를 주기 전에 특정한 벨 소리를 들려주는 것뿐이었다. 벨 소리는 아무리 들어도 배가 부르지 않기에 처음 몇 번은 벨이 울려도 개는 별다른 반응을 보이지 않았다. 하지만 벨과 먹이주기의 조합이 몇 번 반복되자 어느 순간부터 개는 벨만 울려도 침을 흘리기 시작했다. 마치 개의 침샘이 벨소리가 들린 뒤에는 반드시 먹이가 따라 나온다는 것을 기억이라도 하는 듯이 말이다.

파블로프는 이 실험을 통해 동물의 행동에는 두 종류의 반사 행동, 즉 무조건 반사와 조건 반사가 존재한다는 결론에 이른다. 생물학에 있어서 '반사(reflex)'란 '특정 자극에 대해 기계적으로 일어난 국소적인 반응'을 의미한다. 예를 들어 방금 끓인 뜨거운 물을 미지근한 물로 착각하고 손가락을 넣었다고 생각해보자. 손가락을 물에 넣어 뜨겁다고 느끼기도 전에 이미 손은 물 밖으로 나와 있다. 뜨거운 물에 손가락을 넣는 그 즉시 다시 손가락을 빼내는 과정은 무조건 반사의 대표적인 예다.

보통 우리는 손으로 무언가를 만지면 그 촉감을 해석하고 다음에 어떤 행동을 할지 결정한다. 누군가 내 손을 잡으면 손바닥을 통해 상대의 손의 온기와 악력을 느끼고 그밖에 여러 상황을 고려한 뒤, 나도 상대의 손을 잡을 것인지 뿌리칠 것인지를 결정한다. 대뇌는 손의 감각 신경이 전해온 정보를 느끼고 해석하며 이 정보와 자신이 가지고 있던 다른 정보들과 종합하여 운동 신경을 통해 손이 할 행동을 결정하는 것이다. 신경계는 일처리가 꽤 빠르기 때문에 이 전 과정은 고작 1~2초도 채 안 걸릴 정도로 빠르게 일어난다.

하지만 때로는 이 시간도 긴 경우가 있다. 앞서 예로 든 뜨거운 물에 손을 넣는 경우를 살펴보자. '물이 뜨거우니 그냥 있으면 손을 데겠다. 얼른 손을 꺼내자'라는 판단을 내리는 그 짧은 순간에도 손은 화상을 입을 수 있기에 무조건 빠른 대응이 중요하다. 따라서 이런 종류의 정보는 대뇌까지 올라가지 않고 척수에서 다시 운동 신경으로 되돌아간다. 이처럼 긴급하고도 빠른 대응을 요구하는 일에 대해서는 고민하지 않고 무조건 정해진 패턴대로 반복하는 것을 '무조건 반사(unconditional reflex)'라고 한다.

하지만 이와는 다른 반사도 있다. 바로 '벨과 먹이' 실험에서 나타나는 반사와 같은 종류인데, 파블로프는 이를 '조건 반사(conditional reflex)'라고 불렀다. 반사를 일으키기 위해서는 반드시 이를 불러일으

파블로프가 실험 중인 개와 함께 있다.

키는 자극 요인이 존재해야 한다. 그 중에서 무조건 반사는 무조건 자극(unconditional stimulation, US)에 의해서 일어난다. 뜨거운 것에 닿으면 손을 빼내는 것이나, 고깃덩이를 씹는 순간 침이 흘러나오는 것은 무조건 자극에 의한 무조건 반사다. 하지만 자극이 모두 반사 행동을 일으키지는 않는다. 세상에는 생명체에게 특별한 반응을 일으키지 않는 자극 요인들도 존재한다. 예를 들어, 개에게 벨 소리를 들려주거나 시계가 째깍거리는 소리를 들려주면 개는 이에 대해 특별히 반응하지 않는다. 이렇게 생명체에게 있어 반사행동을 유발하지 않는 자극들을 중립 자극(neutral stimulus)이라고 한다. 그런데 이 중립 자극도 무조건 자극과 짝지어지면 생명체에게 반사행동을 일으키는 조건 자극(conditional stimulus)이 될 수 있다. 그것이 바로 조건 반사다.

파블로프식 조건 형성을 수립하다

벨 소리는 개에게 있어 중립 자극이다. 따라서 처음에는 벨 소리를 들려주어도 개는 이에 대해 반응하지 않는다. 개는 오직 벨 소리 뒤에 주어지는 먹이(무조건 자극)에 대한 무조건 반응으로 침을 흘릴 뿐이다. 하지만 벨 소리 뒤에 먹이를 주는 행동을 계속해서 반복하다 보면 개의 신경계는 이를 하나의 패턴으로 묶어서 기억하게 된다. 이제부터 벨 소리는 더 이상 개에게 의미 없는 중립 자극이 아니라, 먹이가 나온다는 신호로 인식되며 이에 대한 반응(침 분비)을 일으키는 조건 자극이 되는 것이다. 파블로프는 이 외에도 다양한 실험을 통해 벨 소리 외에 어떤 중립 자극이라도 이를 무조건 자극(먹이 등)과 연결시키기만 한다면 이는 반사 행동을 불러일으킬 수 있는 조건 자극으로 변모시킬 수 있고, 어떤 중립 자극이든 적절하게 배치하기만 하면 조건 반사로 연결시킬 수 있다는 것을 알아냈다. 이처럼 중립 자극을 무조건 자극과 연결시켜 조건 반사를 일으키는 과정을 '파블로프식 조건 형성(Pavlovian conditioning)■' 혹은 고전적 조건 형성(classical conditioning)이라 한다.

파블로프의 실험 파블로프의 조건 형성이 가능한 것은 대뇌피질은 '학습'이 가능하기 때문이다. 따라서 어떠한 의미 없는 자극이라 할지라도 그것이 의미 있는 자극과 결합되어 제시되면 둘 사이에 연관성이 있다는 것을 파악하고 이를 기억하고 반응할 수 있다. 이 정보가 대뇌피질에 신경학적 연결로 남기 때문이다. 하지만 대뇌피질은 가소성이 있어서 한번 연결되었다고 항상 유지되지는 않는다. 즉, 일단 형성된 조건 반사도 불일치가 계속되면 소거(extinction)가 가능하다는 것이다. 벨 소리 먹이 조건 반사가 수립된 개에게 벨 소리만 들려주고 먹이를 주지 않는 실험을 반복하다 보면 개는 벨 소리에 더 이상 반응하지 않게 되는 조건 반사의 소거 현상이 일어난다. 이는 신경학적 연결이 영원히 지속되는 것이 아니라, 때에 맞게 조절이 가능하다는 것으로, 인간의 경우 특정 이론을 계속해서 기억할 뿐 아니라, 새로운 정보를 접하면 기존의 이론을 수정할 수 있는 것도 신경의 이런 특성으로 설명이 가능하다. 다만 조건 반사가 10회 정도의 비교적 적은 수의 반복으로도 형성될 수 있는데 반해 조건 반사의 소거는 약 50회의 불일치 실험 외에도 1/4에 달하는 개는 여전히 소거 현상이 일어나지 않는다는 것으로 미루어 조건 반사의 형성에 비해 소거는 더 느리게 일어남을 알 수 있다. 우리의 뇌는 어떤 것을 기억하는 것보다 잊어버리는 게 더 어렵도록 진화되어 왔다는 뜻이다.

그렇다면 이러한 조건 형성 반응은 왜 생겨나는 것일까? 파블로프는 같은 상황이 반복되면서 조건 자극과 무조건 자극 사이에 새로운 신경학적 연결이 형성되기 때문이라 믿었다. 무조건 자극-무조건 반사의 짝은 선천적으로 가지고 태어나는 것이지만, 인간과 몇몇 동물들은 학습이 가능한 뇌를 가지고 태어나기 때문에 이후의 경험을 통해 조건 자극을 무조건 자극에 연결시키는 새로운 신경들의 연결이 형성되어 조건 반사가 가능해진다는 것이었다. 파블로프는 조건 반사와 무조건 반사가 근본적으로는 동일한 것이며, 조건 자극은 단지 무조건 자극을 대체하는 또 다른 자극일 뿐이라고 생각했다.

그래서 종종 파블로프의 조건 반사를 설명할 때 '자극 대체 이론'으로 설명이 가능하다고 말한다. 하지만 이후의 실험결과를 통해, 조건 반사와 무조건 반사가 반드시 동일하지는 않으며 다양한 과정의 조건 반사가 가능하다는 사실이 밝혀지며 파블로프의 '자극 대체 이론'만으로는 설명할 수 없다는 사실이 밝혀졌다. 하지만 그렇다고 파블로프의 실험이 의미가 없다는 것은 아니다. 파블로프의 실험을 통해 우리는 인간을 비롯한 생물체의 다양한 행동을 이해하는 데 있어 '조건 반사'라는 행동이 존재함을 알았으며, 이것이 생명체가 가진 신경의 특성과 밀접한 관계가 있다는 사실을 알아냈기 때문이다.

꼬마 앨버트 실험으로의 발전

파블로프는 조건 형성 반응을 이용해 실험한 소화액의 분비조절 기작으로 네 번째 노벨 생리의학상의 주인공이 된다. 입이나 위장에 무언가가 유입되면 이들은 이를 인식하여 소화나 흡수에 걸맞은 양의 소화액을 분비하여 소화를 조절하는데, 이 과정에서 신경이 중요한 역할을 한다는 것을 밝힌 공로였다. 하지만 파블로프의 이름은 오히려 그의 이름을 따서 만든 '파블로프식 조건 형성'에서 알 수 있듯 특정 반응을 유도하는 다양한 조건 자극들과의 연합으로 더 깊게 남아 있다.

파블로프식 조건 형성 과정을 이용하면 어떤 자극이든 조건 반사를 만들어낼 수 있다. 그런데 생명체의 반사 행동은 매우 유기적이고 복합적이어서 조건 반사로 다른 조건 반사를 이끌어낼 수도 있으며 때로는 직접적인 무조건 자극이 없어도 조건 반사를 일으킬 수 있다. 예를 들어, 벨 소리로 조건 반사를 획득한 개를 대상으로 검은 사각형을 보여주고 벨 소리를 들려주는 실험을 하게 되면, 몇 번 지나지 않아 개는 검은 사각형만 봐도 침을 흘리기 시작한다. 이때 검은 사각형 뒤에 '먹이'라는 무조건 자극을 제시하지 않아도 이미 이전에 형성된 벨 소리 조합에서도 침 분비 현상이 나타나는 것이다. 이처럼 조건 반사와 또 다른 중성 자극을 연결시키는 것을 '고순위 조건 형성(higher-order conditioning)'이라 하는데, 인간의 경우 이 고순위 조건 형성이 매우 중요하게 나타난다.

이에 대해서는 유명한 실험이 하나 있다. 바로 '꼬마 앨버트(Little Albert) 실험■'이라 불리는 인간을 대상으로 한 조건 반사 실험이다. 파블로프의 이론이 널리 알려진 뒤, 인간에게 있어서도 이런 조건 반사가 일어나는지에 대한 실험 중 가장 유명하고 가장 지탄을 많이 받았던 실험이 바로 존 왓슨(John Broadus Watson, 1878~1958)의

왓슨의 '꼬마 앨버트 실험' 이 실험은 인간의 행동을 설명하는 데 있어 조건 반사가 매우 중요하다는 것을 설명해주었으나, 실험의 윤리성으로 인해 많은 비난을 받았다. 생후 11개월밖에 안 된 어린아이를 실험 대상으로 삼은 것이나, 어린아이에게 겁주는 실험 방법을 이용한 점, 훗날 앨버트에게 조건 반사에 대한 소거 실험을 확실하게 하지 않은 것 등이 윤리적인 문제를 불러일으켰던 것이다. 또한 왓슨은 이 일 이외에도 개인적인 실수로 인해 학계에서 축출되지만, 아직도 그의 실험의 반향은 매우 커서 오늘날에도 아이를 훈육시키는 방법의 일종으로 위와 비슷한 조건 반사를 이용하라는 육아 지침서가 나오고 있다.

존 왓슨

'꼬마 앨버트 실험'이었다. 미국의 심리학자였던 존 왓슨은 철저한 환경결정론자로, 인간의 모든 행동을 선천적인 것이 아니라 환경의 결과로 본 인물이었다. 인간은 완전히 백지 상태로 태어나며 출생 이후 받은 교육과 경험이 인간의 특성을 결정한다고 본 왓슨은 심지어 "내게 열두 명의 건강한 아기를 주고 이 아기들을 내가 직접 하나하나 꾸민 세계에서 키우게 한다면, 나는 그 어떤 아기라도 재능, 기호, 경향, 능력, 소질, 조상들의 경력과는 무관하게 이 아기들을 내가 선택한 유형의 사람(의사, 변호사, 예술가뿐만 아니라 심지어 거지나 도둑)으로 키울 수 있다."라고 호언장담한 인물이다.

왓슨은 자신의 이론을 증명하기 위해 인간을 대상으로 실험을 구상했는데, 그때 대상이 되었던 것이 생후 11개월 된 아기 앨버트였다. 왓슨은 인간이 느끼는 공포는 학습된다고 믿었다. 예를 들어 우리가 귀신을 두려워하는 것은 그렇게 태어나는 것이 아니라 귀신은 무서운 것이라고 배웠기 때문이라는 것이다. 왓슨의 말처럼 아직 세상에 대한 경험이 거의 없던 아기 앨버트는 대개 어른들이 무서워하는 불이나 쥐 등도 무서워하지 않고 손을 내밀어 잡으려고 하는 모습을 보였다. 이에 왓슨은 파블로프의 조건 형성을 앨버트에게 만들어내기 위해 앨버트에게 무조건 반사를 일으키는 무조건 자극을 찾는다. 그 대상은 큰 쇳

소리. 앨버트는 망치로 쇠를 두들겨 큰 소리가 나면 깜짝 놀라며 울음을 터뜨렸다. 이에 왓슨은 앨버트가 이전에는 무서워하지 않던 실험용 흰 쥐를 조건 자극, 망치 소리를 무조건 자극으로 설정한 뒤 실험을 계획했다. 앨버트에게 흰 쥐를 보여주고 앨버트가 흰 쥐를 잡으려고 하면 망치 소리를 들려준 것이다. 처음에 앨버트는 망치 소리에만 반응했다. 하지만 이 실험을 단 6번 반복하고 나자 앨버트는 쥐만 보면 소스라치게 놀라며 울음을 터뜨리는 반응을 보였다. 그리고 앨버트는 파블로프의 개보다 더욱 광범위한 조건 형성을 보여주었는데, 애초에 조건 자극으로 설정했던 흰 쥐뿐만 아니라 흰 쥐의 특징이었던 '움직이는 흰색 물체'로 대상을 확대하여 흰색 토끼나 강아지, 흰 옷을 입은 사람, 펄럭이는 흰색 천도 공포에 대한 조건 자극으로 인식했던 것이다.

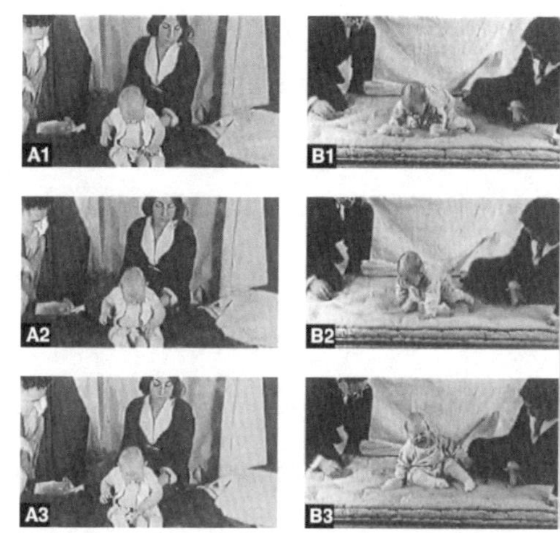

'꼬마 앨버트 실험' 장면. 유튜브닷컴에서 관련 동영상을 찾아볼 수 있다.

자라보고 놀란 가슴, 솥뚜껑 보고 놀란다는 속담의 과학적 진실

옛말에 '자라보고 놀란 가슴, 솥뚜껑 보고 놀란다'는 속담이 있다.

이는 한 가지에 놀라면 그와 비슷한 다른 것에도 쉽게 놀란다는 뜻으로, 이 말 속에는 인간의 광범위한 조건 형성의 특성이 들어 있다. 우리 조상들은 비록 조건 반사나 파블로프의 이름은 알지 못했지만, 인간 행동의 일부는 개인이 겪은 경험과 학습에 의해 나타나며, 환경의 차이가 행동의 차이를 가져온다는 것을 알고 있었다. 파블로프의 실험은 이러한 조상들의 깨달음을 합리적인 실험과 면밀한 관찰을 통해 증명했고, 이후 인간 행동을 설명하는 아주 귀중한 열쇠가 되었다. '파블로프의 개' 실험은 소화액의 조절과 분비에 대한 원리를 설명해주었을 뿐 아니라, 인간의 다양한 행동의 원인에 대한 답변이 되어주었다. 그로 인해 현대 심리학과 동물행동학의 근간을 제시한 결정적인 실험으로 우리의 뇌리에 남게 된 것이다.

결핵균을 발견한 위대한 연구

로베르트 코흐와 세균학

로베르트 코흐

1882년 3월 24일, 독일에서 열린 베를린 생리학회의 학술대회장. 중년 남성 하나가 발표를 시작했고, 학회장의 모든 이들은 그에게서 시선을 떼지 못했다. 그가 한마디 한마디 심혈을 기울여 발표를 끝내자 사람들은 술렁이지도 못할 정도로 감동을 받았다. 발표자의 이름은 로베르트 코흐(Robert Koch, 1843~1910). 그날 발표의 주제는 자신이 발견한 새로운 미생물이었다. 코흐는 이미 몇 년 전, 탄저병(anthrax)을 일으키는 균을 발견한 인물이었다. 근래 들어 현미경과 미생물학의 발달로 최근 몇 년간 다양한 질병의 원인이 되는 미생물들이 속속 발견되고 있었기에 특정 질병을 일으키는 미생물의 발견이 특별히 새로운 일은 아니었다. 하지만 그가 발표한 미생물의 정체는 다른 것들에 비해 파급력이 엄청났다. 그는 결핵을 일으키는 미생물을 발견했던 것이다.

생일 선물로 현미경을 받은 남편, 탄저균의 미스터리를 풀다

실험실에 있는 로베르트 코흐.

하인리히 로베르트 코흐는 독일의 클라우스탈에서 광산 기사의 아들로 태어났다. 1866년 괴팅겐대학교에서 의학부를 졸업한 코흐는 아내 에미 프라츠(Emmy Fraats)의 권유로 조용한 시골 마을에 병원을 개원하고 몇 년간 환자를 진료하며 보냈다. 아내는 여유롭고 평화로운 삶을 원했고, 아내를 사랑했던 코흐는 그녀의 부탁을 기꺼이 들어주어 5년간 시골 의사로서 평범한 삶을 살게 된다. 하지만 날이 갈수록 그는 단조로운 삶에 무료해하는 일이 잦아졌다. 자신으로 인해 남편이 꿈을 접은 것만 같아 미안해진 아내는 1871년, 그의 생일 선물로 당시로는 매우 최첨단 기기였던 고배율의 현미경을 선물한다. 아내의 기대처럼 이 현미경은 코흐에게 있어 삶의 활력소 역할을 톡톡히 해냈다. 코흐는 작은 시골 마을 진료소에 실험실을 꾸미고, 현미경을 들여다보며 여러 가지 미생물을 찾아내는 일에 빠져들었다. 실험실이라고 해도 그저 진료소의 방 한 편에 현미경과 약간의 집기를 추가한 것이었고, 연구원이라고는 코흐 자신과 조수 노릇을 해준 아내 에미뿐이었지만, 코흐는 이곳에서 놀라운 발견들을 해냈다.

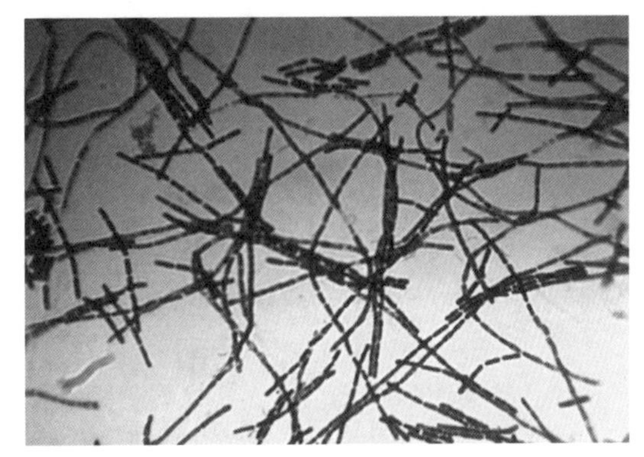
탄저균

당시 코흐가 발견한 대표적인 것이 탄저병을 일으키는 탄저균(Bacillus anthracis)이었다. 탄저균은 흙 속에 존재하는 세균으로, 주로 소나 양과 같은 초식동물들에게 감염되지만 드물게는 사람도 감염될 수 있다. 탄저균에 감염되면 피부가 가렵고 물집이 잡히는 증상이 나타나며, 더 진행되면 패혈증과 뇌수막염, 호흡 부전 등으로 인해 약 5~20%가 사망하는 무서운 질환이다. 또한 탄저병은 전염성이 높아서 농장에 한 번 탄저병이 돌기 시작하면 가축들이 무더기로 쓰러져 나갔기에 축산업자들에게는 그 무엇보다도 공포의 대상이었다. 이에 탄저균에 대한 연구는 많이 있었으나, 누구도 정확히 탄저균이 어떤 경로로 전염되는지는 알지 못하는 상태였다.

코흐는 탄저균의 전파 과정에 주목했고 탄저병에 걸린 동물의 혈액 속에서 막대기 모양의 세균을 관찰하였다. 하지만 이미 1850년 프랑스의 기생충학자인 카지미르 다벤느(Casimir Davaine, 1812~1882)가 탄저병에 걸린 동물에게서 막대기 모양의 세균을 발견했기에 코흐가 이를 다시 발견한 것은 새로운 일은 아니었다. 코흐는 이 세균을 오랜 시간 동안 배양하여 관찰한 끝에, 이 막대기 모양의 탄저균이 긴 실 모양으로 자라나며 시간이 좀 더 지나면 포자를 형성한다는 것까지 알아냈다. 탄저균의 포자는 열과 건조에 강해서, 영양 공급이 전혀 없는 상태에서도 수년을 버틸 수 있었다. 즉 탄저균은 숙주인 동물에 감염되면 막대기 모양으로 활성화되어 활발하게 번식하다가 숙주로부터 떨어져 나오면 포자를 형성해 몇 년이고 끈질기게 토양 속에서 버티며 새로운 숙주가 나타나길 기다린다.

코흐가 탄저균이 포자를 형성해 토양 속에 잔존한다는 사실을 밝혀낸 것은 오랜 세월 사람들을 공포에 떨게 한 '탄저균의 미스터리'를 푸는 데 결정적인 열쇠를 제공했다. 탄저균의 미스터리란 한 번 탄저병이 발생한 농장은 몇 년을 빈 채로 버려두더라도 다시 가축을 기르기 시작하면 또다시 탄저병이 발생하는 현상을 말했다. 마치 탄저병은 유령처럼 한 번 발생한 농장에 계속 남는 것처럼 보였다. 탄저균의 미스터리 덕에 한 번 탄저병이 발생한 농장은 영구 폐쇄되기 마련이어서 다른 가축 전염병에 비해 피해가 더욱 컸다. 그런데 이제 그 미스터리가 밝혀졌다. 탄저균이 계속 재발하는 것은 유령 때문이 아니라 탄저균이 포자 상태로 변해 토양 속에서 몇 년이나 생존할 수 있기 때문이었다. 코흐의 발견 덕에 탄저병의 완전한 박멸을 위해서는 막대기 모양의 탄저균뿐 아니라 이들이 만들어내는 포자 역시 철저하게 박멸해야 하므로 탄저병에 걸린 동물의 사체는 단순 매립이 아니라 완전히 소각해야 한다는 사실이 알려졌다.

코흐의 공리

후대의 학자들은 세균학이나 기생충학에 대한 체계적인 공부를 한 적이 없던 시골의사 코흐가 이미 20여 년 전에 발견되었지만, 그동안 정확한 생활사가 밝혀지지 않았던 탄저균의 미스터리를 밝혀낼 수 있었던 이유를 그의 '완벽주의'적 성향에서 찾는다. 코흐는 실험에 있어서 철저한 이성주의자였다. 그는 실험에 앞서 모든 것을 계획했으며, 실험의 재실험, 역실험 등을 철저히 수행하여 사실에 정확하게 부합됨을 철저히 검토했던 인물이었다. 코흐가 살던 19세기는 현미경이 발달하고 다양한 미생물들이 발견되면서, 인간이나 동물이 앓는 질병들 중 일부는 미생물들이 원인이 되어 일어난다는 개념이 성립되던 시기였다. 하지만 질병과 미생물이 구체적으로 어떤 연관성을 가지고 있는지에 대한 명확한 개념 정립은 아직 되어 있지 않았다. 코흐는 5년 동안 미생물들을 배양, 관찰한 끝에 1876년, 미생물과 질병의 관계에 대해 명확히 정립한 이론, 즉 '코흐의 공리(Koch's Postulation)'를 제시하기에 이른다.

코흐의 공리

1. 미생물은 어떤 질환을 앓고 있는 모든 생물체에게서 다량 검출되어야 한다.
2. 미생물은 어떤 질환을 앓고 있는 모든 생물체에게서 순수 분리되어야 하며, 단독 배양이 가능해야 한다.
3. 배양된 미생물은 건강하고 감염될 수 있는 생물체에게 접종되었을 때, 그 질환을 일으켜야 한다.
4. 배양된 미생물이 접종된 생물체에게서 다시 분리되어야 하며, 그 미생물은 처음 발견한 것과 동일해야 한다.

코흐는 자신의 이론을 소중하게 필기한 뒤, 이를 들고 의대 시절 자신의 스승이었던 헤르만 콘(Hermann Cohn, 1828~1898) 교수를 찾아간다. 그때까지만 해도 코흐는 시골 마을 출신의 보잘 것 없는 의사였기 때문에 학계에 전혀 인연이 없었고, 자신의 연구 결과를 어떻게 발표해야 하는지 방법조차 제대로 모르고 있었다. 그래서 조언을 구하기 위해 스승을 찾아갔고, 코흐의 연구 결과에 흥미를 느낀 콘은 코흐를 당시 유명한 병리학자들에게 소개시킨다. 그중에는 병리학 분야의 권위자였던 율리우스 콘하임(Julius Cohnheim, 1839~1884)도 있었다. 콘하임은 곧바로 코흐의 연구에 매료되어 자신을 따르던 젊은 연구원들에게 '코흐의 발견은 세균에 관한 것 중 가장 위대한 발견이며, 그의 대단한 연구는 아직 끝나지 않았다'며 극찬을 했다고 한다. 코흐는 당시 학계에서는 혜성 같은 존재였다.

인상적으로 학계 데뷔를 마친 코흐는 능력을 인정받아 1881년부터는 베를린의 국립위생원으로 자리를 옮겨 본격적으로 질병의 원인이 되는 미생물을 찾아내는 데 총력을 기울이기 시작한다. 그가 다음으로 눈독을 들인 질환은 '창백한 죽음의 사신', 결핵이었다.

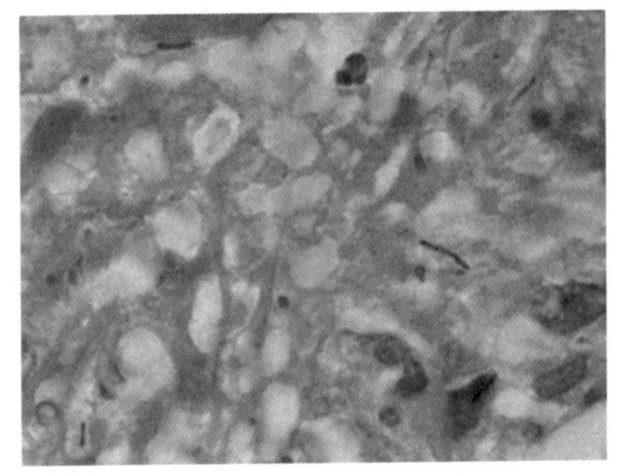

결핵균

가장 오래된 질병, 결핵에 도전하다

결핵은 인류 역사상 가장 오래된 질병이자, 가장 많은 인명을 앗아간 질병으로 꼽힌다. 결핵은 기원전 7세기경에 만들어진 점토판에도 등장하며, 기원전 5000년경에 살았던 고대 이집트 시대 미라에서도 결핵을 앓았던 흔적이 발견될 정도로 오래된 질병이다. 현재도 세계 인구의 약 1/3이 결핵균(Mycobacterium Tuberculosis)에 감염되고 있으며, 매초 1명의 비율로 새로 감염되고 있다고 한다. 결핵균 감염자의 비율이 이토록 높은 것은 결핵균에 감염되었다고 해서 모두 결핵에 걸리는 것이 아니기 때문이다. 비율로 따져보면 결핵균에 감염된 사람들 중 10명에 1명 정도만이 실제 결핵으로 발전한다. 어쨌든 결핵은 현재도 가장 많이 발생하고 가장 많은 사망자를 발생시키는 질병 중 하나다.

세균의 세포 분열 주기 일반적인 세균은 1시간에 한 번, 대장균은 20분 만에 한 번, 식중독을 일으키는 장염비브리오균은 10분에 한 번씩 분열한다.

포트병 결핵성 척추염 혹은 척추결핵이라고도 한다. 결핵균이 척추에 침투해 생기는 질병으로 척추 뼈를 연화시켜 등을 굽게 만들거나 척수를 손상시켜 마비를 일으킨다.

결핵을 일으키는 결핵균은 1~4㎛ 길이의 짧은 막대기 모양으로 보통의 세균보다 크기가 작은 편이며, 한 번 분열하는 데 약 18~24시간이 걸려■ 다른 세균들에 비해 증식 속도 역시 매우 느린 느림보 세균이다. 느릿느릿한 대신 결핵균은 지방 성분이 풍부한 세포벽으로 둘러싸여 있어서 건조한 곳에서도 잘 버티고, 산이나 알칼리로 씻어내도 잘 죽지 않는 비교적 튼튼한 균이다. 흔히 결핵이라 하면 피가 섞인 기침하는 폐결핵 환자의 얼굴을 떠올리곤 하는데, 사실 결핵균은 신체 어느 곳에라도 감염을 일으킬 수 있다. 때로 결핵은 폐 이외에도 흉막, 림프절, 뇌, 척추, 신장, 뼈와 관절 등에 침투하여 흉막염, 뇌수막염, 포트병■ 등 다양한 질환을 일으킨다. 하지만 그중에서도 가장 많이 발생하는 것은 역시 폐결핵으로 결핵균에 감염되어 발병한 환자의 3/4은 폐결핵 증상을 보인다. 폐결핵에 걸리게 되면, 기침, 호흡곤란, 무력감과 체중 감소, 미열과 식은땀과 같은 증상이 나타나다가 폐의 혈관이 터져 각혈을 하게 된다. 환자가 기침하면 결핵균이 침방울에 섞여 방출되고 그대로 공기 중에 남게 되므로 굉장히 많은 수의 사람들이 자신도 모른 채 상당수의 결핵균에 노출된다. 결핵균에 노출되었다고 해서 모두 결핵에 걸리지 않는다는 사실은 우리 주변에 결핵균이 얼마나 많이 떠돌고 있는지를 고려한다면, 정말 천만다행한 일이다.

학자들은 결핵이 기원전 8000년경, 가축으로 기르던 소에게서 인간에게로 전염되었다고 추정한다. 우결핵과 사람결핵은 서로 종류가 다

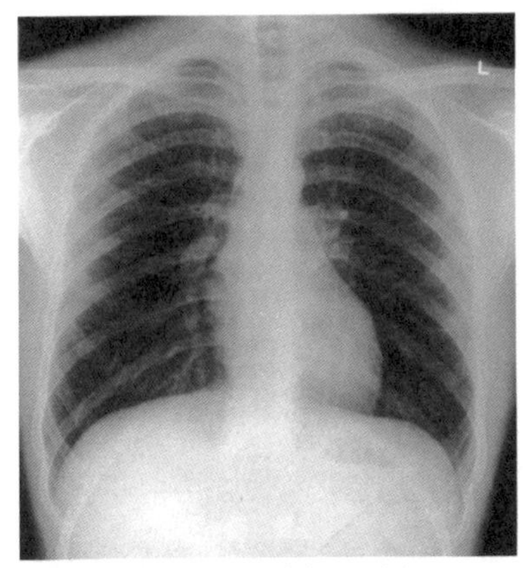

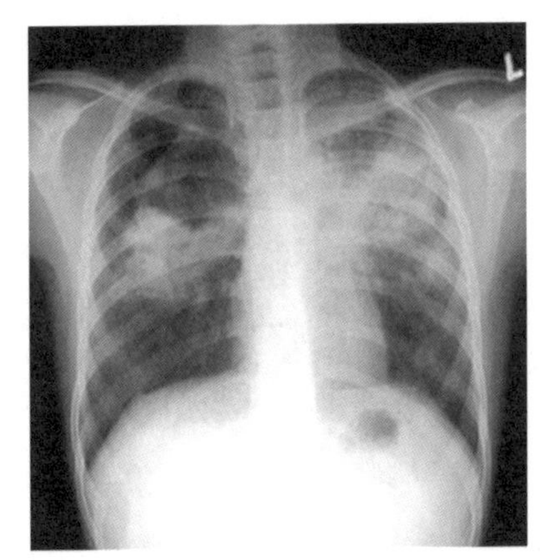

정상적인 폐와 결핵에 걸린 폐(우) 비교 사진.

르긴 하지만, 결핵에 걸린 소의 우유를 통해 우결핵이 사람에게도 전파될 수 있다는 것이■ 이들의 추정을 뒷받침해준다. 결핵은 이처럼 오래된 질병이었을 뿐만 아니라 코흐가 살던 19세기 유럽에서는 국민 7명 중 1명이 결핵 감염자였으며, 질병으로 인한 사망자 중 1/4은 결핵으로 인한 사망자였을 정도로 결핵은 널리 퍼져 있던 질환이기도 했다. 하지만 이토록이나 흔하고도 치명적인 결핵에 대해 사람들은 오랫동안 그 원인조차 제대로 파악하지 못했다. 영양실조, 추위, 유전, 습한 환경, 개인적 성향 등이 결핵의 이유로 지목되었지만, 그 어떤 것도 결정적인 원인이 되지는 못했다.

우결핵 소와 인간의 인수공통질병인 탓에 소에서 우유를 짜서 그대로 마시던 과거에는 우결핵에 걸린 소의 우유를 통해 결핵에 걸리는 사람도 종종 있었다. 하지만 최근에 시중에 유통되는 우유는 모두 살균 과정을 거치기 때문에 이런 형태의 결핵 감염은 사라졌다.

코흐는 자신의 다음 목표를 결핵을 일으키는 '결핵균'의 발견으로 삼았다. 이미 콘하임 교수가 결핵 환자의 폐에서 추출한 시료를 실험용 토끼의 눈 속에 넣으면 토끼가 결핵에 걸린다는 것을 증명한 바 있었기에, 결핵은 추위나 영양실조, 유전으로 인한 질환이 아니라 미생물에 의해 전파되는 전염병이라는 추측이 힘을 얻고 있던 시기였다. 하지만 콘하임 교수를 비롯해 당시의 연구자들은 결핵 환자의 폐에서 아무런 미생물을 발견하지 못했기에 연구는 고착상태였다.

하지만 코흐는 생각했다. 결핵균은 존재하지 않는 것이 아니라 발견하지 못한 것뿐이라고. 이유는 여러 가지가 있겠지만 코흐는 이 문제를 해결하기 위해 세포 조직을 염색하는 염색법을 고안해냈다. 마치 포토샵에서 명암을 짙게 하여 희미한 차이를 뚜렷하게 만드는 것처럼, 인체의 세포를 짙은 색의 염색약으로 염색할 수 있다면 외부 물질인 결핵균이 좀 더 잘 보이리라는 판단하에서였다. 코흐의 예상은 맞아떨어졌다. 짙은 파란색으로 염색한 환자의 폐 조직 사이에서 그는 보통의 세균보다 덩치가 작은 결핵균을 찾아내는 데 성공했던 것이다.

코흐의 공리에 따라 결핵의 원인을 증명하다

코흐의 결핵균 발견 과정은 자신이 만들어낸 '코흐의 공리'를 그대로 증명하는 과정이었다. 그래서 코흐는 결핵 환자의 폐 조직에서 결핵균을 발견한 뒤에도 이를 곧바로 공표하지 않았다. 그의 공리에 의한다면, 그는 4가지 공리 중 1번만을 증명한 것이기 때문이었다. 코흐는 나머지 공리들에 들어맞음을 확인하기 위해 환자의 몸속에서 추출한 병원균을 순수 배양하여 이것이 다른 동물에게 유입되었을 때 결핵을 일으키는지 확인하는 작업에 착수했다. 그런데 초기 실험은 실패였다. 인공적으로 배양된 결핵균은 결핵을 일으키지 못했던 것이다. 그렇다면 결핵 환자의 폐에서 발견된 세균은 결핵과는 상관이 없는 세균이었을까? 코흐는 의심이 들었지만, 모든 결핵 환자의 폐에서는 여지없이 이 세균이 발견되었고 건강한 사람들에게서는 발견되지 않았으므로 이는 분명히 결핵과 관련이 있는 세균임이 분명했다. 그는 자신의 발견이 틀린 것이 아니라 자신의 실험방식이 잘못되었다고 생각했다. 즉, 결핵균은 아무데서나 자라지 않는 '까다로운' 세균이므로, 결핵균 배양에는 특별한 배지(배양액)가 필요할 것이라 생각했던 것이다.

여러 가지 시행착오를 거친 끝에 그는 동물의 혈액에서 뽑아낸 혈장을 배지에 넣어주면 결핵균이 살아 있는 상태로 배양이 가능하다는 것을 알아냈다. 그리고 이렇게 키운 결핵균은 실험동물에게서 여지없이 결핵을 일으켰다. 게다가 코흐는 한 발 더 나아갔다. 일반적으로 결핵은 혈액이 아니라 공기 중으로 전파된다. 그러기에 결핵균을 주사로 주입하는 것은 일반적인 전파 경로와는 다르기에 문제가 될 수 있다. 그래서 코흐는 자신이 배양한 결핵균으로 인해 인위적으로 결핵에 걸린 실험동물이 기침을 통해 주변의 다른 건강한 실험동물에게 결핵을 옮길 수 있는지까지 증명하려 했다. 시간이 걸리긴 했지만 결과는 그가 예상한 대로였다.

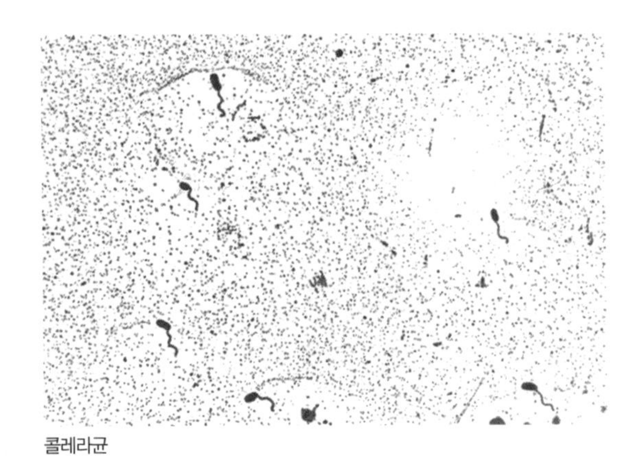
콜레라균

여기까지 모두 마친 뒤에야 코흐는 비로소 자신이 발견한 작은 세균이 결핵을 일으키는 결핵균임을 확실하게 증명했다고 여겼다. 이처럼 단 한 가지의 미심쩍은 점조차 남겨두지 않는 꼼꼼함과 철저함이 바로 코흐의 연구 방식이었다. 꼼꼼하고 철저한 연구 스타일과 스스로 가장 적합한 것을 만들어내는 열정은 코흐가 세균학을 정식으로 공부하지 않고도 비교적 짧은 기간 내에 탄저균에서 결핵균(1882년), 콜레라균(Vibrio cholera, 1884년)과 같은 대규모 감염을 일으키는 치명적인 세균들을 잇달아 발견하는 기염을 토하게 만들었다.

일말의 의심조차 남기지 않고 확실하게 결핵의 원인이 결핵균임을 증명한 코흐는 드디어 이를 1882년 베를린생리학회에서 발표하기에 이르렀고 명실상부한 병원성 세균학 분야의 든든한 기둥이 되었다. 그의 다음 목표는 콜레라균이었다. 결핵에 비하면 역사는 짧지만, 그 치명성에 있어서만큼은 콜레라도 결코 뒤지지 않는 질환이었기에, 코흐의 의지는 더욱 불타올랐다. 코흐는 콜레라를 일으키는 원인을 증명하고자 유행이 시작된 인도까지 직접 방문하여 쉼표(,) 모양을 닮은 콜레라균이 콜레라의 원인이며, 환자의 배설물이 섞인 오염된 식수로 전파되는 수인성 질환이라는 사실까지 밝혀내며 콜레라의 원인과 전파 경로를 명확히 증명했다. 이때쯤 코흐는 일약 유명인사가 되어 있었고, 인도에서 귀국할 때에는 개선장군에 버금가는 환영을 받았다. 코흐의 명성은 점점 높아졌고, 때마침 1890년 코흐는 결핵을 예방할 수 있는 백신을 개발했다고 발표하며 사람들의 기대에 완벽하게 부흥했다. 그리고 이듬해인 1891년, 그는 드디어 베를린 전염성연구소 소장에 취임한다(이 연구소는 코흐 사후인 1912년, '로베르트 코흐 연구소'로 개명되어 오늘날에 이른다).

조력자에서 배신자가 된 결핵균

하지만 장밋빛일 것 같은 그의 인생은 이 시기를 정점으로 급격하게 내리막길을 걷게 된다. 아이러니하게도 그를 추락시킨 원인은 그가 결핵 예방용 백신으로 야심차게 제시한 투베르쿨린(Tuberculin)■이었다. 투베르쿨린은 결핵균에서 추출해낸 항원이었다. 일반적으로 감염성 미생물이 인체로 유입되면 이를 인식한 면역세포가 이들을 물리칠 항체를 만들어낸다. 이때 면역세포들이 인식하는 미생물의 특정 부위를 항원(antigen)이라 한다. 백신의 기본 원리는 인체 내 특정 질병의 항원을 소량 혹은 불활성화된 상태로 넣어 주어, 질병이 발병하는 것은

투베르쿨린 투베르쿨린은 비록 코흐의 예상대로 결핵의 백신으로써는 기능하지 못했지만, 결핵의 진단에서는 여전히 쓰이고 있다. 검사 대상자의 피부에 소량의 투베르쿨린을 주사한 뒤 일정 시간이 지나면, 결핵에 걸리지 않은 사람은 주사 부위가 거의 부어오르지 않는데 비해, 결핵균에 감염된 사람은 투베르쿨린이 알레르기 반응을 일으켜 해당 부위가 1cm 이상 부어오르기에 결핵의 진단에 유용하다. 결핵의 예방과 치료가 본격적으로 시작된 것은 결핵 예방 백신인 BCG가 개발되고 결핵 치료제인 스트렙토마이신을 비롯한 다양한 항생제들이 개발된 뒤였다.

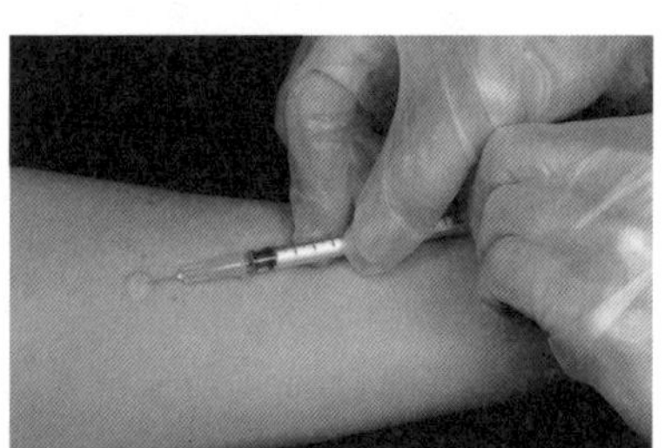
투베르쿨린으로 결핵 진단하는 방법

막으면서도 면역세포를 자극해 항체를 만들어 내게 하는 것이다. 예를 들어, B형 간염 백신의 경우, 유전자 재조합을 통해 B형 간염 바이러스에서 인체 내 면역세포가 인식하는 특정 부위, 즉 항원 부위만 합성하여 주사를 통해 체내에 넣어준다. 이렇게 하면 바이러스의 일부만이 유입되므로 B형 간염에는 걸리지 않지만 면역세포는 항원 부위를 인식하므로 B형 간염에 대응하는 항체가 만들어지는 것이다.

코흐도 이런 원리를 이용해 투베르쿨린을 찾아냈다. 항원은 항체를 만들어내니, 당연히 결핵균에서 얻은 항원인 투베르쿨린이 결핵 백신으로 기능할 것으로 생각했던 것이다. 만약 이것이 성공한다면, 당시 인구의 1/7이 시달리던 결핵은 빠른 시일 내 완전 퇴치가 가능할 수도 있었다. 이미 사라지기 시작한 천연두처럼 말이다.

하지만 코흐에게 연구자로서 최고의 영광을 가져다줄 것이라 믿었던 투베르쿨린은 오히려 코흐의 명성을 바닥으로 추락시키기에 이른다. 자신만만했던 그의 발표와는 달리, 투베르쿨린은 결핵 예방이나 치료에 아무런 도움이 되지 못했던 것이다. 앞서 결핵균이나 콜레라균을 발견할 당시에는 매우 신중하고 완벽할 만큼 꼼꼼하게 실험에 재실험을 거듭했던 코흐가 왜 정작 더욱 중요한 투베르쿨린 발표에서는 성급했는가는 여전히 의문으로 남는다. 또한 코흐는 이 시기에 젊은 시절 자신에게 현미경을 선물해 세균학자로 명성을 쌓는 데 결정적인 역할을 했던 첫 번째 부인과 이혼하고 50세에, 자신의 딸보다도 어린, 17세의 젊은 여배우와 결혼하면서 사생활도 구설에 오른다. 기대를 잔뜩 모았던 투베르쿨린의 실패와 불륜에 가까웠던 사생활 문제로 코흐의 신뢰도와 인기는 추락하고 말았고 학자로서도 한동안 이렇다 할 성과를 내지 못한다. 후대 사람들은 코흐가 모든 전염성 질환의 원인을 밝혀내는 데 있어서 바이블이 된 '코흐의 공리'를 정립하고도, 제자인 에밀 폰 베링에게 제1회 노벨상 수상자의 영광을 넘겨야 했던 것은 이런 이유 탓이라고 말하곤 한다.

로베르트 코흐의 두 번째 부인이 된 헤드윅 프라이베르크(Hedwig Freiberg).

세균학의 아버지로 남은 코흐

비록 투베르쿨린의 실패로 명성에 흠집이 나기는 했지만, 코흐는 죽을 때까지 하루에 18시간 이상을 실험실에서 보낸 철저한 연구자였다. 결핵 예방 백신 개발에는 실패했지만 인류에게 엄청난 피해를 야기하는 결핵균과 콜레라균과 그들의 생활사를 찾아내고, 코흐의 공리를 통해 동시대와 후대 연구자들이 다양한 질병의 원인균을 발견하는 데 이정표를 제시해주었다는 점에서 코흐가 의학 분야에 끼친 영향은 막대하다. 코흐가 파스퇴르와 더불어 '세균학의 아버지'로 불리는 것은 이런 이유에서다.

말년에도 코흐는 연구를 손에서 놓지 않았을 뿐 아니라 후진 양성에도 힘을 기울였는데 그의 제자들 중에는 코흐를 제치고 제1회 노벨 생리의학상의 주인공이 되었던 에밀 폰 베링 외에도 면역학의 기초를 세워 1908년 노벨상을 수상한 파울 에를리히(Paul Ehrlich, 1854~1915), 암 연구의 선구자로 역시 1926년 노벨상의 주인공이 되었던 요하네스 피비게르(Johannes Fibiger, 1867~1928) 등 노벨상 수상자가 여럿 나왔으며, 야마기와 가쓰사부로[山極勝三郎, 1863~1930, 콜타르 등 화학물질이 암의 원인이 될 수 있음을 밝힘], 뢰플러(디프테리아를 일으키는 원인균과 독소를 발견함), 기타사토 시바사부로(페스트균 발견 및 파상풍 혈청 요법 연구) 등 세균학 교과서에 반드시 등장하는 인물들이 많았다. 세균학의 아버지인 코흐의 명성에 걸맞게 그의 제자들은 세균학 분야의 '든든한 아들들'이었던 것이다.

투베르쿨린이 가져온 처참한 실패에도 불구하고 (항상 크게 기대하면 크게 실망하는 법이다. 코흐에 대한 기대가 워낙 컸었기에 학계와 대중들의 실망감도 훨씬 더 컸다) 코흐의 연구에 대한 열정과 노력은 누구나 인정할 수밖에 없는 사실이었기에, 1905년 노벨상 위원회는 그를 제5회 노벨 생리의학상의 주인공으로 선정한다. 선정의 구체적인 이유는 '결핵균의 발견과 그에 대한 연구'였지만 그가 결핵균을 발견한 것은 이미 20여 년 전의 일이었기에 이 상에는 세균학 분야에 있어 그가 끼친 지대한 영향에 대한 존경의 의미도 담겨 있었다. 한 시골 의사의 부인이 남편의 생일을 축하하기 위해 생활비를 쪼개 선물한 현미경 한 대가 인류 역사의 흐름을 바꿔놓았다. 그 현미경이야말로 '지상 최고의 생일선물'이 아니었을까?

제5장

당뇨병을 불치병에서 난치병으로 바꾼 발견

프레더릭 밴팅과 인슐린

1921년 초여름, 캐나다 토론토대학교의 한 연구실로 두 명의 남자가 들어서고 있었다. 그때였다. 실험실 안 우리에 갇혀 있던 개가 그들을 보자 배가 고프다는 듯 컹컹대며 짖기 시작했다. 비록 우리에 갇혀 있긴 해도 개는 건강하고 혈기 왕성해보였다. 순간 두 사람은 참지 못하고 환호성을 질렀다.

"드디어, 드디어 성공했어!"

"역시 췌장이 답이었어, 췌장이었다고!"

두 사람의 환호에 놀란 개는 큰 소리로 짖었지만 이미 흥분한 이들에게 그 소리는 오히려 승리의 팡파르처럼 들릴 뿐이었다. 이 두 사람의 이름은 프레더릭 밴팅(Frederick Grant Banting, 1891~1941)과 찰스 베스트(Charles Herbert Best, 1899~1978)였다. 이들은 훗날 인슐린(insulin)이라고 부르게 될, 당뇨를 조절하는 호르몬의 존재를 지금 막 확인한 참이었다.

달콤한 소변의 경고, 당뇨병

조디 포스터가 출연한 2002년 작 영화 〈패닉 룸(Panic Room)〉에서 강도를 피해 패닉 룸으로 숨어든 모녀는 오히려 위기 상황에 놓이게 된다. 패닉 룸이란 사고가 일어났을 때 대피하기 위해 만들어둔, 밀폐된 은신처로, 밖에서는 절대로 열 수 없게 되어 있어 외부의 위협으로부터 안전한 공간이다. 하지만 패닉 룸으로 도망친 모녀에게 또 다른 문제가 생긴다. 딸은 매일같이 인슐린 주사를 맞아야 하는 제1형 당뇨병 환자인데, 패닉 룸 안에는 인슐린이 없다는 것이다. 제시간에 인슐린을 맞지 못하면 딸은 생명을 잃을지도 모른다. 이에 엄마는 강도와 맞닥뜨릴 위험을 무릅쓰고 패닉 룸 밖으로 나간다.

이 영화 속에서 인슐린은 상황을 아슬아슬하게 만드는 주요한 장치로 쓰였다. 인슐린이 도대체 무엇이기에, 사람의 목숨을 왔다 갔다 하게 만드는 걸까? 인슐린에 대한 이야기를 하려면 먼저 당뇨병에 대한 지식이 필요하다. 당뇨병(Diabetes Mellitus, 糖尿病)이란 혈당을 조절하는 인슐린의 분비 및 기능에 이상이 생겨 발생하는 질환으로, 소변 속에 당이 섞여 나오는 것이 대표적인 증상이다. 그래서 이러한 증상에 대해 17세기 영국의 토

인슐린의 분리와 역할 규명으로 노벨상을 받은 밴팅(오른쪽)과 그의 노벨상 수상에 결정적인 역할을 했던 베스트.

머스 윌리스(Thomas Willis, 1621~1675)는 '환자의 소변이 설탕이나 벌꿀이 들어 있는 것처럼 단맛이 난다'는 이유로 '당뇨병'이란 이름을 붙여 주었다.

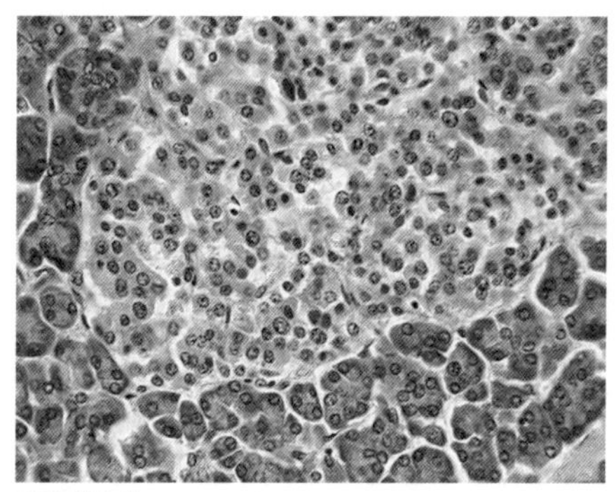
랑게르한스섬

당뇨병은 원인에 따라 크게 1형 당뇨병과 2형 당뇨병으로 나뉜다. 1형 당뇨병은 대부분 유전적인 요인이나 자기 면역 질환으로 인해 췌장에서 인슐린을 분비하는 랑게르한스섬(Islet of Langerhans)의 베타 세포(β-cell)가 파괴되어 일어난다. 즉, 췌장의 이상으로 인해 인슐린 자체가 생산되지 않아 생겨나는 당뇨병으로 다른 말로 '인슐린 의존형' 당뇨병이라고 불리기도 한다. 인슐린 생성 부족이 문제이므로 인슐린만 제대로 공급해주면 증상이 대부분 개선되기 때문이다. 20세기 초반까지만 하더라도 대부분의 당뇨병 환자가 1형 당뇨병이었으나, 최근에는 전체 당뇨병 환자의 5~10% 정도만 1형 당뇨병일 정도로 그 비율은 줄었다. 하지만 유전적인 성향이 강해 어린이에게 발생하는 소아 당뇨의 경우는 여전히 80~90%가 1형 당뇨병이다.

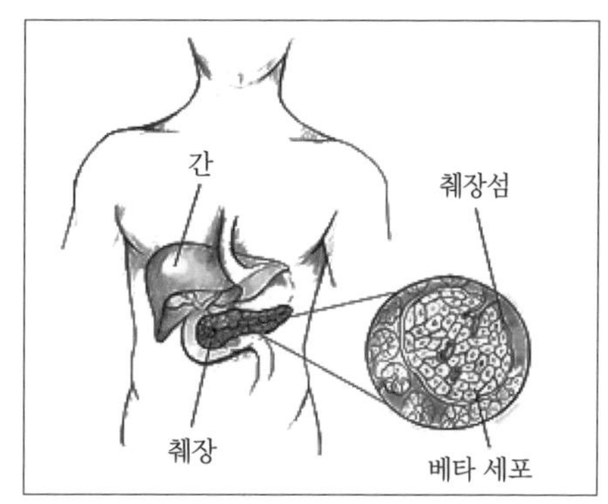

베타 세포. 인슐린을 만들어 내는 베타 세포는 췌장에서 만들어진다.

이에 비해 2형 당뇨병은, 췌장에서 인슐린은 정상적으로 분비되지만, 여러 가지 이유로 인해 체내에서 인슐린이 제대로 기능하지 못하

인슐린 결정

게 하는 현상, 즉 인슐린 저항성이 나타나 발생하는 당뇨병이다. 인슐린 저항성이 나타나는 원인으로는 유전적 소양, 비만, 노화, 운동 부족, 고탄수화물과 고열량의 식단 등 다양한 이유들이 제시되고 있으나, 어느 것도 결정적인 이유는 못 되며 이들이 복합적으로 작용하여 나타나는 것으로 추측되고 있다. 2형 당뇨병의 경우 흔히 '인슐린 비의존형' 당뇨병이라고 불리는데, 인슐린 자체가 부족한 것이 아니라 있는 인슐린을 제대로 사용하지 못해 일어나는 질환이기 때문이다. 대부분의 성인 당뇨병 환자는 2형 당뇨병을 앓고 있으며, 전체 당뇨병 환자의 90% 이상이 앓고 있는 질환이기도 하다.

당뇨병은 기원전 1500년경에 제작된 이집트의 파피루스에도 기록되어 있을 정도로 오랜 질환이지만, 근래 들어 더욱 문제시되고 있는 질환이다. 우리나라의 경우 특히 더 심각한데, 1979년 인구 10만 명당 4명에 불과했던 당뇨병 사망률은 해마다 급속도로 늘어나, 30년 후인 2009년에는 인구 10만 명당 29.6명의 사망률을 보이며 전체 사망 원인의 5위를 차지하고 있을 정도로 가파르게 증가하고 있기 때문이다. 당뇨병의 급격한 증가는 생활 습관의 변화로 인해 이전에 비해 고열량 식사를 하면서도 운동은 적게 하여 비만 인구가 증가했고, 보건 환경의 개선으로 인해 노인 인구의 비율이 늘어나면서 나타나는 현상으로 추정된다. 수억 명의 인류를 죽음의 벼랑 끝으로 내몰고 있는 당뇨병의 원인이 되는 호르몬인 인슐린의 발견과 그를 둘러싼 노벨상 수상의 뒷이야기에 대해 알아보자.

밴팅 이전의 연구들

존 제임스 리카드 매클라우드

1923년 노벨 생리의학상 수상자 목록을 보면, 인슐린 발견의 공로로 프레더릭 밴팅과 존 매클라우드(John Macleod, 1876~1935)의 이름이 나란히 올라가 있다. 그런데 많은 의학 서적에서는 인슐린 발견자로 프레더릭 밴팅과 찰스 베스트의 이름을 올려놓고 있다. 매클라우드는 인슐린 발견 공로로 노벨상까지 받았음에도 최초의 발견자로 지목되지 않는 경우가 많으며, 베스트는 다수에게 최초의 발견자로 지목되면서도 정작 노벨상 수상자 목록에서는 빠져 있다. 도대체 어찌된 일일까?

이 모순을 이해하기 위해서는 인슐린 발견자로 확고하게 자리매김한 밴팅의 생애와 연구 과정에 대한 이해가 필요하다. 1891년 캐나다 온타리오에서 태어난 밴팅은 1916년 토론토의과대학을 졸업한 뒤, 제1차세계대전에 군의관으로 참전한 경력을 가진 외과 의사였다. 전쟁이 끝난 후 고국에 돌아와 개인병원을 개업한 밴팅은 환자가 거의 없어 웨스트 온타리오 의대에서 생리학 조교로 일하며 남는 시간을 메워나갔다. 그렇게 평온하지만 약간은 지루한 생활을 꾸려나가던 밴팅은 우연찮게 읽은 논문에서 흥미로운 연구 주제를 찾아낸다. 그가 읽은 논문은 췌장에 존재하는 랑게르한스섬에서 분비되는 물질이 당뇨병과 연관이 있다는 내용을 담고 있었다.

당뇨병의 원인에 대한 단서는 이미 1889년, 프랑스 스트라스부르대학교의 조셉 메링(Joseph Friedrich von Mering, 1849~1908)과 오스카 민코브스키(Oscar Minkowski, 1858~1931)가 찾아낸 바 있다. 이들은 개를 이용해 동물의 내장 기관이 어떤 기능을 하는지 알아보는 실험을 하던 중에 우연찮게 췌장을 제거한 개의 소변에는 유난히 파리와 벌레들이 많이 꼬인다는 것을 발견하게 된다. 연구 결과, 췌장을 떼어낸 개의 소변 속에는 정상이라면 거의 존재하지 않는 포도당이 상당량 섞여 있음이 밝혀졌다. 소변 속에 포함된 포도당의 단맛 때문에 벌레들이 꼬여든 것이었다. 이미 소변에 당이 섞여 나오는 질환이 당뇨병이라는 사실은 알려져 있었으므로, 이들은 곧 췌장이 당뇨병과 깊은 연관이 있음을 깨닫는다. 이제 남은 문제는 췌장에서 분비되는 어떤 물질이 당뇨병을 조절하느냐는 것이었다.

초기 연구자들은 췌장의 추출물을 뽑아 환자에게 투여해봤지만, 혈당을 변화시키거나 당뇨병의 증세를 개선시키는 데 별다른 기능을 하지 못함을 발견했다. 췌장에서는 혈당을 낮추는 물질인 인슐린뿐 아니라, 혈당을 높이는 물질인 글루카곤도 동시에 분비하기 때문에 이 둘이 모두 섞인 전체 췌장 추출물은 당뇨병 환자에게 별다른 변화를 일으키지 못했던 것이다. 췌장은 혈당을 '조절'하는 곳이지 혈당을 '저하'시키는 곳은 아니기 때문이었다. 췌장을 제거하면 당뇨병에 걸리지만 췌장 추출물 전체는 증상 개선에 도움이 되지 못한다면, 결국 문제는 췌장액에는 서로 다른 기능을 하는 여러 가지 물질들이 섞여 있다는 뜻이 된다. 이제 사람들의 관심은 복합물질인 췌장액 속에서 혈당을 낮추는 기능을 하는 물질만을 순수 분리하는 것으로 모아진다.

에드워드 샤피-셰이퍼

영국의 생리학자 에드워드 샤피-셰이퍼(Edward Albert Sharpey-Schafer, 1850~1935)도 그중 하나였다. 그는 췌장의 랑게르한스섬에 이상이 생기면 당뇨병이 나타나므로, 이 부위에서 당뇨병과 연관된 물질이 분비될 것이라 추측했다. 샤피-셰이퍼는 이 물질에 '인슐린'이라는 이름을 붙여주고, 이를 찾는 데 주력했다. 당시 밴팅에게 떠오른 아이디어는 췌장관을 묶어 췌장에서 분비되는 호르몬을 분해하는 효소를 막으면 어떨까 하는 것이었다. 그렇게 하면 췌장의 랑게르한스섬에 분해되지 못한 인슐린이 쌓여 농도가 높아질 것이기에 좀 더 쉽게 이를 추출할 수 있을 거라 생각한 것이었다.

무모한 초보 연구자, 당뇨병 연구에 뛰어들다

사실 밴팅은 이 분야에서 문외한이었다. 밴팅이 이런 생각을 하기 훨씬 이전인 1916년, 루마니아의 니콜라스 파울레스쿠(Nicolas Paulescu, 1869~1931)가 췌장 추출액 속에서 혈당을 낮추는 물질, 즉 인슐린을 추출해내는 데 거의 성공하고 있었다. 그는 자신이 췌장 추출물에서 뽑아낸 물질이 혈당을 낮추는 데 효과가 있다는 사실을 알아냈고, 이제 그에게 남은 문제라곤 부작용이 없도록 순수한 상태의 물질을 추출해내는 것뿐이었다. 따라서 그가 최초의 '인슐린 발견자'라는 영예를 얻는 것은 시간문제처럼 보였다. 하지만 파울레스쿠에게는 정말로 불행하게도 그의 조국 루마니아가 전쟁에 휘말리는 덕에 그는 4년간이나 연구를 중단한 채 피난을 떠나야 했고, 결국 겁 없이 뛰어든 초보 당뇨병 연구자 밴팅에게 '최초의 발견자' 자리를 뺏기고 만다. 당뇨병 연구를 하기로 마음먹었을 당시, 밴팅은 이런 사정을 전혀 몰랐다. 만약 밴팅이 파울레스쿠가 이미 몇 년 전에 인슐린 추출에 거의 성공했다는 사실을 알았다 해도 그가 이 연구에 뛰어들었을까? 역사에는 '만약'이라는 것은 없다지만, 상식적으로 생각해봐도 남들이 이미 다 해 놓은 연구를, 그것도 해당 분야의 초보 연구자가 다시 하겠다고 덤비는 무모한 짓은 아마 하지 않았을 것이다.

어쨌든 밴팅에게는 파울레스쿠가 전쟁으로 연구를 지속하지 못하게 된 것뿐만 아니라, 이러한 사실을 전혀 몰랐다는 것이 오히려 행운으로 작용한다. 그는 즉시 췌장관을 묶어서 인슐린을 추출한다는 아이디어를 증명하기 위해 자신이 조교로 일하던 웨스트 온타리오 의대에 실험 지원을 요청했지만, 학교 측은 그의 요구를 매정하게 거절한다. 그도 그럴 것이 밴팅의 이전 경력은 모두 외과에 관련된 것이었지, 인슐린처럼 호르몬에 대한 연구는 해본 경험이 전혀 없었기 때문이었다. 이는 마치 농구선수가 어느 날 갑자기 축구를 하겠다며 갑자기 대표 팀에 뽑아달라고 조르는 격이나 마찬가지였다.

하지만 밴팅은 포기하지 않았다. 그는 결국 자신이 졸업한 토론토 의대를 찾아가 당뇨병 연구의 권위자였던 매클라우드 교수를 만나 자신의 아이디어를 피력하며 실험을 지원해줄 것을 요청했다. 밴팅의 갑작스러운 요구를 처음에는 무시했던 매클라우드는 결국 그의 열성을 감안해 개에게서 췌장을 추출하는 법과 췌장관을 묶는 법 등 몇 가지 실험 방법을 알려주고, 이런 실험에 왕초보자였던 밴팅을 위해 대학원생이던 찰스 베스트를 그의 조수로 붙여주기까지 했다. 하지만 그는 밴팅의 초기 실험에는 관여하지 않았다. 그 역시 밴팅의 아이디어는 신선했지만, 그가 정말로 성공할지에 대해서는 그다지 기대를 하지는 않았던 것으로 추측된다. 매클라우드는 밴팅에게 실험실과 베스트를 빌려주기는 했지만, 그에게 자신이 휴가를 떠나는 8주 동안만 사용하는 것을 허가했기 때문이다. 어차피 한동안은 비어 있을 실험실이니 좋은 일 하는 셈치고 젊고 치기어린 후배에게 잠시 빌려준 것이었다.

이런 저런 우여곡절 끝에 눈칫밥을 먹으며 매클라우드의 빈 실험실을 빌려 쓰게 된 밴팅은 베스트의 도움을 받아 개를 이용한 인슐린 추출에 나섰다. 그들은 실험용 개의 췌장관을 묶어서 호르몬을 분해하는 효소가 췌장으로 유입되지 못하게 막은 뒤, 며칠 후 췌장을 적출해 췌장 내에 섬처럼 흩어져 있는 랑게르한스섬을 파내어 거기서 추출한 물질을 당뇨병을 일으킨 개에게 투여하는 실험을 실시했다. 만약 그의 아

베스트와 밴팅, 인슐린을 발견하다

이디어가 맞는다면 랑게르한스섬에서 추출한 물질 속에는 혈당을 조절하는 물질이 들어 있으므로, 당뇨병에 걸린 개에게서 증상을 완화시킬 것이라 생각한 것이었다.

하지만 실험은 실패의 연속이었다. 처음에 매클라우드가 실험용으로 사용하라고 허가한 개는 모두 10마리였다. 하지만 이 숫자를 넘겨 실험에 사용한 개가 90마리가 넘을 때까지도 여전히 실험은 실패만 거듭했다. 결국 아이디어는 좋으나 초보자가 덤비기엔 무리한 실험이었다는 자괴감에 휩싸일 무렵, 92번째 개에게서 추출한 췌장액이 당뇨병에 걸린 개의 증상을 완화시키는 현상을 목격하게 된다. 결국 매클라우드가 8주간의 긴 휴가에서 돌아올 즈음, 이들은 그들 스스로 '아일레틴'이라 이름 붙인 췌장 추출물 분리에 거의 성공하고 있었다. 밴팅의 무모했던 도전이 의외로 가능성 있는 도전이었음이 드러나자, 매클라우드는 이들에게 '아일레틴'이 샤피-셰이퍼가 추측했던 인슐린이었을 것이니 이를 '인슐린'이라 명명하자고 말하며 연구를 적극적으로 지원하기 시작했다.

일사천리로 이루어진 노벨상 수상

일단 92마리째의 개에게서 인슐린의 효과를 확인하고 나자 이후의 일은 착착 진행되었다. 밴팅과 베스트는 개보다 더 큰 소의 췌장에서 인슐린을 추출해냈고, 이를 대상으로 1922년 1월에는 당뇨병으로 고생하던 톰슨이라는 이름의 열네 살짜리 남자아이에게 이를 주입하여 당뇨병 증상을 호전시키는 임상 실험에도 성공했다. 하지만 아직 문제는 남아 있었다. 밴팅과 베스트 모두 화학자가 아니라 인슐린 정제 능력이 부족했던 탓에 소에게서 추출한 인슐린에는 불순물이 많이 섞여 있었고, 이로 인한 부작용으로 장기 투여가 어려웠던 것이다. 같은 과학자라 하더라도 전문 분야는 있기 마련이었다. 이에 매클라우드는 생화학자였던 제임스 콜립(James Collip, 1892~1965)에게 인슐린 정제를 요청했고, 콜립은 훌륭하게 인슐린의 순수 분리에 성공했다. 그 결과, 임상 실험에 참가했던 톰슨은 순수한 인슐린을 충분히 공급받을 수 있었고 몇 년 후 사고로 사망할 때까지 비교적 건강한 삶을 살 수 있었다고 한다.

그 후 콜립의 도움을 받아 베스트는 인슐린의 대량 생산에 착수했고, 1922년 8월에는 의료용 인슐린의 대량 생산에 성공했으며 그해 10월부터는 외국으로 수출까지 시작했다. 이 인슐린의 효능은 놀라웠다. 1920년대까지만 하더라도 당뇨병 환자의 90% 이상은 인슐린이 생성되지 않는 1형 당뇨병을 앓고 있었기에, 인슐린 주입은 이들에게 즉각적인 효능을 나타냈다. 마치 마법의 탄환처럼 인슐린 주사는 당뇨병 환자의 혈당을 떨어뜨렸고, 그들에게 활기를 되찾아 주었다. 이처럼 인슐린의 발견과 생산이 수많은 당뇨병 환자의 목숨을 구하게 되자 노벨상 위원회는 이들을 1923년 제23회 노벨상 수상자로 지목하게 되고, 밴팅은 겨우 32세의 나이에 노벨상 수상자 대열에 합류하는 영광을 누리게 된다.

밴팅과 노벨상, 그리고 기네스

밴팅은 노벨상을 둘러싼 특이한 기네스 기록을 몇 개 가지고 있다. 그중 하나는 최연소 노벨 생리의학상 수상자라는 것이다. 1891년에 태어난 밴팅은 1923년 32세 때 노벨상을 받아 노벨 생리의학상 분야에서는 최연소 수상자가 된다[참고로 노벨상 전체를 통틀어 최연소 수상자는, 1915년 노벨 물리학상을 탄 로런스 브래그(Lawrence Bragg, 1890~1971)로 당시 25세였다].

두 번째 기록은 인슐린 발견은 최단 기간에 그 가치를 인정받은 연구였다는 사실이다. 밴팅이 처음 매클라우드의 실험실에 발을 들여놓은 것은 1921년 초여름이었는데, 이들의 연구 결과는 그해 말 학회에서 발표되었으며, 1년도 안 된 1922년 1월에 임상 실험에 들어갔고, 1922년 여름에는 인슐린 대량 생산에 성공했으며, 다음 해인 1923년 노벨 생리의학상을 수상하는 등 모든 것이 순식간이라고 해도 좋을 만큼 빨리 지나갔다. 2년 남짓 되는 기간 동안 실험착수 ⇨ 실험성공 및 발표 ⇨ 임상실험성공 ⇨ 대량생산 ⇨ 노벨상 수상이라는 길고도 복잡한 과정이 모두 이루어진 것이다. 때로 훌륭한 업적을 이뤄내고도 세상의 인정을 받지 못해 노벨상을 받기까지 수십 년을 기다려야 했던 다른 수상자들에 비하면 밴팅은 운이 좋다 못해 넘친다고 말할 수 있을 정도였다.

앞의 두 가지 기록이 밴팅에게 있어 긍정적인 기록이라면, 밴팅은 노벨상에 얽힌 부정적인 기록도 가지고 있다. 제23회 노벨 생리의학상 시상식에는 수상자로 지목된 두 명의 과학자가 모두 불참하여 '주인공 없는 잔치'로 끝났다는 어이없는 기록도 가지고 있다. 밴팅은 매클라우드가 그와 공동 수상자로 이름을 올렸다는 사실에 분노해 그는 노벨상을 받을 자격이 없다며 시상식에 불참했고, 이에 분노한 매클라우드마저도 시상식에 나타나지 않아 벌어진 해프닝이었다. 사실 이 점에 있어서 사람들의 의견은 갈린다. 매클라우드는 그저 밴팅에게 실험실만 빌려주었을 뿐인데 운 좋게 노벨상을 거저 얻었다고 하는 사람이 있는가 하면, 비록 초기에는 매클라우드가 밴팅의 연구에 소홀하기는 했어도 밴팅에게 연구실과 조수를 제공하고 연구 방향을 잡아주었으며 그의 연구를 학계에 널리 퍼뜨린 공로를 무시할 수 없다는 의견이 공존한다.

세상의 이견이 어떻든 당사자만 합의한다면 별다른 문제는 없었을 텐데, 문제는 밴팅 역시 매클라우드에게 불만이 많았다는 것이었다. 밴팅은 매클라우드와의 공동 수상에 노골적으로 불만을 드러냈으며 만약 누군가와 공동 수상을 해야 한다면 자신과 같이 연구를 했던 베스트가 당연히 그 주인공이 되어야 한다고 주장했다. 하지만 그의 주장과는 상관없이 매클라우드가 공동 수상자로 결정되자, 이에 반발한 밴팅은 노벨상 수상 이후 자신의 모든 발견은 베스트와 함께했기에 가능했다며 자신이 받은 상금 중 절반을 베스트에게 주고 그가 진짜 인슐린 발견자라 공헌했다. 일종의 도발에 가까웠던 밴팅의 이런 행동에 매클라우드도 질세라 자신의 상금 절반을 콜립에게 주고 그의 도움 없이는 어려웠을 것이라 공을 치하했다고 한다.

비록 노벨상 수상을 둘러싸고는 이런저런 잡음을 일으켰지만, 적어도 밴팅과 매클라우드 그리고 베스트와 콜립은 이후 개인의 욕심을 넘어선 진정한 학자의 자세와 인류애를 보여주는 데 있어서는 주저하지 않았다. 이들 네 사람은 엄청난 떼돈을 벌 수 있었던 인슐린의 특허에 대한 개인적 권리를 모두 포기하고, 그 권리를 영국의학연구협회에 기부하기로 결정한다. 인슐린의 특허권을 개인이 아닌 공적 기관에 돌려 특허권료로 지불되는 돈을 낮춰 인슐린의 가격을 안정시키고, 특허권으로 벌어들인 돈은 다시 영국의학연구협회가 의학 연구에 사용하게 하여 경제적 부가가치의 선순환에 앞장섰던 것이었다.

드라마틱하고 낭만적인 과학자, 밴팅

밴팅은 일반적인 노벨상 수상자의 인생과는 다르게 드라마틱하고 낭만적인 삶을 살았다고 전해진다. 밴팅은 유화 그리기를 즐기는 예술가의 기질을 가졌으면서, 동시에 제1차세계대전 참전 시에는 부상으로 인해 팔을 잘라내야 할지도 모른다는 위협 속에서도 끝까지 메스를 놓지 않고 부상자를 치료하는 열정에 불타는 의사였다. 실제로 그는 제2차세계대전이 발발하자 50세의 나이에도 불구하고 조국과 조국의 젊은이들을 위해 기꺼이 군의관으로 자원해 전장에 나섰으며, 결국 1941년 비행기 사고로 사망하고 만다.

제1차세계대전 당시 밴팅의 모습.

연구에 있어서도 밴팅은 이전까지는 내분비학을 거의 연구한 적이 없음에도 불구하고 인슐린 연구에 뛰어들 정도로 무모했으며, 91마리의 개가 모두 실패하는 와중에서도 흔들림 없이 자신의 신념을 지켜낼 정도로 자긍심이 강한 인물이었다. 이런 낭만적이면서도 열정적이고, 무모하면서도 오만한 밴팅의 성격으로 그는 최연소이자 최단 기간에 노벨 생리의학상을 수상한 걸출한 인물이자 수상을 둘러싼 추문의 주인공이 되는 이중적인 기억을 남기게 되었다고 볼 수 있다. 하지만 분명한 건 그의 그런 무모함과 열정 덕에 수많은 당뇨병 환자들이 목숨을 구했으며, 이후 당뇨병이 '불치병'이 아닌 '난치병'으로 불리게 되는 데에 큰 역할을 했다는 사실만은 변함이 없다.

제6장

영양 결핍의 비밀을 밝혀내다

에이크만과 각기병

이른 아침, 한 남성이 떨리는 가슴으로 닭장 문을 열었다. 횃대에 앉아 하릴없이 졸던 닭들은 그가 문을 여는 소리에 일제히 먹이를 바라고 그에게 다가왔다. 닭들은 매우 허기가 진 듯 먹이를 구하는 소리가 제법 요란했다. 이들 모두 며칠 전까지만 하더라도 비실거리면서 제대로 걷지도 못할 만큼 쇠약했다는 사실이 믿어지지 않았다.

"이럴 수가, 10년을 찾아도 보이지 않던 답이 이렇게나 간단한 것이었다니. 각기병(脚氣病, beriberi)은 미생물이 아니라 먹이 때문에 일어나는 병이었다는 것을 이제야 깨닫다니!"

크리스티안 에이크만

눈앞의 결과에 감동한 남자는 크리스티안 에이크만(Christiaan Eijkman, 1858~1930). 그는 각기병의 원인이 훗날 '비타민'이라고 이름 붙여진 것에 의해 일어나는 영양 결핍 상태였다는 것을 지금 막 밝혀낸 참이었다.

세종대왕을 괴롭히던 병

조선왕조실록에는 조선 최고의 성군으로 여겨지는 세종대왕이 다리가 붓고 힘이 없어 제대로 걷지 못한다는 기록이 있다. 후대 학자들은 이를 토대로 편식이 심했던 세종대왕이 각기병을 앓고 있었으리라 추측한다. 도대체 세종대왕이 앓았다는 각기병이란 어떤 병일까?

각기병에 걸리게 되면 초기에는 팔다리가 붓고 아프다가 점차 신경에 염증이 심해지고 근육이 허약해지면서 서서히 쇠약해지다가 심장병이나 경련을 일으키며 사망에까지 이를 수 있다. 현재는 각기병의 원인이 비타민의 일종인 티아민(비타민 B1)의 부족으로 인해 일어나는 영양결핍 증상이라는 것이 밝혀졌다. 티아민은 인체 내에서 인산과 결합하여 포도당 대사 과정에서 중요한 조효소의 역할을 하는 물질이다. 만약 티아민이 부족하면, 포도당 대사가 제대로 일어나지 않게 된다. 세포는 포도당을 대사시켜 생체 내 활동에 필요한 에너지원인 ATP를 만들어 내는데, 티아민이 부족해지면 이 과정이 제대로 일어나지 못해 충분한 양의 ATP를 만들 수 없게 된다. 이러면 신체는 부족한 ATP를 채우기 위해 포도당을 쪼개 에너지를 만드는 해당 과정을 강화시킨다. 하지만 해당 과정으로 충분한 ATP를 생성할 수 없어서 ATP 부족 증상은 여전히 나타나게 되고, 해당 과정에서 생긴 부산물인 젖산이 쌓여 부종, 근육통과 신경염, 식욕 감퇴 등의 증상을 나타내는 각기병에 걸리게 된다.

각기병은 이처럼 티아민의 부족에 의해 일어나는 증상이기 때문에

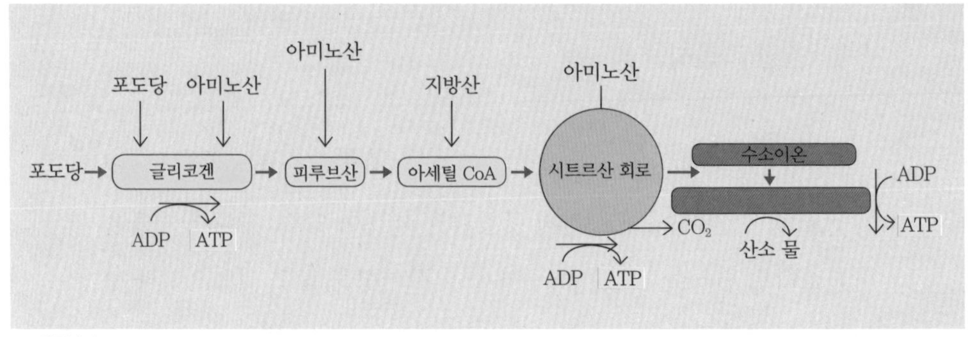

ATP 생성과정

티아민을 충분히 보충해주면 증상은 바로 사라진다. 티아민은 쌀눈이 붙은 현미, 효모, 돼지고기, 고구마, 양배추, 당근, 무, 감자 등에 많이 들어 있기 때문에 이들 식품을 충분히 섭취하면 발병하지 않는다. 근래 들어서는 식생활이 개선되고 비타민제가 등장하여 각기병으로 고생하는 이들은 거의 사라졌다. 하지만 각기병이 인류의 기억에서 사라지기 전까지는 많은 시행착오와 고정 관념의 타파가 필요했다. 각기병이 사라지는 데 결정적인 역할을 했던 노벨상 수상자 에이크만을 통해 그 여정을 따라가보자.

각기병, 유행하나 전염되지는 않는 이상한 질병

네덜란드의 병리학자이자 의사였던 크리스티안 에이크만은 열일곱 살이던 1875년 육군 군의학교에서 의학을 배우기 시작해 1883년 군의관이 되어 당시 네덜란드의 식민지였던 인도네시아에 배속되었다. 하지만 낯선 땅에서 초보 군의관을 기다리고 있던 것은 말라리아였다. 말라리아에 걸린 에이크만은 결국 고향으로 돌아올 수밖에 없었다. 하지만 뜻하지 않던 말라리아의 공격도 에이크만을 편안한 고향에 주저앉히진 못했다. 3년 뒤인 1886년, 에이크만은 다시 한 번 인도네시아에 각기병 조사위원의 신분으로 발을 디딘다.

각기병은 당시 도처에서 유행하는 질환이었다. 인도네시아의 많은 마을에서는 각기병 환자를 심심찮게 볼 수 있었고, 어떤 곳에서는 마을 주민 전체가 모두 각기병에 걸려 마을이 사라지다시피한 곳도 있었다. 또한 각기병은 군인들도 자주 걸렸는데, 이것은 곧 군사력의 저하를 의미하기 때문에 군에서도 여간 신경 쓰이는 질병이 아니었다. 에이크만은 이 각기병의 원인을 밝혀내고야 말겠다는 의지에 불타고 있었다.

그는 각기병의 뒤에는 미생물이 존재할 것이라 믿었다. 그는 각기병을 전염병이라고 믿었기 때문이다. 19세기 말 즈음에는 루이 파스퇴르와 로베르트 코흐의 연구를 토대로 '미생물 병원체설'이 받아들여지고 있던 시기였다. 미생물 병원체설이란 대규모로 발병하는 감염성 질환 뒤에는 반드시 원인이 되는 미생물이 존재한다는 이론으로, 1886년 경에는 이미 여러 학자들에 의해 한센병(나균), 임질(임균), 장티푸스(티푸스균), 폐렴(폐렴구균), 결핵(결핵균), 콜레라(콜레라균) 등 많은 질병의 원인균이 밝혀져 있었다. 에이크만뿐 아니라 당대의 학자들은 거의 모

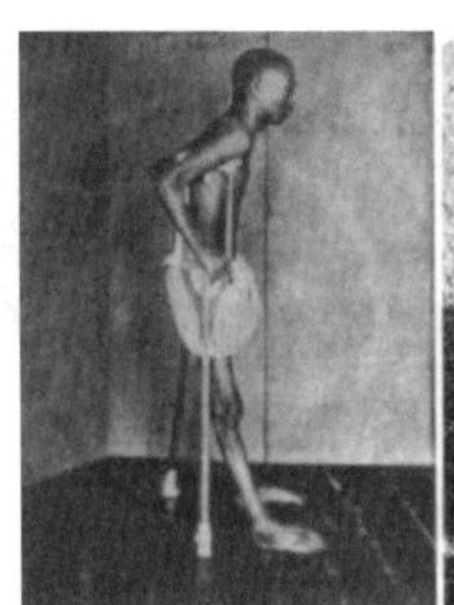
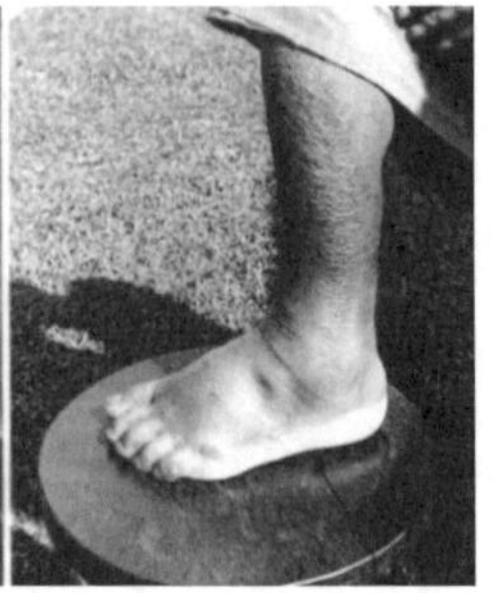
각기병 환자의 모습.

두 각기병을 일종의 전염병으로 확신하고 있었다. 특정한 인구 집단 내에서 발병하며, 집단 내에서는 같은 증상을 지닌 환자들이 여럿 발생하기 때문이었다. 하지만 원인균은 쉽게 정체를 드러내지 않았다. 환자의 몸속 어디에서도 특별한 미생물은 발견되지 않은 채 시간만 흘러갔다.

각기병 연구를 시작한 지 4년이 넘도록 에이크만의 연구는 제자리걸음이었다. 모든 실험이 실패로 돌아가 의기소침해진 그의 눈에 우연히 닭 한 마리가 눈에 띄었다. 닭장 속의 닭들 중 몇 마리가 기운이 없는 듯 제대로 걷지도 못하고 비틀거리는 모습이 눈에 뜨였던 것이다. 다른 이들 같았다면 닭이 병들었다고 속상해했겠지만, 에이크만의 눈에 그 병든 닭들은 그 어떤 닭들보다 귀하게 보였다. 몇 년간 각기병을 연구했던 에이크만의 날카로운 눈은 닭들이 나타내는 증상이 각기병의 증상과 유사하다는 것을 알아챌 수 있었던 것이다. 사람이 각기병에 걸리면 다발성 신경염이라는 증상이 나타나는데, 닭들에게서 나타난 증상이 바로 그것이었기 때문이었다. 다른 말로 이는 그가 각기병을 연구하는 데 큰 도움이 될 만한 동물 모델을 얻게 되었다는 뜻이기도 했다.

하지만 행운의 여신의 미소는 거기까지였다. 각기병 연구의 동물 모델을 얻게 된 뒤에도 오랫동안 연구는 정체 상태를 벗어나지 못했다. 각기병에 대한 연구는 그로부터 6년이나 더 지루하게 이어졌다. 그러던

1890년의 어느 날, 그날도 닭들의 안위를 살피기 위해 닭장을 열어본 에이크만은 놀라지 않을 수 없었다. 며칠 전까지만 해도 다발성 신경염으로 비틀거리던 닭들이 어느새 멀쩡해져 있었기 때문이었다. 혹시나 닭들이 바꿔치기 된 것은 아닌가 싶어 눈을 크게 뜨고 확인해 봤지만 그건 아니었다. 마치 누가 마법이라도 부린 것 마냥 닭들은 활기찼다.

먹는 것이 모든 것이다

에이크만은 이 믿을 수 없는 사건의 원인을 밝히기 위해 탐정이 된 심정으로 조사에 매진했다. 의사로서, 과학을 연구하는 학자로서의 경험에 비추어 보건대 얼마 전까지만 하더라도 병들어 죽어가던 닭들이 아무 치료도 하지 않았음에도 불구하고 갑자기 멀쩡해진다는 건 있을 수 없는 일이었다. 분명 뭔가 원인이 있었다. 샅샅이 조사를 한 끝에 에이크만은 닭들이 건강해진 시점을 전후로, 닭들에게 모이를 주는 닭장 관리자가 바뀌었다는 사실을 알아낸다. 이 두 사람의 차이는 전임자는 닭들에게 백미를 모이로 주었으나 후임자는 현미를 모이로 주었다는 것뿐이었다.

처음에 에이크만은 고개를 흔들었다. 쌀과 보리처럼 다른 곡물도 아니고, 그저 껍질을 얼마나 깎았느냐의 차이만 있을 뿐 동일한 쌀인 백미와 현미가 이토록 드라마틱한 차이를 만들어낸다는 것은 어불성설처럼 느껴졌기 때문이었다. 하지만 이미 각기병 연구는 10년째 제자리걸음이었다. 그게 지푸라기일 망정 한 번쯤 실험해보는 것도 나쁘지 않을 듯했다.

에이크만은 다발성 신경염을 앓은 일 없는 건강한 닭들만을 선별해 모이로 백미만을 주어보았다. 처음에는 별 이상이 없는 듯 보였지만, 시간이 갈수록 닭들은 점점 기력을 잃어갔다. 몇 주가 지나자 백미만을 먹은 닭들은 예외 없이 다발성 신경염 증상을 보이기 시작했다. 하지만 그가 백미를 주는 것을 중단하고 현미를 주기 시작하자 닭들은 며칠이 채 지나기도 전에 언제 아팠냐는 듯이 다시 건강을 되찾았다. 현미는 기적처럼 닭들의 다발성 신경염을 사라지게 만들었다. 몇 번을 되풀이해도 결과는 같았다. 눈앞의 결과가 너무도 명쾌해 에이크만은 오히려 이 사실이 거짓처럼 느껴질 정도였다. 오랜 세월 수없이 많은 사람들의 목숨을 앗아간 각기병의 치료제가 어디서나 흔히 구할 수 있는 현미였다니. 온갖 고생을 하고 나서 겨우 돌아온 집에서 그토록 찾아 헤매던 파랑새를 발견한 남매의 기분이 이런 것일까, 지난 10년 동안 현미라는 파랑새는 늘 그의 곁에 있었던 것이다.

이제 남은 것은 실제로 현미와 백미가 인간에게서도 동일한 효과를 보이는지의 여부였다. 사실 과학 연구를 하다보면 동물 실험에서는 성공적인 듯 보여도 인간에게는 성공하지 못하는 경우도 부지기수이기 때문이다. 이때 에이크만은 다소 과격한 방법으로 임상실험을 시도한다. 교도소의 죄수들을 두 그룹으로 나누어 한쪽에는 백미만 섭취하게 하고, 다른 한쪽에는 현미를 먹이면서 관찰하였던 것이다. 그 결과 백미만을 먹은 쪽에서는 각기병이 많이 발병했으나 현미를 먹은 쪽에서는 각기병이 거의 발생하지 않았다. 또한 각기병이 발생한 죄수에게 현미를 먹이자 증세가 호전되는 것도 관찰하였다. 이를 통해 에이크만은 현미에는 각기병을 예방할 뿐 아니라 치료도 할 수 있는 '항각기물질'이 들어 있음을 증명했던 것이다.

현미는 비타민A, C, E가 풍부한데 현미에 싹이 나면 비타민 B1, B2, 단백질, 식이섬유 등이 늘어난다

왜 에이크만이 이미 각기병에 걸린 사람들에게 현미를 먹여 증상이 나아지는 것을 보는 안전한 실험 대신 멀쩡한 사람에게 백미만을 먹여 각기병을 일부러 일으키는 과격한 실험방법을 썼는지에 대해서는 의견이 분분하다. 비록 이 실험을 통해 각기병은 영양소의 결핍으로 인해 발생하는 질환이며, 적절한 현미의 섭취가 각기병의 예방과 치료에 동시에 효험이 있다는 것은 밝혀졌지만 그의 실험방식은 명확히 비윤리적인 것이었고, 이는 그의 연구 결과에 오점으로 남았다.

선입견의 위력

현대인의 눈으로 각기병 연구 과정을 살피다 보면 에이크만이 각기병의 원인으로 영양소의 부족을 염두에 두지 않았다는 사실이 매우 이상스럽게 보인다. 각기병은 주로 쌀농사를 짓는 지역에서 많이 발생하며, 식단의 폭이 좁을 때 많이 발생하기 때문에 주의 깊은 연구자라면 역학 조사만으로도 이 질환이 영양소의 문제라는 것을 추측하기 어렵지 않기 때문이다.

이에 대해 후대의 학자들은 각기병 연구가 지체된 배경에는 파스퇴르와 코흐의 '미생물 병원체설'이 있었다고 이야기한다. 코흐의 공리에 기반을 둔 '미생물 병원체설'은 많은 감염성 질환의 원인을 밝혀내는 데 결정적인 힌트를 제공한 훌륭한 이론인 것은 사실이다. 하지만 미생물 병원체설은 연구자들에게 '집단 발병 질환=감염성 질병=원인 미생물 존재'라는 등식을 심어주면서, 집단 발병 질환일지라도 전염성 질환이 아닐 수도 있다는 가능성을 아예 생각하지 못하게 만들기도 했다는 것이다. 더군다나 에이크만의 경우, 말라리아에 걸려 귀국했던 시기에 독일에서 머물며 코흐의 연구실에서 일한 경험마저 있었기 때문에 '미생물 병원체설'에 강력하게 매료되어 있었고 그것이 그의 시선을 오랫동안 잘못된 방향으로 묶어두었다는 것이다. 역사에 '만약'이라는 가정은 없다지만, 그래도 한 번 상상해보자. 만약 에이크만이 '미생물 병원체설'을 몰랐으면 어땠을까? 그래도 동일한 결과가 나타났을까?

실제 각기병처럼 미생물이 아니라, 영양소 부족이 원인이 되어 일어나는 질환 중에 잘 알려진 것으로는 괴혈병(壞血病, scurvy)이 있다. 괴혈병이란 비타민 C 부족으로 일어나는 질환으로, 이 병에 걸리면 모세

혈관이 약해지며 잇몸이나 구강에서 이유 없이 출혈이 일어난다. 괴혈병에 대한 기록은 고대 이집트에서부터 발견되지만, 사회적으로 문제가 되었던 것은 1497년 포르투갈의 항해자였던 바스코 다 가마(Vasco da Gama, 1469~1524)가 아프리카 희망봉을 돌아 인도로 가는 새로운 항로를 개척하던 과정에서 괴혈병으로 인해 선원의 절반 가까이를 잃게 되면서부터였다. 이후 괴혈병은 선원들을 공격하는 가장 무서운 질환으로 악명을 떨쳤다.

선원들을 끔찍한 괴혈병의 공포에서 벗어나게 해준 이는 영국의 의사였던 제임스 린드(James Lind, 1716~1794)였다. 해군의 의사였던 린드는 당시 해군의 골칫거리였던 괴혈병을 연구하던 중, 흥미로운 소식을 전해 듣는다. 괴혈병에 걸려 죽어가는 선원이 발생하자 선장은 다른 선원들에게 병이 옮을까 봐 그를 근처의 작은 섬에 내려놓고 간 일이 있었다. 몇 달 뒤, 선장은 버리고 간 선원이 마음에 걸려 그의 시신이라도 묻어줄 심산으로 섬에 다시 들렀다. 하지만 이미 죽었으리라 생각했던 선원은 살아 있었고 심지어 괴혈병은 흔적도 없이 사라져 건강해져 있었다. 사람들은 이 기적 같은 현상을 두고 괴혈병은 원래 땅 위에서 살도록 만들어진 인간이 오랫동안 물 위에서 지낸 덕에 나타나는 질환이며, '발을 땅에 디디면 낫는 질환'이라 말하곤 했다. 하지만 이 이야기를 전해들은 린드 박사는 병든 선원이 섬에 내려진 뒤 살기 위해 해안가에 열린 나무열매와 풀뿌리를 먹으며 연명했다는 사실에 주목한다.

당시에는 지금처럼 식량을 저장하는 방법이 다양하지 못했기 때문

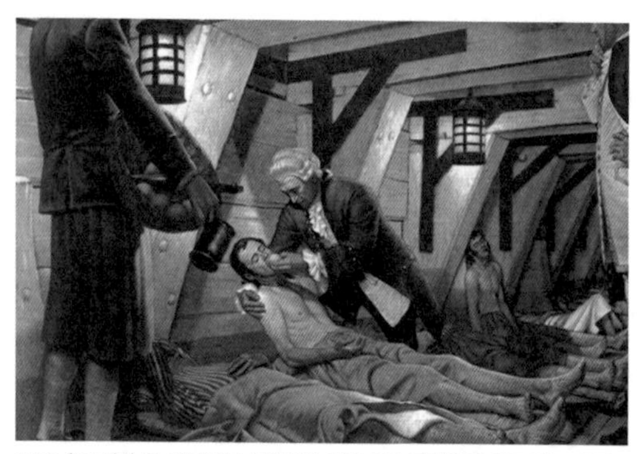
HMS 솔즈베리 호 선상에서 선원들을 대상으로 괴혈병을 치료하는 제임스 린드.

에, 몇 달씩이나 이어지는 긴 항해 동안 가지고 갈 수 있는 식량은 대부분 곡물 가루나 말린 음식들뿐이었다. 그는 선원들의 식단을 조사한 끝에 육지에 있을 때는 흔히 먹을 수 있는 푸성귀를 바다 위에서는 거의 맛볼 수 없다는 사실에 주목해, 신선한 채소와 과일의 섭취 부족이 괴혈병의 원인이 될 것이라 여기고 실험을 통해 이를 증명해낸다. 그리고 몇 차례의 시행착오 끝에 레몬이나 라임 등 신맛이 강한 과일의 과즙 속에 괴혈병을 치료할 수 있는 물질이 풍부하다는 사실을 알아내고, 해군의 식단에 레몬을 추가함으로써 괴혈병을 몰아내는 데 성공했다. 해군이 린드 박사의 조언을 받아들여 레몬즙을 통해 괴혈병을 억제한 것이 18세기임을 감안할 때, 만약 에이크만이 미생물 병원체설을 신봉하지 않았다면, 괴혈병과의 유사한(제한된 급식을 하는 군인들이 주로 걸리는 질환이라는 점에서) 각기병이 '먹을거리'와 관련된 질환임을 훨씬 이전에 알아차렸을 가능성은 매우 높다.

이처럼 공식을 아는 것은 관련된 문제를 풀 때는 유용하지만 그렇지 않은 문제를 만났을 때는 오히려 걸림돌이 될 수도 있다. 연구자들의 경우에도 마찬가지다. 해당 연구 분야의 주요한 이론들을 많이 알면 알수록 자신의 연구 결과를 해석하거나 답을 찾는 데 유리할 수 있지만 자신의 연구 문제가 해당 이론의 범위 속에 들어 있지 않은 경우 오히려 정답을 찾는 데 방해가 될 수도 있다.

넘치지도 모자라지도 않는 중용의 도, 비타민

비록 당시 에이크만은 현미 속에 어떤 물질이 들어 있어 각기병을 치료할 수 있는지 알지 못했지만, 각기병 환자의 식단에 현미를 추가하는 처방을 통해 수많은 각기병 환자의 목숨을 살려내기에 이른다. 이 공로로 인해 에이크만은 1929년, 노벨 생리의학상 수상자 반열에 오르게 된다. 에이크만이 예측한 물질의 정체는 1912년, 폴란드의 의학자 캐시미어 풍크(Casimir Funk, 1884~1967)에 의해 밝혀진다. 풍크는 현미에 포함된 쌀눈에서 각기병에 효과가 있는 물질을 최초로 분리, 정제해내어 에이크만이 예측했던 '항각기물질(각기병을 예방하는 물질)'을 비로소 찾아내는 데 성공한다. 풍크는 이 물질이 질소가 포함된 아민(amine, 질소를 포함한 화합물의 한 부류)기를 함유하고 있다는 것을 근거로 이 새로운 '필수 영양물질'에 생명(vita)의 기능을 조절하는 아민(amine)이라는 뜻으로 '비타민(vitamine)'이라는 이름을 붙여준다(하지만 추후 연구를 통해 아민기를 포함하지 않는 비타민도 발견되어, 현재는 비

캐시미어 풍크

타민에서 마지막 e를 떼어낸 비타민(vitamin)으로 불린다). 또한 풍크는 비타민을 실질적으로 발견했음에도 불구하고 비타민 발견과 연구를 근거로 한 노벨상 수상자 대열에는 들지 못하는 아픔을 겪기도 했다.

에이크만과 풍크 이후, 많은 학자들의 연구에 의해 다양한 비타민들이 밝혀지는데, 현재 알려진 비타민의 수는 수십 가지에 이르지만, 크게 기름에 녹는 지용성 비타민(비타민 A/D/E/F/K/U)과 물에 녹는 수용성 비타민(비타민B군 복합체, 비타민C/L/P, 비오틴, 이노시톨, 콜린 등)의 두 종류로 구분할 수 있다. 비타민은 주로 생체 내에서 반응을 매개하는 효소나 효소를 보조하는 조효소를 구성하여 신체 기능을 조절한다. 효소란 생체 내 반응을 촉진 혹은 저해하지만, 정작 그 자신은 반응 전후에 변화하지 않는 물질로, 일종의 촉매를 말한다. 예를 들어 과산화수소는 분해되면 물과 산소로 나누어진다. 보통 이 반응은 느린 속도로 일어나지만, 여기에 약간의 이산화망간을 첨가하면 반응이 폭발적으로 일어나면서 많은 양의 산소가 한꺼번에 분리되어 나오게 된다. 이때 이산화망간은 과산화수소 분해 반응에서 촉매로 작용하는 물질로, 반응을 매우 빠르게 가속시키지만 그 자신은 반응 전후에 변화하지 않는 특성을 지녔다. 효소도 마찬가지로 이런 특징을 가진다. 효소는 반응의 속도를 증가시킬 뿐 그 자신은 변화하지 않기 때문에 그다지 많은 양이 필요하지는 않다. 비타민의 하루 요구량이 대개 μg이나 mg 단위로 매우 적은 것은 바로 이 때문이다.

하지만 과산화수소에 이산화망간을 첨가하지 않으면 분해 반응은 육

안으로 관찰할 수 없을 만큼 느리게 일어나는 것처럼 마찬가지로 생체 내 다양한 대사 작용과 생리 작용에서 효소가 없다면 생체 반응은 매우 느리게 일어나서 생명 활동이 제대로 수행되지 못한다. 이런 특징 때문에 비록 비타민의 요구량은 매우 적지만, 부족할 경우 매우 심각한 부족 증상이 나타나는 것이다. 또한 효소의 특성은 반응을 '조절'하는 것이기에, 모자랄 경우만이 아니라 남는 경우에도 문제를 일으킬 수 있다. 무조건 많이 섭취하기보다는 적절한 양을 섭취하는 것이 중요하다. 특히나 체내 필요량의 초과분은 대부분 배설되어 과하게 섭취해도 별 이상이 없는 수용성 비타민과는 달리, 초과 섭취분이 그대로 체내 지방에 저장되는 지용성 비타민의 경우 과다 섭취 시 이상 증상이 나타나기 쉽다.

비타민과 비슷한 작용을 하는 것으로 호르몬이 있다. 호르몬 역시 체내에서 일어나는 다양한 반응들을 조절하는 역할을 하는 물질이다. 사실 호르몬과 비타민은 역할 면에서는 거의 구별되지 않는다. 호르몬과 비타민의 차이를 가르는 것은 역할이 아니라 그 물질이 체내에서 합성되는지 아닌지에 달려 있다. 즉, 체내에서 합성이 되면 호르몬, 그렇지 못하고 외부로부터 공급받아야 하면 비타민으로 구분되는 것이다. 예를 들어 비타민 C의 경우, 인간은 이를 합성하지 못하므로 비타민으로 분류하지만 쥐의 경우에는 체내 합성이 가능하므로 호르몬으로 분류하는 식이다. 그 물질이 비타민이든 호르몬이든 이들의 역할은 체내에서 일어나는 다양한 대사 활동을 조절하는 것이므로 이들의 양은 넘치지도 모자라지도 않는 적절한 양을 유지하는 것이 좋다. 중용지도(中庸之道)는 이럴 때 필요한 말이다.

현대인의 필수품이 된 비타민

최근 들어 건강에 대한 관심의 증가로 인해 다양한 비타민제들이 시중에 넘쳐나고 있다. 수많은 비타민제들이 피로회복과 강장 작용, 피부 미용과 활력 증진이라는 문구를 내걸고 광고를 한다. 비타민은 신체 대사 조절에서 매우 중요한 성분이므로, 분명 이들이 부족하면 신체 기능에 이상이 나타나는 것은 사실이다. 하지만 균형 잡힌 식생활을 하는 경우 현대인의 식단에서 비타민의 부족 증상이 나타나는 경우는 드문 일이다. 이런 경우, 오히려 비타민 과다증이 문제가 될 수 있다. 수용성 비타민의 경우 과다 섭취량은 소변을 통해 배설되기에 큰 문제를 일으키는 경우는 거의 없으나, 지용성 비타민의 경우 과다 섭취 시 체내 지방과 결합해 오랫동안 잔존하면서 이상을 일으킬 수도 있기 때문이다.

사실 신체의 모든 반응은 극단이 아니라 균형과 중용을 통해 일정한 수준에 머물러야 정상적으로 기능할 수 있다. 인체에 존재하는 거의 대부분의 조절 시스템은 서로 길항 작용을 하는 두 가지 물질이 되먹임 고리를 통해 조절되는 것이기 때문이다. 한 세기 전, 에이크만이 천신만고 끝에 밝혀낸 귀중한 물질을 우리는 너무나 쉽게 낭비하고 있는 것은 아닌지 생각해볼 필요가 있다.

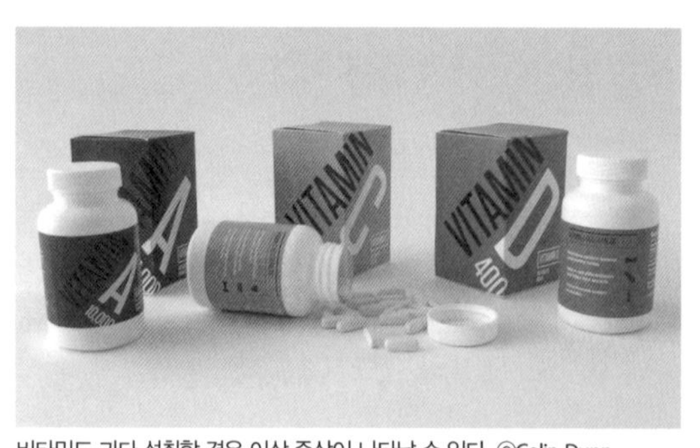

비타민도 과다 섭취할 경우 이상 증상이 나타날 수 있다. ©Colin Dunn

제7장

당신의 피는 무슨 형인가요?

란트슈타이너와 혈액형

"어, 이거 이상한데?"

20세기를 코앞에 둔 1900년 오스트리아 빈대학의 한 실험실. 책상 위에 놓인 슬라이드 글라스 하나가 연구자의 관심을 끌었다. 실험용으로 제작된 슬라이드 글라스에는 사람의 혈액 몇 방울이 놓여 있었다. 그 자체로는 별다를 것이 없었다. 그런데 여기에 다른 이들에게서 채취한 혈액을 떨어뜨리자 변화가 나타났다. 어떤 핏방울들은 유리창의 빗물이 서로 모여들 듯 부드럽게 섞여들었지만, 어떤 핏방울들은 적혈구가 터지고 엉겼다. 이 핏방울들을 흥미롭게 바라보는 이의 이름은 카를 란트슈타이너(Karl Landsteiner, 1868~1943). 이미 1895년, 벨기에의 면역학자 쥘 보르데(Jules Bordet, 1870~1961)가 서로 다른 종의 동물의 혈액을 섞으면 액체 상태였던 혈액 속에 반고체 상태의 덩어리가 만들어짐을 발표한 바 있었다. 하지만 란트슈타이너가 보고 있는 혈액은 모두 사람의 것이었다. 비록 여러 사람에게서 채취하기는 했지만, 모두 사람

카를 란트슈타이너

의 피임에도 불구하고 응어리가 생길 수도 있다는 사실을 흥미롭게 바라보던 란트슈타이너는 머릿속이 갑자기 밝아지는 느낌이 들었다.

"그래, 그거야. 사람의 피에도 종류가 있는 거야. 그래서 같은 종류라면 섞여도 아무런 이상이 나타나지 않지만, 서로 다른 종류라면 이상을 나타내는 거지. 만약 사람의 혈액이 어떤 종류가 있는지 밝혀낼 수 있다면, 출혈로 죽어가는 수많은 사람들을 살릴 수 있게 될지도 몰라."

신비의 액체, 피

살아 있는 사람이라면 누구에게나 몸속에는 붉고 따듯한 피가 흐르며, 그가 귀하든 천하든 상관없이 피를 잃게 되면 생명도 보존할 수가 없다. 인류는 경험을 통해 이 사실을 아주 오래전부터 알고 있었다. 그렇기에 많은 문화권에서 피는 생명력의 정수로, 각종 신비한 힘이 깃들어 있다고 여겼다.

그리스 신화에서 살아 있는 영웅 헤라클레스를 파멸로 이끈 것은 이미 죽은 히드라의 피였고, 메두사의 핏방울이 떨어진 곳에서는 날개달린 말 페가수스가 태어났다. 피가 지닌 생명력에 대한 믿음은 신화 속에서만 등장하는 것은 아니었다. 고대 로마 검투사들은 치열한 전투가 끝나면 자신이 거꾸러트린 상대의 피를 마시며 그가 지닌 용기와 힘이 자신의 것이 되길 빌었다. 용감하게 싸우다 사망한 검투사의 피를 탐내는 건 시민들도 마찬가지였는데, 검투사의 피는 병을 낫게 하고 행운을 가져다주는 힘을 가지고 있다고 믿었기에 너도나도 검투사의 피가 묻은 천조각을 얻기 위해 애썼다. 당시에는 일반 시민들뿐 아니라 의사들조차도 핏속에 '생명의 영(Vital Spirit)'이 깃들어 있다고 생각했던 시절이었다.

옛 사람들은 피를 많이 흘리면 죽음이 찾아오는 것을 핏속에 든 '생명의 영(靈)'이 빠져나가기 때문이라 믿었다. 여기서 '흡혈귀'의 전설이 시작된다. '생명의 영'이 든 피를 마시며 영원히 살아가는 초월적 존재에 대한 믿음이 시작된 것이다. 하지만 피를 마시는 것으로는 피를 잃은 이의 혈관을 채워 줄 수 없다. 결국 피가 모자라게 되면 피를 혈관 속으로 다시 돌려 줘야 했는데, 그건 말처럼 쉬운 문제가 아니었다.

수혈, 그 위험한 게임

1628년 영국의 의사였던 윌리엄 하비(Wiliam Harvey, 1578~1657)가 「동물의 심장과 혈액의 운동에 관한 해부학적 연구」를 발표한 이후, 혈액은 심장에서 새로 만들어지는 것이 아니라 순환하는 것이므로 일정량 이상의 혈액을 잃은 이들에게는 이를 보충해주어야 한다는 개념이 생겨나기 시작했다. 하지만 피를 잃은 이에게 부족한 피를 보충한다는

'단순한' 개념의 수혈이 실제로 환자들에게 적용되는 것은 그리 간단한 문제가 아니었다.

가장 큰 문제는 피는 일단 혈관 밖으로 나오면 굳기 시작한다는 것이었다. 혈액은 공기에 노출되면 혈액 내 섬유소들과 혈액 응고 물질들이 이와 반응해 굳어버린다(현재는 이런 문제를 해결하기 위해 미리 혈액 응고 방지 물질을 넣어둔 혈액 보관용 팩 안에 피를 담아 보관한다). 굳어버린 피는 혈관 내로 넣을 수도 없었기에 당시까지 유일한 수혈 방법은 헌혈자와 수혈자의 혈관을 동시에 연결해주는 직접 수혈뿐이었다.

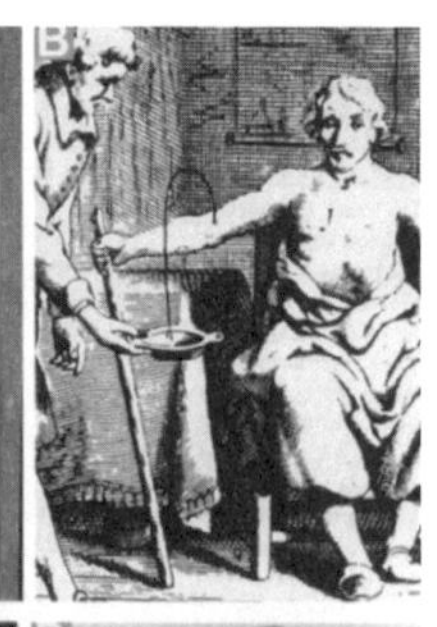

혈액 이식의 역사. (A)성 코스마스와 다미안(St. Cosmas and Damian), 15세기 말, 흑인의 다리를 백인에게 접목하는 수술을 하고 있다. (B)방혈(Bloodletting–과거의 치료 방법 중 하나) 설명도, 1672년. (C) 카를 란트슈타이너의 연구 모습. (D) 알렉시 카렐(Alexis Carrel), 프랑스의 생물학자 · 외과의학자. 1912년 혈관봉합과 장기 이식의 연구 업적으로 노벨생리 · 의학상을 수상하였다. 알렉시 카렐에 대해서는 17장에서 소개한다.

하지만 이 방법조차도 그리 널리 이용되지는 못했다. 사실 19세기까지만 하더라도 수혈은 러시안 룰렛보다도 더 위험한 모험이었다. 당시에 출혈이 심한 사람들은 지푸라기라도 잡는 심정으로 수혈을 받았다. 운이 좋다면 회복되는 경우도 있었지만 그보다 더 많은 이들은 수혈 이후 발열과 혈뇨, 호흡곤란 등의 부작용에 시달렸고, 이런 부작용이 일어나면 대부분 사망했기에 수혈을 받는 것은 매우 위험한 일이었다. 당시 사람들을 혼란스럽게 했던 것은 수혈로 인한 회복과 사망이라는 극단적인 상황이 어떤 패턴으로 나타나는지 짐작조차 할 수 없다는 것이었다. 수혈은 '피를 나눈' 가족과도 맞지 않을 수도 있었고 '피 한 방울 섞이지 않은' 남에게서 받은 피로 구사일생하는 수도 있었기 때문이었다. 도무지 패턴을 알 수 없으니 이를 일상적으로 적용하기도 어려웠다. 따라서 수혈은 그 의학적 가치에 비해 널리 보급되지 못했다. 란트슈타이너가 인간의 피에도 종류가 있다는 사실을 밝혀내기 전까지는 말이다.

화학을 공부하는 의사, 란트슈타이너

인간에게 혈액형이 있다는 사실을 알아내어 수혈 부작용을 획기적으로 줄이고 많은 사람들의 목숨을 구한 카를 란트슈타이너는 1868년 6월, 오스트리아 빈에서 태어났다. 그는 유복한 어린 시절을 보냈지만 여섯 살 때 아버지가 돌아가시면서 홀어머니의 손에서 자라났다. 세상사에 염세적이고 혼자서 생활하는 것을 좋아했던 란트슈타이너의 성격은 외롭게 자란 어린 시절의 영향이 어느 정도 있었을 것으로 추측된다. 1885년, 17세의 나이로 빈대학에 입학한 란트슈타이너는 무난히 과정을 마치고 1891년 의학사 학위를 받았지만, 다른 동기들과는 조금 다른 선택을 하게 된다. 보통의 의사들처럼 환자를 진료하는 대신 다시 학생이 되어 뷔르츠부르크대학에서 화학을 공부하기 시작했던 것이다.

당시 뷔르츠부르크대학에서는 훗날 당(糖)과 퓨린기에 대한 연구로

에밀 피셔

제2회 노벨 화학상을 받은 에밀 피셔(Emil Hermann Fischer, 1852~1919)가 학생들을 가르치고 있었다. 원래 란트슈타이너는 화학에 관심이 있었는데 위대한 화학자인 피셔의 가르침까지 받게 되었으니 이제 거의 화학자로 인생의 방향을 전환한 듯싶었다. 뷔르츠부르크대학에서 공부한 뒤에도 벤젠화학과 유기화학에 대해 더 배우기 위해 오스트리아를 떠나 독일과 스위스까지 찾아가는 것을 마다하지 않았다. 하지만 그는 결코 자신의 본업인 의학에도 소홀하지 않았다. 그는 인체에서 일어나는 다양한 화학 반응, 즉 생화학을 연구하고 싶었다.

이처럼 여러 곳을 돌아다니며 화학에 대한 전문적인 지식을 쌓은 란트슈타이너는 다시 모교인 빈대학으로 돌아왔고, 1897년에는 29세의 젊은 나이에 빈대학 병리해부학 연구소 부소장으로 일하게 된다. 이때 젊고 똑똑하고 열정적인 의사이자 화학자였던 란트슈타이너를 매료시킨 건 바로 '피'였다.

ABO식 혈액형의 발견

혈액은 인간에게 없어서는 안 되는 귀중한 액체다. 그래서 혈액을 일정량 이상 잃게 되면* 사망하게 된다. 출혈로 인해 사망하는 경우를 막을 수 있는 유일한 방법은 수혈뿐이지만 19세기에 수혈을 한다는 것은 극도로 위험한 '복불복 게임'이어서 선뜻 추천할 만한 방법은 아니었다. 란트슈타이너의 관심은 여기에 쏠렸다. 도대체 피에 어떤 비밀이 숨어 있기에 이런 현상이 나타나는 것일까?

내 혈액량 일반적으로 혈액은 체중의 약 1/12 정도를 차지하는데, 이 중 1/3을 잃게 되면 위험해지고, 1/2을 잃으면 사망에 이를 수 있다. 예를 들어 체중 60kg의 성인의 혈액량은 5kg 정도이므로, 출혈로 1.8kg 이상을 잃으면 위험해지고 2.5kg 이상을 잃게 되면 사망할 가능성이 높아진다.

의학뿐 아니라 화학에도 조예가 깊었던 란트슈타이너는 수혈 부작용이 자주 일어나는 이유가 영적인 것이 아니라, 화학적인 이유일 것이라 믿었다. 그에게 영감을 주었던 것은, 벨기에의 면역학자 쥘 보르데의 실험이었다. 보르데는 서로 다른 종의 동물의 혈액을 섞으면 액체 상태였던 혈액 속에 반고체 상태의 덩어리가 만들어지는 현상을 관찰했다고 발표했다. 란트슈타이너는 여기에 주목했다. 혹시 사람의 혈액도 서로 종류가 달라서 섞였을 때 엉기거나 굳어버리는 것은 아닐까? 만약 이런 현상이 체내에서 일어난다면 극도로 위험하다. 혈액이 엉기거나 굳어서 혈관을 막게 되면 혈액이 흐를 수 없게 되고, 피가 흐르지 않게 되면 조직은 괴사하기 때문이다. 이런 현상이 전신에 걸쳐 광범위하게 일어난다면 목숨을 잃을 수도 있다. 란트슈타이너는 다양한 사람들의 혈액을 반응시켜 본 이후, 인간의 혈액은 종류가 있으며 같은 종류끼리는 문제가 없지만, 다른 종류의 혈액과 만나면 피가 엉겨버리거나 적혈구가 파괴되는 현상이 나타난다는 사실을 찾아낸다. 그는 1901년, 자신의 연구 결과를 정리하여 인간에게 '혈액형(blood type)'이 존재한다는 사실을 세상에 알리게 된다.

우리는 현재 'ABO식 혈액형'을 이용하고 있으며, 이런 방식으로 혈액형을 분류하는 것은 란트슈타이너가 알아냈다고 배웠다. 하지만 1901년 당시, 란트슈타이너가 발표한 혈액형은 지금처럼 A, B, O, AB형의 네 가지 타입이 존재하는 'ABO식 혈액형'이 아니라, 각각 A, B, C로 명명된 세 종류의 혈액형이었다. 란트슈타이너의 초기 실험에서는 인간의 혈액형이 모두 세 종류가 있는 것처럼 결과가 나왔기에 그는 이 3가지 혈액에 알파벳 머리글자인 A, B, C를 순서대로 하나씩 붙여주었던 것이다. 몇 년 후, 이 혈액형의 이름 중 C형은 O형으로 바뀌었으며 네 번째 혈액형인 AB형이 추가되어 현재와 같은 ABO식 혈액형 분류법이 자리를 잡게 된다.

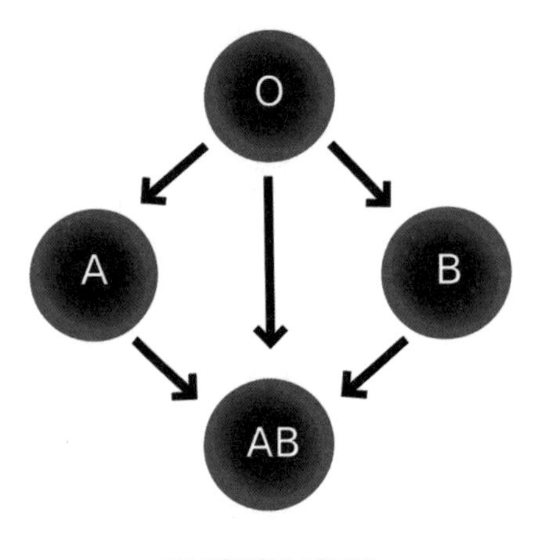

ABO식 혈액형과 수혈 관계.

란트슈타이너는 왜 처음에는 혈액형이 3가지라고 했으며, 나중에 굳이 C형을 O형으로 바꿔야 했던 것일까? 먼저 AB형이 나중에 추가된 것은 표준집단의 오류가 원인이었다. 보통 인간 집단을 대상으로 연구를 하게 될 때는 모든 사람들을 일일이 다 체크할 수 없기 때문에, 이 중의 일부를 선별하여 실험을 하게 된다. 여론 조사를 예로 들어보자. 우리나라 국민은 약 5,000만 명이다. 정확한 여론을 알고 싶다면 이론적으로 5,000만 명 전부를 조사해야 하지만 현실적으로 이는 불가능하다. 그래서 전체 중 일부만을 선택해 조사를 한 뒤, 여기서 나온 비율을 환산해서 이용한다. 이때 국민 전체는 모집단, 여론조사에 응한 사람들은 표준집단이라고 한다. 표준집단을 이용하는 방식은 매우 유용하긴 하지만, 표준집단이 특정한 성별이나 나이, 직업군에 치중되는지에 따라 결과가 달라질 수 있기 때문에 가능하면 모집단의 특성을 충분히 반영하도록 다양하게 구성되는 것이 중요하다.

란트슈타이너의 오류도 여기에서 발생한 것이었다. 일반적으로 A, B, O, AB형 중 AB형이 가장 적게 나타나는 것은 어느 민족이나 마찬가지이지만, 유럽 백인들의 경우 그 비율이 특히 낮아서 약 3% 정도밖에 되지 않는다(참고로 한국인은 AB형이 약 10% 정도이다). 이처럼 AB형의 비율이 낮았기에 란트슈타이너가 초기 연구에 사용했던 혈액들 중에는 AB형이 포함되지 않았고, 란트슈타이너는 실험결과를 토대로 사람의 혈액형이 3가지만 있다고 생각했던 것이다.

통계상의 오류였던 AB형과는 달리 C형이 O형으로 바뀐 것은 초기에는 몰랐던 사실이 새로이 알려지면서 수정된 경우였다. 1901년, 란트슈타이너가 처음 혈액형을 찾아낼 당시만 하더라도 그는 서로 다른 혈액들이 왜 문제를 일으키는지를 정확히 알지는 못했다. 하지만 후속 연구를 통해 혈액형이 다른 혈액들이 엉기는 것은 응집원과 응집소의 차이 때문이라는 사실이 알려지게 된다.

응집원은 적혈구에 존재하며 A와 B, 두 종류가 있는데, 사람마다 응집원을 가지고 있는 방식이 달라서 어떤 이들은 A나 B, 둘 중 하나만 가지고 있는 경우도 있고, A와 B를 동시에 가지고 있는 경우도 있으며 이들을 하나도 갖지 않는 경우도 있다. 란트슈타이너는 적혈구에 존재하는 응집원의 종류를 혈액형을 구분하는 기준으로 삼고, 응집원 A를 가지고 있으면 A형, 응집원 B를 가지고 있으면 B형, 응집원 A와 B를 동시에 가지고 있으면 AB형이라 명명했다. 원래 C형이라 생각했던 혈액은 응집원을 가지고 있지 않았으므로, C라는 이름 대신 아무것도 없다는 제로(0)과 비슷한 알파벳 O를 이용해 O형이라 개명한 것이다.

응집원과 응집소의 발견

적혈구에 존재하는 응집원의 종류에 따라 A, B, AB, O형으로 나뉘면서 왜 수혈을 할 때 종종 문제점이 발생했는지도 밝혀지게 된다. 앞서 말했듯 사람의 혈액 속에는 응집원과 응집소라는 물질이 존재하는데, 응집원은 적혈구에, 응집소는 혈장 속에 들어 있다. 적혈구에 있는 응집원이 A와 B 두 종류인 것처럼 혈장 속에 존재하는 응집소도 α와 β, 두 종류가 존재한다. 그런데 이 응집원과 응집소는 각각의 짝과 너무 죽이 잘 맞아서 같은 유형의 것, 즉 A와 α, B와 β가 존재할 때는 순식간에 서로 달라붙어 엉기는 현상이 나타난다. 그래서 정상적인 경우에는 혈액이 응집되는 것을 막기 위해 서로 짝이 되는 응집원과 응집소는 동시에 존재하지 않는다. 즉, A형의 경우 적혈구에 응집원 A를 갖기

	A형	B형	AB형	O형
적혈구 유형	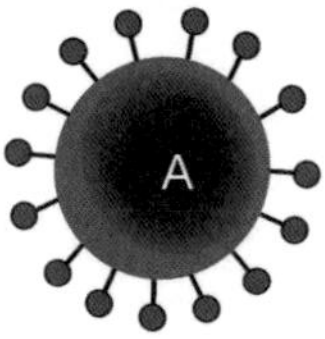 A	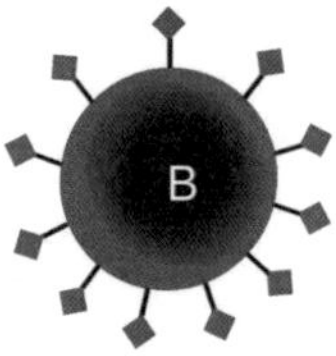 B	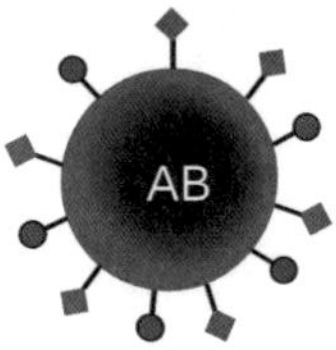 AB	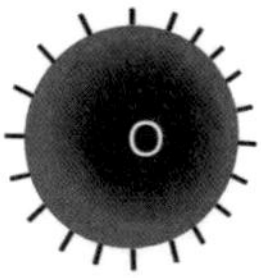 O
응집소(혈청)	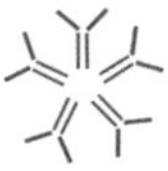 β	 α	없다	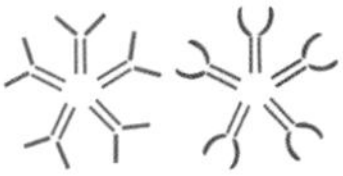 α, β
응집원(적혈구)	A	B	A, B	없다

혈액형의 종류

때문에 혈액이 응고되는 걸 막기 위해 혈장 속에는 응집소 β를 갖는다. 반대로 B형의 경우, 응집원 B와 응집소 α를 가지고 있어 혈액이 엉기지 않고 액체 상태로 존재한다. 마찬가지로 AB형의 경우 응집원 A와 B를 모두 가지고 있기 때문에 응집소는 하나도 갖지 않으며 O형은 응집원을 갖지 않는 대신 응집소는 α와 β는 모두 가지고 있다.

수혈 시 나타날 수 있는 이상 반응은 이렇게 혈액형별로 가지고 있는 응집소와 응집원이 다르기 때문이다. 예를 들어 A형인 사람이 B형의 혈액을 수혈받았다고 가

수혈 상식 중에 O형은 모든 혈액형에게 줄 수 있지만 받을 때는 O형에게서만 받을 수 있고, AB형은 받을 때는 모두에게 받을 수 있지만 줄 때는 같은 AB형에게만 줄 수 있다는 말이 있다. 하지만 다른 혈액형에게서 수혈을 받는 것이 가능하더라도 수혈량이 많아지면 부작용이 일어날 가능성이 높아지므로 현재는 같은 혈액형끼리 수혈함을 원칙으로 한다. 또한 최근에는 성분헌혈(혈액을 적혈구, 혈소판, 혈장 등 성분대로 분리해 농축한 것)을 통해 수혈 부작용을 더욱 줄이는 방식으로 수혈이 이루어지는 경우가 많다.

정해보자. 이 경우, A형이 원래 가지고 있던 응집원 A와 응집소 β는 수혈된 B형 혈액 속에 든 응집원 B와 응집소 α와 만나게 된다. 이런 경우, A-α, B-β끼리 짝을 지어 엉겨서 덩어리를 만들기 때문에 오히려 수혈 전보다 더욱 위험한 상황에 빠지게 된다. 이를 바탕으로 란트슈타이너는 인간의 혈액형을 파악해 부작용 없는 수혈을 가능하게 하는 방법■을 알아냈다. 란트슈타이너의 발견은 곧 임상에 적용되어 혈액형을 분류하여 수혈하는 것이 일반화되기 시작했다. 혈액형의 발견은 이후 벌어진 제1차세계대전 시 부상을 입은 병사들의 목숨을 구하는 데 결정적인 역할을 했다. 이후 란트슈타이너는 '인류에게 가장 큰 공헌을 한 사람'으로 제30회 노벨 생리의학상 수상자로 선정된다.

란트슈타이너는 ABO식 혈액형을 발견한 이후에도 연구를 계속하여 MN식 혈액형(1927), Rh식 혈액형(1940) 등 다양한 타입의 혈액형도 추가로 발견했으며, 매독균과 소아마비의 원인이 되는 폴리오바이러스를 발견(1909)하고 연구하는 등 혈액학과 면역학 분야에서 뛰어난 업적을 남겼다. 그가 발견한 혈액형은 임상적으로는 과다 출혈 환자의 목숨을 구하고, 수혈 부작용을 줄이는 효과를 가져왔다. 하지만 그가 찾아낸 가장 중요한 사실은 인간의 몸에서 일어나는 다양한 반응들이 '화학적' 반응에 의해 일어나는 것이라는 사실을 증명했다는 것이다. 내 피와 다른 사람의 피가 서로 뭉치고 섞이지 않는 것은 그와 내가 서로 영적으로 맞지 않는 사람들이기 때문이 아니라, 그의 피와 내 핏속에 들어 있는 응집원과 응집소가 화학적 반응을 일으켰기 때문이라는 것을 란트슈타이너는 증명했던 것이다. 마찬가지로 Rh- 여성이 임신이 어렵고 유산을 자주 경험하는 것은 그녀와 남편의 궁합이 맞지 않거나 그녀가 죄를 지어서가 아니라, 그녀의 면역계가 Rh+인 아기의 혈액에 대해 항체를 형성하기 때문이라는 사실을 발견했다. 란트슈타이너는 혈액에 덧씌워진 신비의 베일을 걷어내고 실질적으로 가장 유효한 대응책을 찾아냈다.

B형 남자는 나쁜 남자? 비과학적 오류

이렇듯 란트슈타이너가 혈액을 신비한 존재에서 화학적으로 설명 가능한 대상으로 바꿔놓은 지 100년이 넘게 흘렀지만 여전히 사람들은 혈액이 그저 혈구들이 떠다니는 액체로만 받아들일 마음이 적은 듯하다. 대표적인 것이 혈액형에 따라 성격이 달라진다는 '혈액형 성격학'이다. 사실 혈액형이 인간의 정신적인 특성에 영향을 미친다는 속설은 나치 독일이 커다란 관심을 보였던 우생학의 일환에서 시작되었다. 당시 나치 독일의 관심사는 자신들이 속해 있는 아리아 인종의 우수함을 보이는 것이었는데, 그중 눈에 뜨인 것이 민족에 따른 혈액형의 분포였다. 실제로 혈액형은 민족에 따라 조금씩 다른 분포도를 보인다. 페루의 인디언들은 100% O형인 것처럼 극단적인 경우도 있을 정도로 민족적 차이가 두드러진다. 이는 혈액형이 부모로부터 유전되기 때문이다. O형의 부모들 사이에서는 O형의 자녀들만 태어나고 부모 어느 한쪽이라도 AB형이라면 O형의 아기는 태어날 수 없다. 아마도 초기 페루 인디언들의 조상들은 우연히 모두 O형이었고, 고립된 지역에서 계속된 혼인으로 인해 그 특성이 그대로 유지되었기에 이런 현상이 나타난 것으로 추측된다.

어쨌거나 이러한 혈액형의 민족별 분포에서 나치 독일이 주목했던 것은 타 민족에게서는 비교적 흔한 B형이 독일인들에게는 매우 드물게 나타난다는 사실이었다. 실제로 민족별 혈액형 분포도를 살펴보면 동양인들의 경우, B형이 22~35% 정도 나타나지만 영국, 독일, 프랑스 등 유럽인들 사이에서는 5~10%밖에 나타나지 않는다. 또한 나치 독일이 우생학적으로 열등하다고 생각했던 집시나 슬라브족(러시아)의 경우 B형이 25~35% 정도로 상당히 높게 나타났기에, 그것이 바로 인종별 우열의 차이라 믿고는 이를 전파하려 했다.

나치의 패전 이후, 혈액형을 이용해 우생학적 차별을 시도하는 일은 사라졌지만 엉뚱하게도 1971년 일본의 작가 노미 마사히코[能見正比古]가 쓴『혈액형 인간학』이라는 책이 유행하면서 혈액형이 각 개인의 성격을 나타내는 지표가 될 수 있다는 속설이 오랫동안 끈질긴 믿음으로 남아 있다. 하지만 결론적으로 말하자면 혈액형과 성격은 전혀 상관관계가 없다. 혈액형은 그저 혈액 속에 존재하는 응집소와 응집원의 종류만을 제시할 뿐 그것이 뇌 발달에 영향을 미친다는 근거는 어디에도 없기 때문이다. 그러니 B형 남자가 나쁜 남자라는 것은 근거 없는 속설에 불과하다.

질병에 대항하기 위해 진화된 혈액형

과학자들은 혈액형은 성격보다 질병과 연관이 있다고 생각한다. 실제로 과학자들은 페루 인디언들처럼 극단적인 경우를 제외하고는 A, B, O, AB형이 일정 비율로 유지되는 것은 이를 통해 인간을 호시탐탐 노리는 각종 미생물들의 침입에 효과적으로 방어할 수 있기 때문이라는데 의견을 같이 한다. 실제 연구 결과, A형과 B형, AB형은 세균성 질병에 덜 걸리고, O형은 바이러스성 질환에 덜 걸린다고 한다. 이는 O형 혈액 속에 들어 있는 α와 β 응집소가 바이러스에 대해 일종의 항체 역할을 하기 때문이라고 알려져 있다. 실제로 콜레라의 경우, 동일하게 콜레라균에 노출되면 O형은 대부분 콜레라에 걸리지만 AB형은 발병 비율이 O형에 비해 상당히 떨어짐이 관찰되었다. 하지만 콜레라에는 취약한 O형은 말라리아에 덜 걸리고, 홍역에도 저항성이 강한 특징을 보인다. 인류는 이처럼 네 가지 종류의 혈액형을 균형 있게 유지하며 바이러스성 질환이 기승을 부리거나, 세균성 질환이 인간을 총공격하는 시기에도 심각한 타격을 입지 않은 채 인류 집단을 유지해왔다는 것이다.

때로 피는 그저 피일 뿐이다. 피가 없이는 살 수 없지만 자신이 타고난 피 때문에 고민하며 살 필요도 없다는 뜻이다. 100여 년 전 란트슈타이너의 발견이 진정으로 사람들에게 말하고자 하는 바는 이것이 아니었을까?

제8장

흰 눈 초파리가 밝힌 신화의 세계

토머스 모건과 유전학

"어? 이건 왜 눈이 흰색이지?"

1910년 미국 컬럼비아대학의 실험동물학 연구실. 그날도 연구를 위해 실험용으로 키우고 있던 초파리들이 무사한지 둘러보고 있던 연구자는 고개를 갸웃거렸다. 일반적인 초파리의 눈은 붉은색이었다. 그런데 붉은색 눈을 가진 초파리들 틈에 흰 눈을 가진 초파리가 끼어 있었던 것이다. 그는 자신이 잘못 봤나 싶어 다시금 자세히 살펴봤지만 분명 초파리의 눈은 흰색이었다.

"눈이 희어도 보는 데는 이상이 없는 걸 보니 눈 색깔과 시력은 연관성이 없는 모양이군. 그런데 흰 눈 초파리와 붉은 눈 초파리를 교배시키면 어떤 눈을 가진 초파리가 태어날까?"

우연히 발견한 흰 눈을 지닌 초파리 한 마리. 그 연구자는 초파리를 발견한 순간이 자신의 이름을 후대에 남길 업적을 쌓아올리는 데 있어 결정적인 주춧돌이 되리라는 걸 예측할 수 없었을 것이다.

발가락이 닮았다

김동인의 1931년 작, 『발가락이 닮았다』의 주인공 M은 어린아이를 데리고 친구이자 의사인 '나'를 찾아온다. 그 아이는 M의 아내가 낳은 아이로 법적으로 M의 아들임에는 분명하나 결코 M의 아이일 수 없음을 '나'는 알고 있다. M의 주치의인 '나'는 그가 이미 오래전에 생식 능력을 잃었다는 사실을 알고 있기 때문이다. M은 젊었을 적 대단한 오입쟁이로 성병을 앓아 생식능력을 잃었고, 그 사실을 숨긴 채 지금의 아내와 결혼했던 것이었다. 불륜의 증거인 아이를 안고서도 차마 진실을 밝힐 수 없었던 M은 자신을 하나도 닮지 않은 아이를 안고서 아이와 자신은 발가락이 닮았다고 말한다. 스스로를 기만하면서까지 생의 의지를 붙잡고자 하는 M의 모습에서 안쓰러움을 느낀 '나'는 발가락뿐 아니라 얼굴도 닮은 것 같다고 그를 짐짓 위로한다.

이처럼 아이는 부모를 닮고, 자손은 조상을 닮는다. 우리는 아이에게서 부모의 과거를 보고, 부모의 모습에서 아이의 미래를 유추한다. 아마도 이는 인간이 대상을 인식하기 시작한 그 순간부터 터득했던 깨달음일 것이다. 하지만 누구나 알고 있는 '닮은 꼴' 관계가 구체적으로 어떤 방식으로 일어나는지에 대해서는 도통 알 수가 없었다. 그 실마리가 처음으로 인간의 눈에 들어온 것은 19세기 중반에 들어서였다. 오스트리아의 수도사였던 그레고어 멘델(Gregor Mendel, 1822~1884)은 7년 동안 약 3만여 그루의 완두를 교배시키는 실험을 통해 유전의 기본

그레고어 멘델

법칙(우열의 법칙, 분리의 법칙, 독립의 법칙)을 찾아냈고, 이를 가능케 하는 유전물질이 존재함을 예측했다.

하지만 애석하게도 멘델의 연구는 여러 가지 이유로 인해 '찻잔 속의 태풍'으로 남았고, 유전물질의 존재 가능성이 세상에 알려지게 된 건 20세기가 시작된 이후였다. 이 시기는 염색체의 존재도 알려졌고(염색체는 이미 1884년 발견되었다. 비록 염색체가 무슨 기능을 하는지는 알지 못했지만), 휴고 드 브리스(Hugo Marie de Vries, 1848~1935)와 에리히 체르마크(Erich Tschermak von Seysenegg, 1871~1962), 카를 코렌스(Carl Correns, 1864~1933)에 의해 멘델 법칙이 재발견되었으며, 월터 서턴(Walter Sutton, 1877~1916)과 테오도어 보베리(Theodor Boveri, 1862~1915)에 의해서 멘델이 예측했던 유전물질의 정체가 염색체가 아닐까 하는 의심이 퍼져나가고 있던 시기였다. 하지만 아직도 이는 그저 추측일 뿐이었다. 이제 남은 건 추측을 사실로 확인해줄 인물이었다.

실험으로 증명된 것만 믿는다

토머스 모건(Thomas Morgan, 1866~1945)은 바로 비밀에 싸여 있던 염색체의 정체를 밝히고 이들이 어떤 식으로 유전되는지에 대한 실마리를 제공한 사람이다. 모건은 1866년 미국 켄터키 지방의 명문가에서 태어났다. 경제적으로도 어려움이 없었으며 용감하고 자유로운 가풍 속에서 태어난 모건은 어릴 적부터 산과 들을 돌아다니며 새로운 곤충이나 화석을 채집하는 것을 즐기며 자랐다. 어린 시절 모건의 방은 그가 직접 돌아다니면서 채집한 동식물의 표본들과 희귀한 돌멩이들로 가득 차 있을 정도였다고 하니 훗날 대학에 입학한 그가 생물학과 지질학 분야에서 뛰어난 재능을 보인 건 어찌 보면 당연한 일이었다. 열정과 재능에 노력까지 겸비한 모건은 빠른 시간 내에 자신의 분야에서 자리를 잡아갔다. 1886년, 겨우 20세의 나이로 켄터키대학을 수석으로 졸업한 그는 고향을 떠나 존스홉킨스대학에서 발생생물학자인 윌리엄 브룩스 교수의 지도하에 대학원 과정을 밟기 시작했다. 1890년 박사 학위를 받은 모건은 1년 뒤 25세의 나이로 브린모어대학의 생물학교수가 되었고, 1904년에는 컬럼비아대학으로 자리를 옮기게 된다.

토머스 모건

알려진 바로는, 모건은 철저한 실험중심의 과학자였다고 한다. 그는 과학이란 매우 엄정하고 정밀한 학문이며, 과학 이론은 수많은 실험을 통해 철저하게 증명된 사실을 바탕으로 만들어져야 한다고 굳게 믿었다. 그래서 그는 간단한 관찰이나 실험을 통해 유도된 지식이나 추측을 바탕으로 이루어진 법칙이 '과학'이라는 이름을 붙이고 사람들 사이에 유포되는 것을 굉장히 우려한 사람이었다. 그러한 철저함은 모건 자신이 평생에 걸쳐 연구했던 유전학 분야에서도 마찬가지여서, 컬럼비아대학에 부임하던 때까지만 하더라도 그는 염색체가 유전물질이라는 것에 대해서도 회의적이었으며 다윈의 진화론에 대해서도 부정적인 태도를 지녔다.

물론 생물학자였던 모건이 다윈의 진화론 자체를 부정한 것은 아니었다. 즉, 생물은 변한다는 진화 개념 자체에는 찬성이었지만 다윈이 제시한 진화론 개념에는 부정적이었다는 것이다. 이유는 진화의 원동력에 대한 다윈의 설명이 근거가 부족했기 때문이라는 것이었다. 사실 유전학에 대한 개념이 거의 없었던 다윈은 진화의 원동력으로 자연선택(natural selection)과 판게네시스(pangenesis)■라는 것을 내세웠는데, 이는 사실이라기보다는 근거 없는 추측에 가까운 것이었기 때문이었다. 철두철미한 실험과학자였던 모건은 다윈의 이런 추측성 발언이 마음에 들지 않았다. 그래서 그는 진화론이 좀 더 확실한 생물학이론이 되기 위해서는 먼저 실험을 통해 이를 증명해야 한다고 믿었다.

판게네시스 찰스 다윈이 제창한 가설로, 생물체의 모든 세포는 세포의 특징을 지닌 제뮬(gemmule)이라는 소립자를 가지고 있어서, 생명체가 번식할 때면 각 부위에 흩어져 있던 제뮬이 혈관을 통해 생식세포에 모여 자손에게 부모의 특징을 전달한다는 것이다. 또한 다윈은 제뮬은 환경에 따라 변화할 수 있다고 하여, 획득 형질도 유전될 수 있음을 인정하기도 했다.

파리방을 만들다

생물체의 특징에 더 많은 영향을 미치는 것은 유전일까, 환경일까?

모건은 현재 유전학자로 알려져 있지만, 이 당시만 하더라도 그는 생명체의 특성은 환경에 많은 영향을 받을 것이라 생각하고 있었다. 그도 그럴 것이 당시에는 유전에 대한 것이 거의 알려져 있지 않은 터였고, 또한 유전을 인정하게 되면 진화를 설명할 수 없게 되기 때문이었다. 만약 생명체의 특성이 오직 유전에 의해 결정된다면 생명체는 세월이 아무리 오래 흘러도 원래 모습을 그대로 유지해야 하기에 생물체의 진화를 설명하기 곤란해진다. 반면 생물체의 변화 요인이 환경이라면 생명체는 환경의 변화에 따라 적절하게 변화할 것이므로, 진화는 당연한 일이 되고 그 원인을 밝히는 일도 쉬워진다. 얼핏 생각하기에도 환경의 완승인 듯싶다. 하지만 실험지상론자였던 모건은 이를 실험을 통해 증명해야만 가치가 있다고 생각했다.

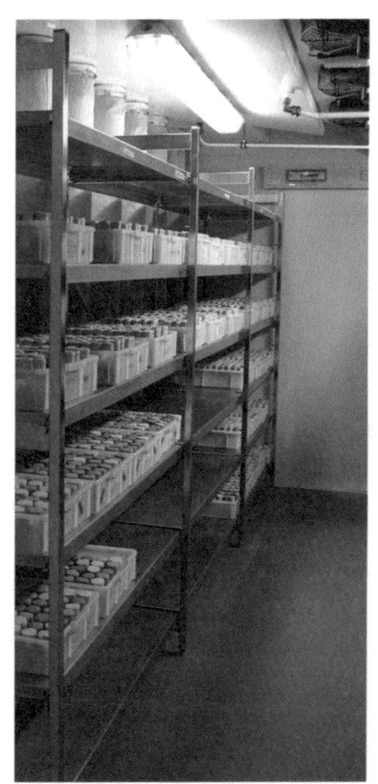
'파리방'에서 초파리가 길러지고 있다.

하지만 진화처럼 오랜 시간을 두고 일어나는 과정을 실험을 통해 증명한다는 것은 쉬운 일이 아니었다. 그래서 고심 끝에 그가 선택한 실험대상은 노랑초파리(Drosophila melnogaster)였다. 초파리는 성체의 크기가 3mm 정도밖에 되지 않을 정도로 작아서 좁은 공간에서도 많이 키울 수 있는데다가 한 번에 500여개의 알을 낳기 때문에 통계적 확인이 가능할 만큼 충분한 양의 자손을 얻을 수도 있다. 게다가 초파리는 라이프 사이클이 매우 짧아서 알에서 깨어나 다시 알을 낳을 수 있는 성체가 되기까지 2주밖에 걸리지 않기 때문에 실험의 속도를 단축시키는 데 매우 유리했다. 게다가 작은 고추가 맵다고, 초파리는 비록 크기는 작아도 침샘 속에 보통 다른 생명체의 염색체보다 100배는 큰 거대염색체를 가지고 있기 때문에 염색체 관찰도 용이해서 마치 유전학 연구를 위해 디자인된 생명체처럼 여겨질 정도였다.

1908년, 모건은 연구실을 개조하여 수많은 선반을 달고, 과일 조각을 넣은 우윳병을 빼곡하게 채워넣은 뒤 초파리를 대량으로 기르기 시작했다. 이후 수년간 모건과 그의 지도를 받은 대학원생들은 이곳에서 약 10만 마리의 초파리들을 기르고 관찰했기에 사람들은 이 실험실을 '파리방(fly room)'이라고 불렀다. 처음 모건이 실험한 것은 초파리를 빛이 없는 어둠 속에서 키우는 일이었다. 빛이 전혀 들지 않는 심해나 동굴 속에서는 종종 눈이 없거나 있어도 시력이 거의 없는 동물들이 발견되곤 한다. 모건은 이들이 처음부터 눈이 없었던 것이 아니라, 오랜 세월 빛이 없는 환경에 살면서 필요 없는 눈이 점점 퇴화되어 사라졌다고 생각했다. 그래서 그는 만약 생명체가 환경에 의해 변화하는 존재라면 초파리를 빛이 없는 곳에서 오랜 시간 키우는 경우, 초파리의 눈이 점점 퇴화되어 사라질 것이라고 생각했다. 그렇게 캄캄한 파리 방에 틀어박혀 초파리를 관찰하기 2년 여, 그동안 수만 마리의 초파리가 태어났지만 여전히 눈이 없는 초파리가 태어날 기미는 보이지 않았다.

흰 눈 초파리와의 운명적 만남

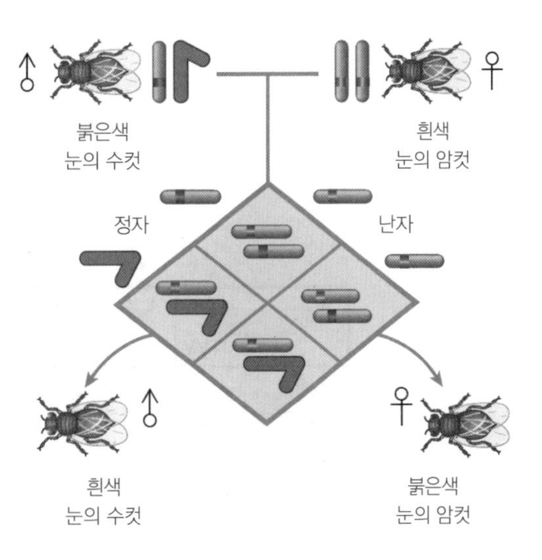

모건의 초파리 유전자 실험

1910년 5월, 그날도 시작은 여느 때와 같았다. 모건의 연구팀들의 일과는 온통 초파리로 가득 찬 '파리방'에 들어찬 우윳병마다 먹이가 될 과일 조각을 채워주고 새로 낳은 초파리 알을 새 병으로 옮겨주는 일로 시작했다. 그러나 그날은 달랐다. 드디어 '달라진' 초파리가 발견된 것이었다. 보통 초파리는 눈이 붉은색을 띠는데, 특이하게 흰 눈을 지닌 초파리가 태어난 것이었다. 모건은 흥분했다. 눈이 흰색으로 변하다니, 분명 시력이 저하된 것이 틀림없었다. 하지만 실험결과는 다소 실망이었다. 눈 색은 변했어도 흰 눈 초파리의 시력은 전혀 떨어지지 않았던 것이다. 비록 초파리의 눈을 퇴화시키는 데는 실패했지만, 흰 눈 초파리의 등장은 모건의 연구팀에 새로운 호기심을 불러일으켰다. 모건은 흰 눈을 지닌 초파리들을 골라 정상적인 붉은 눈 초파리와 교배시켰다. 그런데 그렇게 하여 태어난 잡종 1세대 초파리의 눈은 모두 붉은색이었다.

반면 이 잡종 1세대 초파리들을 교배시켜 태어난 잡종 2세대 초파

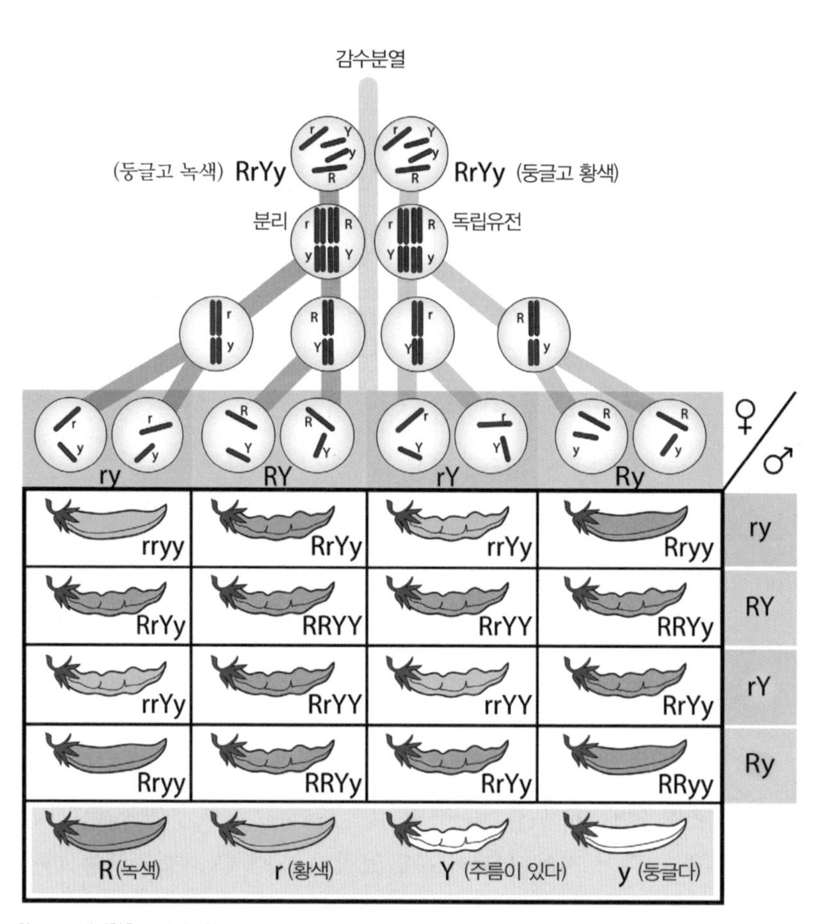

완두콩 교배실험을 통해 발견한 멘델의 법칙.

리들에서는 다시 흰 눈 초파리와 붉은 눈 초파리가 약 1/4의 비율로 태어났다. 초파리들은 멘델이 완두에서 찾아낸 우열의 법칙과 분리의 법칙을 눈앞에서 보여주고 있었다. 이는 유전물질을 전제하지 않고서는 설명할 수 없는 일이었다. 게다가 한 번 태어난 흰 눈 초파리는 환경이 변해도 여전히 흰 눈을 유지했고, 자손에게 그 형질을 물려주고 있었다. 환경의 영향력을 증명하려던 모건은 이 실험의 결과로 인해 자신의 생각을 수정하기에 이른다. 생명체에게는 분명 어버이의 특성을 자식에게 전달해주는 유전물질이 존재하고, 일단 유전물질에 기록된 정보는 대물림된다는 사실을 말이다.

또한 모건이 자신의 의견을 수정하게 된 데에는 초파리에게서는 완두에게서 알려지지 않았던 새로운 특징이 있었다는 점도 하나의 이유로 꼽힌다. 양성의 성질을 모두 지닌 완두와는 달리, 성이 분리된 동물인 초파리를 실험동물로 선택했던 모건은 흰 눈 암컷과 붉은 눈 수컷 1세대 사이에서 태어난 F2 세대의 흰 눈 초파리가 모두 수컷이라는 사실에 주목했다. 모건이 초파리 연구를 하던 시기에는 이미 현미경의 발달로 인해 성염색체의 존재가 밝혀진 뒤였다. 모건은 초파리의 눈 색을 결정하는 유전자가 성염색체, 그것도 X 염색체 위에 존재하며 붉은 눈이 흰 눈에 비해 우성이기에 이런 현상이 나타난다고 추측했다. 그렇기에 붉은 눈 암컷(XX)과 흰 눈 수컷(X'Y)를 교배한 F1 세대에서는 암컷(XX')과 수컷(XY) 모두 붉은 눈이 나타나지만, 이들을 다시 자가교배시킨 F2 세대에서는 붉은 눈 암컷(XX, XX')과 붉은 눈 수컷(XY), 흰 눈 수컷(X' Y)이 나타난다는 것이었고, 반복되는 실험은 이를 정확히 증명했다.

흰 눈과 붉은 눈이 유전물질에 의해 대물림된다면, 애초에 흰 눈이 갑자기 튀어나온 것은 어떻게 설명해야 할 것인가? 모건은 이것을 더프리스가 발견한 돌연변이 현상 때문이라고 여겼다. 돌연변이란 유전물질에서 돌발적인 변화가 일어나고 그것이 그대로 정착되어 자손에게 대물림되는 현상을 말한다. 유전물질에 변화가 생겨 돌연변이가 만들어지지 않는다면 환경이 아무리 극단적으로 변화한다 하더라도 자식은 어버이의 특성을 그대로 물려받아 태어난다. 결국 생명체는 환경보다는 유전의 영향을 더 크게 받는다는 뜻이 되므로, 모건은 유전물질의 존재를 인정하고 적극적으로 받아들이기에 이른다.

돌연변이, 생물 변화의 원동력

이로 인해 유전과 환경의 힘겨루기에서의 무게 중심은 유전 쪽으로 옮아간 듯 보였다. 하지만 모건의 제자였던 독일의 식물학자 헤르만 뮐러(Hermann Müller, 1850~1927)에 의해 환경이 유전물질을 변화시켜 돌연변이를 일으키는 요인이 될 수 있음이 밝혀지면서 환경의 중요성은 '돌연변이 유발원'으로서 다시 각광받게 된다. 뮐러는 초파리를 X선에 노출시키면 날개가 굽거나 없어지는 등의 다양한 돌연변이 초파리들이 태어남을 관찰했고, 이를 토대로 X선과 같은 강력한 에너지를 지닌 방사선이나 기타 다양한 화학물질이 유전자에 이상을 일으켜 돌연변이가 만들어짐을 밝혔다.

정상적인 붉은 눈 초파리와 돌연변이체인 흰 눈 초파리. 모건은 초파리를 이용한 돌연변이 실험으로 염색체가 유전물질임을 증명하였다.

X선과 같은 이온화 방사선들은 투과력이 좋아 세포 깊숙이 침투하며 그 자체가 직접 DNA에 손상을 입히기도 하지만, 더 큰 문제는 세포 내에 존재하는 물을 이온화시켜서 활성산소로 잘 알려져 있는 유리기(free radical)를 생성한다는 것이다. 유리기는 매우 불안정하기 때문에 만들어지는 즉시 다른 물질들과 결합하여 안정화되려는 속성이 있는데, 이 과정에서 다른 물질을 산화시키게 된다. X선에 의해 세포 내에서 발생된 유리기는 DNA의 결합들을 끊고 이들과 결합하여 안정화되려는 속성이 있어서 이 과정에서 염색체는 손상을 입게 되고 결국 돌연변이가 만들어지게 된다. 뮐러의 실험은 X선에 의한 염색체 손상이 돌연변이로 나타나게 되고, 이 돌연변이가 다시 유전됨을 밝혀 염색체가 유전물질이라는 확실한 증거를 보탠 것이었다. 이는 모건에게 있어 유전물질이 어떤 식으로 유전되는지에 대해 연구하고자 하는 열망을 불러일으키는 원동력이 된다.

유전자 지도의 비밀

초파리 실험을 통해 생물체에는 유전물질이 있으며 그 유전물질의 정체가 염색체였음이 거의 확실시되었다. 하지만 여전히 모건에게는 풀리지 않는 의문이 있었다. 그것은 동일한 부모에게서 유전자를 물려받은 형제자매들이 매우 다른 모습으로 태어난다는 것이었다. 부모에게서 유전물질을 물려받는다면, 같은 부모에게서 태어나는 형제자매들은 동일한 유전물질을 물려받을 테고, 그렇다면 이들은 모두 같아야 하지만 실상은 상당히 다르기 때문이었다. 이에 모건은 반복되는 연구를 통해 생명체의 형질은 유전자의 형태로 염색체 위에 군데군데 놓여 있으며, 생명체가 생식세포를 만들 때는 그냥 가지고 있는 염색체를 반으로 뚝 잘라서 넣는 것이 아니라 수없이 많은 작은 조각으로 나뉘었다가 그중에서 하나씩 골라서 다시 염색체를 형성하는 방식으로 재조합된다는 사실을 알아내기에 이른다.

이때 유전자들이 염색체 위에 놓여 있는 거리가 가깝다면 재조합 시 한꺼번에 묶일 확률이 크지만, 멀찌감치 떨어져 있다면 서로에게 전혀 영향을 주지 못할 수도 있다. 모건의 이러한 열정에 근거하여 훗날 모건의 제자였던 알프레드 스터티번트(Alfred H. Sturtevant, 1891~1970)는 유전자 지도(genetic map)를 그리는 방법을 개발했는데, 이때 지도의 단위를 스승인 모건의 이름을 따 센티모건(cM)이라 정했다. 유전자 지도에서 1cM이란 두 유전자가 재조합될 확률이 1%라는 의미이며, 이는 재조합될 확률이 매우 낮아 거의 같이 붙어 다닌다는 의미인 동시에 이들이 염색체 상에서 매우 가까운 위치에 놓여 있다는 의미이기도 하다.

초기에는 염색체와 진화에 대한 불신으로 실험을 시작한 모건은 초파리 연구를 통해 오히려 염색체가 유전물질임을 확실히 못 박는 역할을 하게 된다. 모건은 자신의 발견을 묶어 1915년에는 『멘델 유전의 메커니즘』을, 1926년에는 『유전자 이론』을 펴내며 염색체 유전 이론을 공고화한다. 그리고 유전학에 대한 모건의 업적은 결국 1933년 노벨 생리의학상으로까지 이어지게 된다.

모건은 노벨상을 수상하던 당시 이런 말을 남겼다.

"과거에는 인간의 유전이라는 주제 전체가 너무 모호하고 신비와 미신으로 오염되어 있어서 그 주제를 과학적으로 이해하는 것이 최우선 목표였습니다."

철저한 실험주의자였던 모건의 특성을 그대로 담고 있는 이 말은 현대 과학의 특성을 가장 잘 반영한 말이다. 베일에 싸인 모호하고도 비밀스러운 주제들을 합리적이고 논리적 설명이 가능한 현실로 이끌어내는 것, 그것이 바로 과학이 할 일이라는 것을 모건은 그의 인생 전체를 통해 증명해낸 것이다.

제9장

우연히 날아든 곰팡이에서 발견한 항생제

플레밍과 페니실린

1940년, 40대의 남성이 병원으로 실려 왔다. 경찰관이었던 그 남자는 작은 상처가 운 나쁘게도 급성 패혈증으로 번져 사경을 헤매고 있었다. 패혈증이란 미생물에 감염되어 전신에 심각한 염증이 발생하는 질환으로, 병원에 도착했을 때쯤 이미 그는 온몸에 고름이 가득 차올라 열이 펄펄 끓고 있는 상태였다. 그의 상태를 본 의사들은 환자가 살아날 가망이 전혀 없다고 고개를 절레절레 흔들었다. 그러나 그렇게 절망적인 상황이 그에게는 오히려 행운의 기회가 되었다. 워낙 위독한 상태였기에 염증 치료제로 개발 중인 새로운 신약의 임상 실험대상자로 선정된 것이었다.

연구자들은 그에게 3시간에 한 번씩 새로운 약물을 주사했다. 놀라운 일이 일어났다. 곧 사망할 듯 위독했던 환자가 안정을 되찾기 시작했던 것이다. 체온은 떨어졌고 혈액 속에 흐르던 화농성 고름도 점차 줄어들면서 환자는 점차 정신을 차리기 시작했다. 하지만 안타깝게도 그에게 주어진 행운은 딱 거기까지였다. 가지고 있던 시료의 양이 너무

적었기 때문에 약물은 곧 동이 났다. 약이 떨어지자 안정기에 들어섰던 남자의 패혈증은 다시 악화되었고 그는 결국에 생명을 잃고 말았다. 꺼져가던 생명의 불꽃을 잠시나마 살린 것은 곰팡이에서 뽑아낸 항생물질, 페니실린(penicillin)이었다.

곰팡이에서 피어난 기적?

흔히 '페니실린'은 미생물을 퇴치하는 항생제의 대명사처럼 불린다. 페니실린이 곰팡이에서 유래되었다는 사실이나 플레밍이 우연히 페트리 접시(petri dish) 위에 떨어진 푸른곰팡이를 통해 페니실린을 찾아냈다는 일화는 매우 유명하다. 하지만 페트리 접시 위의 푸른곰팡이가 페니실린이라는 이름표를 달고 미생물의 공격으로부터 사람들을 구하기까지는 10년이 넘는 시간이 필요했다. 플레밍은 우연에서 위대한 발견을 한 사람이기는 하지만, 그 우연이 행운이 되기까지는 부단한 노력과 시행착오, 그리고 여러 동료들의 도움이 필요했다. 이번 장에서는 최초의 항생제 페니실린을 개발한 공로로 1945년 노벨 생리의학상을 수상한 플레밍의 일생과 페니실린이 수많은 사람들의 목

영국 런던, 세인트메리병원 연구실에서 실험 중인 알렉산더 플레밍.

언스트 보리스 체인 경.

하워드 월터 플로리. © Austrailian National University

숨을 구하는 귀중한 존재로 자리매김하기까지의 숨겨졌던 이야기를 다뤄보고자 한다.

1945년, 제2차세계대전이 끝난 직후 선정된 노벨 생리의학상의 주인공은 알렉산더 플레밍(Alexander Fleming, 1881~1955)과 언스트 체인(Ernst Chain, 1906~1979), 하워드 플로리(Howard Florey, 1898~1968)였다. 이들은 항생제인 페니실린을 발견하고 이를 대중화시킨 공로를 인정받아 수상자 반열에 올랐는데, 제2차세계대전 기간 페니실린이 살려낸 사람들의 수를 헤아려보면 '인류에게 가장 큰 이득을 준 사람들'의 대열에 이름을 올리는 것이 너무도 당연했다. 페니실린 발견 공로로 노벨상을 수상한 사람은 3명이었지만, 대중들에게 널리 알려진 사람은 단연 플레밍이다. 플레밍은 셋 중에 가장 연장자였을 뿐 아니라 곰팡이 속에 숨어 있던 페니실린의 정체를 가장 먼저 발견한 인물이기 때문이다.

의사이자 세균학자였던 알렉산더 플레밍은 1881년 여름, 스코틀랜드 에어셔 지방에서 평범한 농부였던 휴 플레밍의 여덟 명의 자식 중 일곱 번째로 태어났다. 형제가 많은데다가 플레밍이 태어날 때 이미 50대였던 아버지는 그가 일곱 살 때 세상을 떠났기에 집안의 지원을 거의 받지 못한 플레밍은 독학하다시피 공부를 해야 했다. 여러 우여곡절이 있었지만 결국 그는 무사히 런던의과대학과 세인트메리병원을 거쳐 1906년 의사 면허를 취득했고, 앨모스 라이트(Almorth Wright, 1861~1947)가 이끄는 세인트메리병원의 예방접종과의 문을 두드린다. 라이트 교수는 1898년 장티푸스 백신을 개발한 경력이 있는 유능한 면역학자였고, 플레밍은 그와 함께 다양한 감염성 질환의 원인에 대해 연구를 시작하게 되었다.

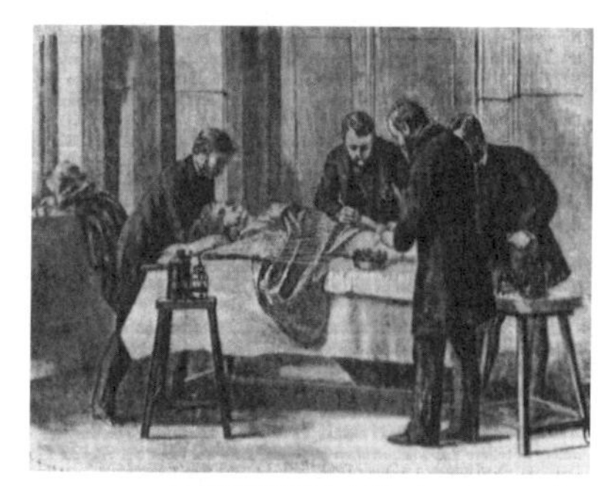

1882년 당시 무균 수술(antiseptic surgery)

애초부터 세균학과 면역학에 관심이 있었던 플레밍이었지만, 그가 평생을 페니실린 연구에 투자하게 된 데에는 곧 이어 발발한 제1차세계대전의 영향이 컸다. 1914년, 제1차세계대전이 일어나자 33세의 플레밍은 영국군 왕립군사의무단에 입대하여 야전병원에서 군의관으로 근무를 시작했다. 전시 야전병원에 근무한다는 것은 상상했던 것보다 몇 배는 더 참혹한 일이었다. 부상병들은 살아날 수 있을 것이라는 희망을 가지고 병원으로 후송되어 왔지만, 거기서 그들을 기다리고 있는 것은 새로운 삶이 아니라 수많은 병원성 미생물들이었다. 부상병들의 대다수는 총탄에 의한 부상이 아니라 그 상처를 통해 침입한 균들이 일으키는 가스괴저(gas gangrene)■와 패혈증으로 사망했다. 그곳에서 상처 입은 군인들이 손쓸 틈도 없이 죽어가는 광경을 목격하며 플레밍은 절망에 가까운 비통함을 경험하게 되었다.

당시는 파스퇴르와 코흐를 비롯한 선배 과학자들의 연구를 통해 미생물 병원체설이 확립되었고, 젬멜바이

가스괴저 클로스트리듐(Clostridium) 속에 속하는 가스괴저균에 의해 일어나는 감염성 질환이다. 피부에 난 상처를 통해 침투하는 가스괴저균은 독소를 분비해 적혈구와 정상 조직들을 괴사시키는데, 이 과정에서 이산화탄소로 이루어진 가스를 분비하여 상처가 가스로 인해 부어오른다. 가스괴저균은 증식속도가 빨라 일단 감염되면 순식간에 퍼져나가며, 사망률도 매우 높은 치명적인 질환이다.

스(Ignaz Semmelweis, 1818~1865)와 리스터(Jesheph Lister, 1827~1912)에 의해 감염을 방지하기 위해서는 상처와 의료기구의 소독이 필수적이라는 사실이 알려져 있던 때였다. 하지만 그것뿐이었다. 병사들이 상처를 입어 병원에 들어오면 의사들은 상처를 깨끗이 씻은 뒤 환부에 소독약과 방부제연고를 발라주었다. 하지만 소독약과 방부제연고는 상처로 새로운 세균이 들어가는 것을 막아줄 뿐, 이미 몸속으로 들어간 세균들을 막아주지는 못했다. 일상에서라면 상처 입은 즉시 환부를 씻고 소독하는 것이 가능하기에 이 정도만으로도 충분히 효과가 있지만 생사가 오가는 치열한 전투 현장에서는 그것조차 어려웠다. 총탄이 날아드는 전장에서 상처를 제대로 씻고 소독하는 것은 무리였기에 병사들이 병원으로 후송되어 올 즈음에는 거의 대부분 세균에 감염된 상태였고, 때늦은 소독약과 방부제연고는 아무런 힘을 발휘하지 못했다. 세균 감염으로 죽어가는 수많은 젊은 생명들을 목도한 플레밍은 몸속으로 유입된 세균들을 찾아내 제거하는 '마법의 약물'을 그 누구보다도 간절히 원하기 시작했다.

첫 번째 고비, 우연히 날아든 푸른곰팡이

흔히 플레밍을 다룬 이야기에서는 플레밍을 굉장한 행운의 소유자로 묘사하곤 한다. 우연히 박테리아 배양용 페트리 접시에 날아든 푸른곰팡이를 발견한 플레밍이 이를 바탕으로 최초의 항생제인 페니실린을 '별 어려움 없이' 만들어냈다는 듯이 알려진 경우가 많기 때문이다. 하지만 플레밍이 푸른곰팡이를 발견한 이후, 그것이 페니실린으로 세상에 알려지기까지는 10여년의 세월이 필요했고, 그 시간 동안 플레밍은 무수한 실패를 경험했을 뿐 아니라 동료 과학자들의 조롱거리가 되는 수모의 시간도 견뎌야 했다. 최초의 항생제 개발은 크게 3가지 고비를 넘어서는데, 플레밍이 푸른곰팡이를 발견한 것은 겨우 첫 번째 고비를 넘은 것에 불과했다.

1918년, 제1차세계대전이 끝나자 런던으로 돌아온 플레밍은 동료와 함께 병원을 개업했다. 하지만 세균만을 골라 퇴치하는 항생물질을 찾아내겠다는 결심을 저버린 것은 아니었다. 개인병원에서 환자를 진료하는 틈틈이 플레밍은 세인트메리병원에 실험실을 열고 항생물질을 연구하는 일을 게을리하지 않았다.

1921년의 어느 날, 심한 코감기에 걸린 플레밍은 약간은 엉뚱한 생각을 하게 된다. 미생물 병원체설에 의하면 감기는 외부 물질의 감염에 의해 일어나는 것이므로 줄줄 흐르는 콧물 속에는 무언가 건강했을 때와는 다른 것들이 들어 있을 것이라 생각한 것이다. 그는 즉시 자신의 콧물을 받아 페트리 접시에 배양해보았다. 그가 왜 자신의 콧물을 노란색 균체를 이루는 마이크로코쿠스 리소데익티쿠스(Micrococcus lysodeikticus)라는 미생물이 배양된 페트리 접시에 떨어뜨렸는지 그 이유는 알려져 있지 않다. 하지만 이 엉뚱한 실험은 며칠 뒤, 새로운 국면을 맞게 된다. 노란색 균체가 가득했던 페트리 접시는 콧물이 떨어진 자리마다 마치 누가 그 부위만 세균을 닦아낸 것과 같은 모습으로 변해 있었기 때문이었다.

생각지 못했던 현상에 흥미를 느낀 플레밍은 다양한 인간의 체액을 이용한 실험을 시도하여 콧물뿐 아니라 눈물과 침 역시 세균을 공격하는 물질을 포함하고 있음을 알게 되었고, 결국은 인간의 체액 속에 포함되어 있던 신기한 물질을 분리해내는 데 성공한다. 그는 이것에 라이소자임(lysozyme)이라는 이름을 붙여 1921년 학계에 발표하였다. 초기 라이소자임의 발견은 사람들의 관심을 끌었다. 하지만 그 관심은 시작만큼 빠르게 사그라졌다. 결정적인 이유는 처음 생각했던 것만큼 라이소자임이 위력적이지 못했기 때문이었다. 라이소자임은 분명 인체에 해를 주지 않으면서 미생물을 죽이는 능력이 있었다. 하지만 마이크로코쿠스 리소데익티쿠스를 비롯해 라이소자임이 힘을 쓰는 세균들은 대개는 감염되었더라도 인체에 무해하거나 질병을 일으키지도 못하는 '순한' 세균뿐이었다. 정작 인간에게 치명적인 폐렴균이나 파상풍균처럼 병원성 미생물 앞에서 라이소자임은 전혀 힘을 쓰지 못했다. 마치 라이소자임은 조무래기들 앞에게서나 힘자랑을 할 뿐, 실제로는 별 볼 일 없는 '동네 형'처럼 보였다. 라이소자임의 능력이 알려지자 그에 대한 반응이 폭발적이었던 것만큼 관심도 빠르게 식어갔다. 사람들은 "그럼 그렇지." 하는 심정으로 항생물질의 존재 가능성을 일축했다. 항생물질의 존재를 믿는 것은 이제 플레밍 혼자인 듯 보였다.

하지만 플레밍은 항생제 연구를 단념하지 않았다. 7년 뒤, 행운의 여신은 그의 끈질긴 노력에 감복했는지 그에게 항생제 개발의 첫 번째 힌트를 슬쩍 보여주기에 이른다. 1928년의 여름, 이제 세인트 메리 병원의 교수가 된 플레밍은 여느 날과 마찬가지로 다양한 세균들이 배양된 페트리 접시를 살펴보는 중이었다. 그때 그의 눈에 무언가가 들어왔다. 포도상구균이 배양된 접시에 푸른색의 곰팡이가 피어 있던 것이었다. 곰팡이가 맨눈으로도 보일 정도이니 이건 명백한 시료 오염이었다. 일반적인 실험자라면 즉시 투덜대면서 곰팡이가 핀 페트리 접시를 쓰레기통으로 내던졌겠지만, 플레밍은 달랐다. 이미 7년 전, 자신의 콧물을 세균이 배양된 접시에 섞어본 경험이 있는 플레밍은 푸른곰팡이가 핀 주변으로는 세균들의 군체가 보이지 않는다는 사실을 놓치지 않았다. 분명 세균은 없었다. 플레밍은 페니실리움 노타툼(Penicillium notatum)이라는 이름을 지닌 이 푸른곰팡이를 배양하여 다른 세균들이 자라고 있는 배지에 첨가했다. 놀라운 일이 벌어졌다. 푸른곰팡이는 일급 저격수 못지않은 실력으로 세균들을 습격했다. 라이소자임과 달리 푸른곰팡이의 위력은 '그저 그런 동네 형' 수준을 월등히 뛰어넘었다. 페니실린은 폐렴이나 뇌막염을 일으키는 폐렴구균, 중이염과 방광염을 비롯해 각종 화농성 질환을 일으키는 포도상구균

페니실리움 노타툼. ©Crulina 98

을 비롯해 매독균과 파상풍균, 디프테리아균 등 인체에 치명적인 질병을 일으키는 세균들을 퇴치하는 데 두루 효과가 있었다. 하지만 아직도 검증해야 할 문제는 남아 있었다. 항생제는 어디까지나 인체 안에서 효과가 있어야 하기 때문에, 세균을 죽이는 능력도 탁월해야 하지만 인체 세포에는 해가 없어야 한다. 플레밍은 두근거리는 가슴을 누르며 인간의 혈액에 푸른곰팡이 배양액을 섞어보았다. 놀랍게도 푸른곰팡이 추출물은 세균에게는 무서운 죽음의 사자였지만, 적혈구에게는 아무런 해도 미치지 않았다. 드디어 세균만을 골라서 퇴치하는 '마법의 약물'이 처음 세상에 정체를 드러낸 순간이었다.

두 번째 고비, 페니실린을 추출하라

1929년 2월, 플레밍은 런던에서 열린 '메디컬 리서치 클럽'에서 자신이 발견한 바를 발표했다. 하지만 발표장의 분위기는 미지근했다. 학회에 참석한 이들의 대다수가 플레밍의 연구 결과에 큰 관심을 보이지 않았던 것이다. 푸른곰팡이의 특성이 너무 환상적이어서 비현실적으로 느껴졌기 때문이었는지는 몰라도 그들은 푸른곰팡이의 가치를 제대로 인식하지 못했다. 기대했던 반응이 나오지 않자 플레밍은 적잖이 당황했지만, 동료들의 무시도 그의 열정을 꺾지는 못했다. 그는 푸른곰팡이가 다이아몬드보다 더 귀한 원석임을 믿어 의심치 않았다. 플레밍은 그들에게 푸른곰팡이에게서 뽑아낸 약물을 보여줄 필요가 있다고 생각했다. 아무리 푸른곰팡이가 세균 퇴치에 뛰어나다고 하더라도 곰팡이기 때문에, 곰팡이를 갈아 직접 환부에 바르거나 혈관 속에 주사할 수는 없는 일이었다. 이제 남은 것은 푸른곰팡이에게서 항생 능력을 나타내는 유효물질, 즉 페니실린을 분리해내는 것이었다. 하지만 별 문제가 되지 않을 것이라고 생각했던 이 일이 플레밍의 발목을 잡게 된다.

플레밍은 푸른곰팡이 배양액에 산과 알칼리, 에테르, 클로로포름, 알코올 등 다양한 용매들을 처리해 페니실린 추출을 시도했다. 그런데 여기서 문제가 생겼다. 푸른곰팡이 배양액 속에 페니실린이 들어 있는 것은 분명했지만 어떤 용매로도 순수한 페니실린을 추출해내지는 못했던 것이다. 거듭된 실패에 플레밍은 생화학자였던 라이스트릭(Harold Raistrick, 1890~1971)에게 도움을 청했다. 하지만 유능한 생화학자로 인정받던 라이스트릭조차 푸른곰팡이 배양액에서 페니실린을 추출해내는 것에 실패하자 상황은 더욱 악화되었다. 라이스트릭이 페니실린 추출에 실패했다■는 소문이 떠돌면서 거의 대부분의 연구소와 과학자들이 플레밍의 연구에서 눈을 돌렸기 때문이다.

어느덧, 1939년이 되었다. 플레밍이 푸른곰팡이의 항생 능력을 발견한 지 10년이 지났지만 아직도 페니실린은 그 실체를 드러내지 않고 있었기에 이제는 플레밍조차 인내심이 다해가는 상태였다. 페니실린 개발에 대한 꿈이 사라지려는 그 순간, 페니실린에 대해 관심을

■ 사실 라이스트릭은 페니실린 추출에 완전히 실패한 것은 아니었다고 한다. 그는 마지막 페니실린 추출 연구에서 노란 가루를 조금 얻는 데 성공했는데, 이때쯤에는 그는 이미 페니실린 연구에 손을 뗄 심산이었기 때문에 이 가루가 무엇인지 확인하지 않고 버리는 치명적 실수를 저지른다. 만약 그가 그 노란 가루를 버리지 않았다면 노벨상 공동 수상자 명단에 그의 이름이 올라갔을 것이며, 인류는 10년 일찍 항생제의 혜택을 받을 수 있었을지도 모른다.

가지는 새로운 연구자가 나타났다. 라이소자임 연구를 통해 항생 물질의 독특함에 매료되었던 젊은 화학자 에른스트 체인과 하워드 플로리가 그들이었다. 그리고 지난 10년의 세월을 통해 조금씩 발전된 기술은 이들이 푸른곰팡이 배양액에서 노란색을 띤 약간의 페니실린 가루 추출에 성공하게 만든다. 이들은 곧 자신들이 페니실린 추출에 성공했다는 발표를 하게 되고, 이에 감명받은 플레밍이 직접 이들을 찾아오면서 공동 연구가 시작되었다. 옥스퍼드병원에서 실제 환자를 대상으로 처음 임상 실험을 실시한 것도 이 즈음이었다.

세 번째 고비, 대량생산 방법을 찾아라

드디어 페니실린 추출에 성공했고, 비록 양이 모자라 환자를 살려내진 못했지만 페니실린이 감염증에 특효이며 인체에는 별다른 해가 없다는 사실까지 밝혀졌다. 그래도 여전히 페니실린의 대중화는 먼 이야기처럼 보였다. 문제는 페니실린 추출이 매우 까다롭고 수율도 낮기 때문에 대중화가 어렵다는 것이었다. 100리터의 푸른곰팡이 배양액에서 추출할 수 있는 페니실린의 양은 겨우 1그램 정도였는데, 패혈증 환자 1명을 살리기 위해서는 적어도 5~10그램의 페니실린이 필요했다. 따라서 시판 가능할 정도로 페니실린을 추출하기 위해서는 엄청난 양의 푸른곰팡이를 배양해야 했다. 이 정도 규모가 되면 개인의 힘으로는 도저히 불가능하기에 정부나 기업체의 조직적인 지원이 필요했지만, 기업체는 상업적 가치가 떨어진다는 이유로 이를 거부했고, 영국 정부는 1939년부터 시작된 제2차세계대전에 온 힘을 쏟아붓느라 이들에게 신경 쓸 여력이 없었다. 이들에게 신경 쓸 여력이 없는 것은 다른 유럽 국가들도 마찬가지였기에 결국 그들은 소량의 노란색 가루를 품고 미국으로 떠난다. 대서양 너머 아메리카 대륙에 위치한 덕에 직접적인 전쟁의 타격을 받지 않은 미국이라면 지원이 가능할지도 모른다고 생각했기 때문이다.

사실 요행을 바라며 선택한 미국행이었지만, 이는 페니실린 연구에 있어 세 번째 고비를 넘는 결정적 돌파구 역할을 한다. 미국으로 건너간 이들은 언론을 통해 페니실린의 기적적 효과를 홍보하여 지원금을 끌어 모으는 한편, 페니실린 대량 생산의 가능성을 찾았기 때문이다. 페니실린 대량 생산 가능성은 의외로 엉뚱한 데서 찾아졌다. 당시 미국은 1919년부터 1933년까지 금주법이 실시되었던 터라 폐업한 양조공장이 여러 곳이 있었다. 양조공장에서 술을 발효시키는 데 사용했던 대형 용기들은 푸른곰팡이를 대량 배양하는 데 있어서도 이상적인 용기였다. 애초에 이들이 푸른곰팡이 배양에 양조공장의 용기들을 이용한 건 버려진 공장이었기에 싼 값에 커다란 배양용기를 이용할 수 있어서였다. 그런데 운 좋게도 이 선택이 이들에게 행운을 가져다준다. 알고 보니 양조 공장의 용기 안에 남아 있던 찌꺼기가 푸른곰팡이를 키우는데 있어서 매우 이상적인 배양액이었던 것이었다. 이들을 첨가해 푸른곰팡이를 키우면 이전에 이용하던 배지에서 키울 때보다 페니실린 생메리 헌트 박사는 페니실린 생산량이 높은 푸른곰팡이를 찾기 위해 시장을 돌아다니며 곰팡이가 핀 과일과 채소를 닥치는 대로 모은 것으로 유명한데, 이런 노력을 통해 새로운 푸른곰팡이를 찾아내는데 성공한 그녀를 사람들은 '곰팡이 메리(Moldy Mary)'라는 별명으로 부르곤 했다.

산량이 20배나 늘었다.

행운은 계속 되었다. 이들의 연구를 돕던 메리 헌트 박사■가 썩은 멜론에서 기존 페니실리움 노타툼보다 페니실린 생산량이 200배나 많은 새로운 종류의 푸른곰팡이를 발견했기 때문이었다.

새로운 푸른곰팡이를 적합한 배양액 속에서 키우면 플레밍이 실험했을 때에 비해 4,000배의 페니실린 수율이 가능했다. 기존에는 한 사람의 환자를 살리기 위해 푸른곰팡이를 1,000리터 정도 배양해야 했지만, 이제는 그 정도의 푸른곰팡이 배양액이면 약 4,000명의 환자를 살릴 수 있는 페니실린을 얻을 수 있게 된 것이다. 대량생산이 가능해지자 페니실린은 비로소 진정한 '마법의 약물'로 인정받게 된다.

마법의 약물, 그 이후

페니실린의 상업화 이후 이로 인해 혜택을 받은 사람들의 숫자는 어마어마하다. 이들 중에는 페니실린을 통해 직접적으로 세균 감염을 치료받은 사람도 많지만, '인체에 무해하면서도 세균을 퇴치할 수 있는 마법의 물질' 즉, '항생제'가 존재함이 확인됨으로 인해 본격적으로 항생제개발에 뛰어든 많은 연구자들에 의해 대중화에 성공한 수십 가지 항생제의 덕을 본 사람도 어마어마하기 때문이다. 그러니 제2차세계대전이 끝나자마자 실시된 1945년의 노벨상 시상식에서 생리의학상이 플레밍과 체인, 플로리에게 주어진 것은 당연한 일이었다.

플레밍은 결코 벼락 행운아가 아니었으며, 플레밍의 푸른곰팡이의 놀라운 기적이 진정한 기적으로 변모하기까지는 여러 학자들의 치열한 노력이 있었다. 후대의 사람들은 페니실린이 엄청난 가능성이 있었음에도 불구하고 초기 개발이 지연되었던 이유를 플레밍이 페니실린에 대한 특허를 내지 않았기 때문으로 분석하곤 한다. 플레밍이 특허를 내지 않았기에 기업들이 페니실린 개발에 적극적으로 나서지 않았다는 것이다. 분명 페니실린은 매력적인 약물이었고, 항생제시장은 매우 광범위했다. 제약회사들은 이 시장이 분명 노다지가 될 것을 알고 있었지만, 자본주의 사회에서는 약물의 기능 못지않게 경제성이 중요했다. 기업은 자선단체가 아니기 때문이었다.

하지만 페니실린이 아무리 만들기 어렵더라도 페니실린에 대한 독점적 권리가 확보된다면 이는 기업들에게 충분히 매력적인 대상이 될 수 있다. 시장을 독점한다면 얼마든지 비싼 값에 약을 판매할 수 있고, 페니실린과 같은 경우에는 아무리 비싸다 하더라도 기꺼이 사겠다는 사람들이 줄을 설 것이기 때문이었다. 하지만 플레밍은 이에 대한 특허를 결코 내지 않았다. 좀 더 많은 사람들이 페니실린 연

1945년 노벨상 시상식. 왼쪽에서 두 번째가 플레밍, 가운데는 체인, 맨 오른쪽이 플로리다.

구에 나서 한시라도 빨리 페니실린의 비밀을 풀어 이를 사용할 수 있도록 만드는 것, 그리고 이를 통해 얻을 수 있는 이익(인간의 생명을 구할 수 있는 이익)이 페니실린의 독점적 판매로 얻을 수 있는 경제적 이익을 앞선다고 생각했기 때문이었다. 하지만 기업에게 있어서 특허권을 행사할 수 없다는 것은 페니실린의 대량 생산법 연구에 필요한 비용(얼마나 큰 금액이 될지 알 수 없는)을 모두 부담하고도 이로 인한 경제적 효과를 독점할 수 없다는 뜻으로 받아들여졌기에 선뜻 투자하려 하지 않았던 것이다.

사실 플레밍이 페니실린에 대한 배타적 특허를 신청하기 않았기 때문에 플레밍과 연관이 없던 체인과 플로리가 독자적으로 페니실린 추출에 성공할 수 있었고, 대량 생산법이 알려진 이후 페니실린은 누구나 생산할 수 있는 약물이 되어 급속도로 대중화가 이루어진 건 사실이다. 비록 연구 초기에는 특허를 신청하지 않았기에 기업들이 적극적으로 투자하지 않았고, 이것은 페니실린의 개발의 지연으로 나타난 것도 사실이었다. 하지만 훗날 이는 옳은 선택이었음이 밝혀진다. 플레밍은 페니실린에 대한 특허를 끝까지 신청하지 않았기에, 플레밍을 비롯해 체인과 플로리 모두 '페니실린 개발에 대한 공로'를 인정받아 노벨상 영광의 수상을 얻었음에도 불구하고 상업적 이익은 전혀 얻지 못했다. 하지만 덕분에 페니실린은 싼 값에 대량생산되어 더 많은 이들의 생명을 구할 수 있었다. 자신의 발견을 온 세상과 공유하여 널리 세상을 이롭게 하는 이상적인 과학자의 모습을 플레밍은 스스로의 인생으로 증명했던 것이다.

제10장

천사와 악마의 두 얼굴, DDT

뮐러와 DDT

"누가 여기에 살충제 뿌렸나?"

"그럴 리가요. 벌써 4년째 그 상자엔 아무도 손 못 대게 하시는 걸 다들 아는데요."

뮐러는 의아한 얼굴로 1m^3짜리 유리 상자 안을 들여다보았다. 오늘 있을 살충제 후보물질 테스트를 위해 넣어두었던 파리들이 하룻밤 새 모두 죽어 있었다. 분명 어제 넣을 때는 팔팔했던 파리들이었다. 게다가 연구실에서 가장 늦게 퇴근하고 가장 먼저 출근하는 사람이 바로 그였기에 누군가가 그 유리 상자에 손을 댄다는 것도 있을 수 없는 일이었다. 문득 뮐러의 머릿속에 몇 주 전에 테스트했던 350번째 후보물질이 떠올랐다.

'그래, 그때도 이 상자로 테스트를 했었지. 살충 효과가 좋은 물질이었어. 그렇지만 그 실험을 한 건 이미 몇 주 전이니 아직까지 효능이 남아 있을 리가 없을 텐데. 그런데 만에 하나라도 그 물질이 아직도 살충

력을 지니고 있는 거라면? 혹시 이것이 내가 찾던 안정적인 살충제가 아닐까?'

어떤 과학자의 이름 앞에 '노벨상 수상자'라는 수식어가 붙는 순간, 그 이름이 주는 의미는 매우 묵직해진다. 노벨상 수상자라는 수식어는 그가 매우 훌륭하고 열정적이며 성실하고 천재적인 연구자라는 뜻에 더해 인류 집단 모두가 그의 연구에 경의를 표할 가치가 있다는 의미까지 포함하고 있기 때문이다.

노벨상은 노벨이 원했듯 '인류 공영에 큰 공헌을 한 사람'에게 주어지는 상이다. 따라서 노벨상, 특히 과학 분야의 노벨상 수상자라면 이들은 하나같이 인류에게 커다란 도움이 되는 과학적 발견과 발명을 이루어낸 선구자라는 뜻이 담긴다. 하지만 옥에도 티가 있는 법, 완벽할 것만 같았던 노벨상 수상 연구자들 중에는 때로 논란과 비난의 대상이 되는 이도 있다. 이번 장에서는 영광과 비난을 동시에 받았던 노벨상 수상자, 파울 뮐러의 이야기를 통해 과학이 우리에게 주는 '혜택'이라는 것이 어떤 의미를 갖는지 곱씹어보자.

고집불통 소년이 괴짜 화학자가 되기까지

20세기의 최대 논쟁거리였던 살충제 DDT를 세상에 알린 인물인 파울 헤르만 뮐러는 1899년 1월, 라인 강변의 바젤에서 태어났다. 평범하기 그지없는 어린 시절을 보낸 뮐러는 고등학교 에 진학할 무렵 과학 실험에 푹 빠지면서부터 삶의 경로가 달라졌다. 뮐러는 학교에서 하는 과학 실험만으로는 성에 차질 않아 집 안 자투리 공간에 자신만의 실험실을 만들고는 약품들을 뒤섞거나 알 수 없는 무언가를 만들면서 시간을 보내기 일쑤였다. 아들이 하라는 공부는 안 하고 온갖 잡동사니들을 주무르는 것을 기꺼워할 부모는 100년 전이나 지금이나 거의 없을 것이다. 마찬가지로 뮐러의 부모님도 아들의 행동을 바꿔보려고 애썼지만 아들의 마음을 돌리지는 못했다. 고등학교를 졸업한 뮐러는 대학 진학을 마다한 채 화학회사에 취직했다. 질풍노도의 사춘기를 겪으면서도 실험에 매진하던 고집불통 소년은 회사에서 2년간 현장 경험을 쌓은 뒤에야 다시 마음을 잡고 학교로 되돌아가 바젤대학교에서 화학과 물리학, 식물학을 공부했다.

파울 헤르만 뮐러.

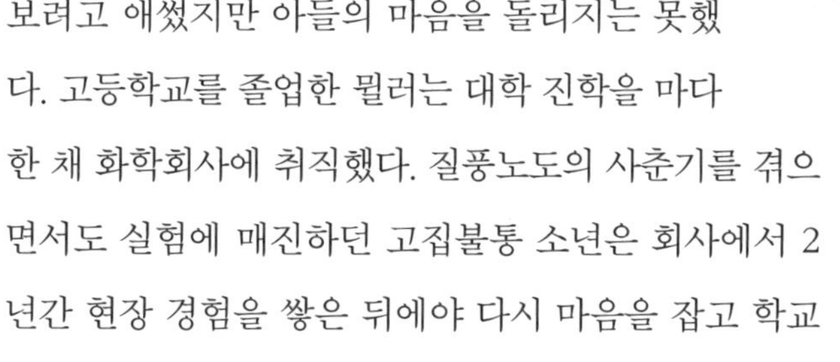

1925년 학위를 받은 뮐러는 세계적 제약회사인 노바티스(Novartis)■ 사의 전신인 가이기(CIBA-GEIGY AG) 사에 취직해 본격적인 화학 약품 개발에 뛰어들었다. 한 번 연구를 시작하면 주변을 전혀 신경 쓰지 않았던 뮐러는 자유로운 연구 환경을 보장하던 가이기 사의 연구 풍토하에서 원하는 실험들을 마음껏 하며 새로운 물질을 만들어내는 데 열중

노바티스 스위스 바젤에 본사를 둔 세계적인 제약 회사. 1996년 스위스의 최대 제약·의료 및 화학회사였던 두 회사, 가이기와 산도츠(Sandoz)의 합병으로 설립되었다.

했다. 이런 뮐러를 동료들은 '눈가리개를 단 말'과 같다고 말하곤 했었다. 그만큼 한 번 어떤 연구에 빠지면 주변을 전혀 돌아보지 않았다. 뮐러의 이런 외골수적인 연구 스타일은 훗날 349가지의 실패한 예비 물질 테스트를 거치고 4년 만에 350번째로 DDT를 찾아내게 한 원동력이 되었다.

해충을 박멸하는 방법은?

뮐러가 한창 연구에 매진하던 1920~1930년대는 그 어느 때보다 효율적인 살충제의 필요성이 점점 커지던 시기였다. 뮐러의 고국이었던 스위스는 국토의 대부분이 험한 산악지대였던지라 경작 가능한 토지가 적었기에 타 지역에 비해서 더욱 집중적이고 효율적인 농업 기술이 필요한 곳이었다. 그러기 위해서는 농작물을 갉아먹는 해충의 피해를 최소한으로 줄여야 할 필요가 있었지만, 이는 쉽지 않은 일이었다. 또한 해충들은 농작물만이 아니라 사람들의 삶 자체도 공격했다. 20세기 초반 유럽은 전쟁과 격변의 시대였다. 러시아는 혁명으로 왕정이 무너진 뒤 4년간 내전을 치러야 했고, 유럽의 거의 모든 나라가 제1차세계대전의 홍역을 치룬 뒤였기에 사람들의 생활수준은 말이 아니었다. 거의 대부분의 사람들의 몸에는 질병을 옮기는 기생충인 이와 벼룩이 들끓었고, 이들이 사는 초라한 집에는 바퀴벌레와 파리, 모기들이 공존한

천연살충제로 쓰였던 제충국(좌)과 데리스.

다고 해도 과언이 아닐 정도였다.

요즘에야 바퀴벌레 한 마리만 봐도 질겁할 지경이지만, 당시에는 벌레들이 득시글한 광경은 너무도 익숙한 일이었다. 따라서 해충들이 옮기는 발진티푸스, 페스트, 발진열, 말라리아, 장티푸스, 이질 등의 질환도 자주 발생했다. 특히나 이(lice)에 의해서 전염되는 발진티푸스는 당시 무시무시한 죽음의 사자였다. 발진티푸스균에 감염된 사람은 40℃가 넘는 고열과 동시에 출혈성 발진이 나타나는데 항생제가 개발되기 이전의 발진티푸스는 치사율이 70%에 달하던 무서운 질환이었다. 제1차세계대전 이후 유럽 지역에서만 발진티푸스로 인해 약 300만 명이 사망했을 정도로 악명을 떨쳤다.

이처럼 해충들의 공세는 식량과 의료 전반에 걸쳐서 매우 거셌지만, 이에 대응하는 사람들의 무기는 초라한 수준이었다. 당시 사용되는 살충제는 크게 두 종류였다. 하나는 식물에서 추출하는 천연살충제였다. 천연살충제로는 브라질과 케냐 지방에서 자생하는 국화의 일종으로 만들어진 제충국(Anacyclus pyrethrum), 동남아시아 지역에 자생하는 데리스(Derris)라는 덩굴식물의 뿌리에서 추출한 로테논, 남아메리카에서 들여온 담배를 원료로 만들어진 니코틴 등이 있었다. 천연살충제는 효과는 있었지만, 대개는 유럽에서 재배되지 않는 식물들로 만들어진 것이어서 값이 비쌌고, 일단 뿌리고 나면 금방 분해되어 자주 뿌려줘야 하는 번거로움이 있어서 널리 이용되긴 어려운 실정이었다. 그래서 비싸고 번거로운 천연살충제보다 농민들은 비소로 만들어진 비산납을 살충제로 더 많이 이용했다. 현재 비산납은 잔류성 농약으로 지정되어 사용이 제한된 물질이지만, 당시만 하더라도 가장 대중적인 살충제였다. 비산납은 비소■를 기본으로 만들어지기 때문에 해충뿐 아니라 가축과 사람에게까지 유독한 물질이어서 비소 중독으로 인한 사고가 끊이질 않았기에 좀 더 값싸고 좀 더 효율적이며 좀 더 안전한 살충제의 개발이 꼭 필요한 실정이었다.

비소 매우 유독한 물질로 이를 먹었을 때뿐 아니라, 피부에 접촉하거나 증기를 들이마시는 경우에도 중독 증상이 나타날 정도로 독성이 강력하다. 짧은 시간 내 다량의 비소를 접하면 구토, 설사, 토형, 탈수, 저혈량 쇼크, 심장염, 부정맥, 신부전증 등을 동반한 급성 비소 중독 증상이 나타나며, 오랜 시간 동안 미량의 비소를 지속적 으로 접하는 경우에도 손발의 각질이 두꺼워지고, 피부염, 사지 저림 및 마비 등의 만성 중독 증상이 나타나며, 간이나 폐에 암이 발생할 수도 있다.

이상적인 살충제를 찾아서

1935년부터 살충제 연구를 시작한 뮐러는 이상적인 살충제의 조건들을 먼저 작성했다. 기존의 살충제들이 살충 효과는 있으나 여러 가지 부수적인 문제들을 가지고 있다는 것에 착안해 단순히 살충 효과만 있는 물질을 찾을 것이 아니라, 단점이 없는 최고의 살충제를 찾기 위함이었다. 그가 생각한 '이상적인 살충제'의 조건은 매우 까다로웠다.

첫째, 당연히 곤충에게는 독이 되지만, 인간을 비롯해 그 밖의 다른 동물과 식물에는 해가 되어서는 안 되었다. 둘째, 효과가 즉시 나타나야 하며, 셋째 독한 냄새나 피부 자극이 있어서는 안 되고, 넷째, 싼 값에 대량 생산이 가능해야 한 물질이어야 했다. 여기에 더해 뮐러는 다섯째로 되도록이면 많은 곤충에 효과가 있어야 하고, 여섯째로는 한 번 뿌리면 오랫동안 살충력을 간직하는 안정된 물질이어야 한다는 조건도 덧붙였다. 첫 번째부터 네 번째 조건은 다른 이들도 누구나 인정하고 있던 살충제의 조건이었지만, 뮐러는 여기에 두 가지 조건을 덧붙인 것이었다. 아이러니하게도 뮐러가 더 '좋은' 살충제를 만들기 위해 추가적으로 덧붙였던 조건들은 이후 이 살충제들이 해충뿐 아니라 익충도 모두 죽이고 환경 속에서 분해되지 않는 환경오염 물질로 자리 잡는 '나쁜' 조건으로 판명나게 된다. 이처럼 뮐러의 살충제연구는 태생부터 위험성을 내포한 연구였던 것이다. 당시 뮐러는 이를 위험으로 생각하지 않았지만 말이다.

이후 뮐러는 4년 동안이나 살충제연구에 매달렸다. 그의 일과는 매우 단조로웠다. 거의 매주 그는 해충들이 들어 있는 1m^3 짜리 유리 상자에 다양한 화학물질을 분사하여 이들이 살충 효과를 지니고 있는지를 테스트했고, 효력이 있는 물질들을 분류해 자신이 만든 '이상적 살충제'의 조건들을 모두 가지고 있는지 파악했다. 이런 반복 실험은 4년간이나 계속되었다. 그 시간 동안 곤충을 죽이는 성질을 가진 물질은 여럿 있었지만 뮐러의 까다로운 조건을 모두 만족시키는 살충제는 없었다.

잊힌 물질, DDT를 재발견하다

그러던 1939년의 어느 날이었다. 350번째의 화학물질을 테스트하던 뮐러는 이 물질이 자신이 그토록 찾던 '이상적 살충제'에 가까운 물질임을 알아내고 흥분을 감추지 못했다. 그 신기한 350번째 물질은 디클로로 디페닐 트리클로로에탄(dichloro-diphenyl-trichloroethane), 즉 DDT라고 불리는 물질이었다. 유리 상자 안의 파리는 DDT를 뿌린 지 몇 분도 채 되지 않아 죽어서 떨어졌고, 모기와 이도 DDT의 공격을 피해가진 못했다. 심지어 DDT는 나무의 뿌리를 갉아먹는 왕풍뎅이나 감자밭을 초토화시키는 콜로라도 잎벌레, 지나간 자리 뒤에는 아무것도 남지 않는다는 메뚜기 떼도 매섭게 공격했다.

사실 DDT는 '새로운' 물질은 아니었다. DDT는 이미 1874년에 화학을 전공하던 학생 오트마르 자이들러(Othmar Zeidler, 1859~1911)가 합성해낸 물질이었다. 하지만 당시 새로운 화학 염료를 연구하던 자이들러는 염료로는 별다른 가치가 없었던 DDT를 그리 중요하게 생각하지 않았고 이를 살충제 또는 기타 다른 용도로 실험해본 적이 없었기에, DDT는 오랜 세월 잊힌 채 실험실 선반 위에 잠들어 있었던 것이다.

살충을 위해 들판에 DDT를 뿌리는 복엽 비행기.

뮐러는 DDT에 대해 추가 연구를 계속하면서 DDT가 자신이 제시한 까다로운 조건을 모두 만족시킬 뿐 아니라 또 다른 장점도 가지고 있다는 것을 알아냈다. 이전에 사용했던 살충제들은 해충들이 이를 먹어야 효과를 나타냈기 때문에 살충제를 뿌리고도 실제 살충 효과가 나타나기까지 제법 시간이 걸리는 것이 보통이었다. 반면, DDT는 뿌리는 즉시 독성을 나타냈다. DDT는 곤충이 직접 먹지 않고 단지 몸에 닿기만 해도 살충 효과를 나타내는 접촉성 살충제였다. 이것이 가능한 이유는 DDT는 물에는 잘 녹지 않는 대신 지방에는 잘 녹기 때문이었다. 곤충은 물에 젖지 않도록 몸체의 표면이 얇은 지방층으로 덮여 있는데, DDT는 이 지방층을 통해 곤충의 몸속으로 직접 들어가므로 접촉만으로도 살충 효과를 나타낼 수 있었던 것이었다. 이렇게 곤충의 몸속으로 들어간 DDT는 신경세포에 존재하는 나트륨 이온의 흐름을 방해하여 신경을 마비시켜 곤충을 죽게 만들었다. 물론 인간의 신경세포 역시 나트륨 이온이 필수적이기는 하지만, 곤충과는 달리 몸속 깊숙이 존재하는 인간의 신경세포에 DDT가 위해를 미칠 확률은 매우 낮아 보였다. 이런 결과들을 토대로 DDT는 살충 효과는 뛰어나면서도 인간에게는 해롭지 않은 살충제라는 평가가 내려졌다.

DDT가 보여준 장밋빛 미래에 매료되다

생각보다 뛰어난 DDT의 살충 효과에 고무된 가이기 사는 서둘러 이를 상품화시키는 데 착수했고, 드디어 3년만인 1942년 DDT로 만들어진 살충제가 시중에 판매되기 시작했다. 처음에 DDT를 접한 소비자들은 감탄했다. DDT는 농작물에 피해를 입히는 해충을 완벽하게 박멸할 뿐 아니라, 발진티푸스와 말라리아 등의 질병 발생률도 수직으로 낙하시켰기 때문이었다. 이 기적 같은 효과를 접한 사람들은 너나할 것 없이 DDT를 사용하기 시작했고 DDT 생산량은 6년 만에 10배나 증가했다. DDT가 이처럼 놀라운 성공을 거두자 다른 화학회사들도 앞다투어 살충제 연구에 뛰어들었고 DDT와 비슷한 효능을 보이는 클로르데인, 톡사펜, 알드린, 디엘드린을 비롯해 파라티온과 말라티온 같은 유기염소계 살충제들이 쏟아져 나왔다. 살충제 매출액은 1939년 4,000만

달러에서 1954년에는 2억 6,000만 달러로 껑충 뛰었고, 같은 기간 살충제를 판매하는 회사의 숫자도 3.5배 이상 늘어났다. 1940~1950년대는 살충제 전성시대라 불러도 과언이 아닐 정도로 살충제 생산량과 판매량, 종류는 폭발적으로 증가했고, 이와 함께 식량 생산량의 증가와 질병 발생 감소가 뒤따랐다.

특히나 DDT는 제2차세계대전 와중에 말라리아, 발진티푸스 등의 질병이 대규모로 유행하는 것을 막아주어 수많은 사람들의 목숨을 구한 '천사의 선물'로 보였다. 발진티푸스는 '감옥병' 혹은 '난민병'이라는 별명을 가지고 있었는데, 감옥이나 난민수용소처럼 위생 상태가 좋지 않은 곳에서 단체 생활을 하는 경우 자주 발병하기 때문이었다. 실제로 아우슈비츠 수용소에 갇혔던 유태인들 중 사망자의 1/3은 처형이 아니라 발진티푸스에 의해 희생되었다는 기록이 있을 정도로 수용소의 발진티푸스 발병률은 높았다. 우리에게 『안네의 일기』로 잘 알려진 안네 프랑크와 언니 마르고트도 유대

제2차세계대전 당시에는 몸에 붙은 이를 제거하기 위해 DDT 가루를 옷이 나 몸에 직접 뿌리는 경우가 많았다.

인 수용소에서 발진티푸스로 사망했다고 알려져 있다. 그런데 DDT는 이곳에서도 놀라운 효력을 발휘했다. 1943년 10월, 이탈리아 나폴리의 난민 수용소에 발진티푸스가 25%의 사망률을 기록하며 무서운 속도로 퍼져나가고 있었다. 이에 연합군은 수용소의 난민들 130만 명에게 DDT를 살포한다. 하얀 DDT 가루는 사람들의 모자와 머리카락, 옷깃과 소맷부리에 뿌려졌고 그해 겨울 즈음에는 발진티푸스로 인한 사망자는 사라졌다.

초기에는 사람들의 몸에 일일이 DDT 가루를 뿌렸지만, 번거롭고 손이 많이 간다는 이유로 군은 비행기를 이용해 질병 창궐 지역에 DDT를 공중 투하했다. DDT 가루가 뽀얗게 내려앉은 지역에서는 이와 벼룩과 모기를 볼 수 없었고, 자연스레 발진티푸스와 말라리아도 사라졌다. 물론 DDT의 독성을 보고한 사람도 없었다. 적어도 그때까지는 말이다.

사람들은 DDT에 열광했다. 말라리아라는 한 가지 질병만 따져보아도 1940년대만 약 500만 명 이상의 사람들이 목숨을 구했다는 공식 보고가 있을 정도였으니 사람들은 DDT를 페니실린과 더불어 기적의 물질로 여겼다. 사람들은 자연스레 DDT 발견자의 공로를 치하했고, 뮐러가 1948년 노벨 생리의학상 수상자로 결정된 것 역시 당연하게 받아들였다.

DDT 위험성과 침묵의 봄

하지만 뮐러가 영광의 순간을 고스란히 누린 것은 얼마 되지 않았다. 1950년대로 들어서면서 DDT의 사용량이 점점 증가하는 것과 맞물려 DDT가 곤충 외에 다른 생명체에게도 유독할지 모른다는 증거들이 하나 둘 제기되기 시작했다. 사실 DDT는 너무나 안정하여 잘 분해되지 않는다는 것과 지방에 잘 녹는다는 두 가지 특성 탓에 태생부터 위험성을 내포한 물질이었다. DDT의 끈질긴 지속력은 이미 뮐러도 확인한 사항이었다. 초기 테스트에서 DDT를 한 번 사용했던 유리 상자는 상자를 세제로 박박 문질러 씻은 뒤 며칠 동안이나 널어 말려야만 다음 번 실험에 사용할 수 있었고, 심지어 씻지 않고 둔 유리 상자는 7년간이나 살충력을 유지할 정도로 DDT는 잘 분해되지 않았다. 초기에 뮐러는 DDT가 오랫동안 살충력을 유지한다는 사실이 오히려 경제적인 면에서 유리하다고 생각했기에 크게 문제 삼지 않았다. 어떤 물질이 변하지 않고 오래도록 특성을 지속하면 오히려 좋은 것이 아닐까? 하지만 현실은 그렇게 간단하지 않았다.

한 마을에서 모기 유충을 죽이기 위해 모기 유충이 많이 사는 연못에 DDT를 살포한 일이 있었다. 그런데 이상한 일이 일어났다. 분명 DDT는 연못 한 군데만 뿌렸는데, 근처 다른 연못의 모기 유충마저 죽는 일이 일어난 것이었다. 이는 연못에 살던 새들이 깃털에 DDT를 묻혀 날아다니다가 다른 연못에 내려앉으면서 본의 아니게 'DDT 전달자'의 역할을 했기 때문으로 추정되었다. 새의 날개에 묻은 적은 양으로도 DDT를 뿌린 적이 없는 연못의 모기 유충이 죽을 정도로 DDT의 독성은 강력했다. 이와 비슷하게 DDT의 사용이 보편화되자 DDT를 전혀 사용한 적이 없는 곳에서도 DDT가 나타나는 현상들이 여러 곳에서 목격되었다. 또한 DDT는 이를 직접적으로 접촉한 적이 없는 야생 새나 물고기뿐 아니라, 가축의 몸이나 우유, 심지어는 사람의 젖에서도 발견되기 시작했다. 도대체 이것이 어떤 식으로 유입되었는지 도무지 알 수 없는 일이었다.

마치 날개라도 달린 것처럼 이리저리 이동하는 DDT의 비밀이 슬쩍 드러난 것은 1960년의 일이었다. 당시 미국 샌프란시스코의 한 호수에서는 논병아리 1,000여 쌍이 한꺼번에 몰살되는 기이한 현상이 일어난다. 죽은 논병아리의 몸에서는 고농도의 DDT가 검출되었고, 이를 밝히는 과정에서, 몇몇 사람들이 호수에 사는 각다귀 유충을 죽이기 위해 호수에 DDT를 살포했음이 알려졌다. 호수에 뿌려진 DDT 중 일부는 각다귀 유충을 죽이는 데 사용되었지만, 대부분은 호수에 그대로 남아 이곳에 살던 플랑크톤의 몸속으로 들어갔다. 플랑크톤의 몸속에 들어간 DDT는 플랑크톤에게 직접적인 해를 입히지는 않았지만, 지방에 잘 녹는 특성상 플랑크톤 몸속의 지방 성분에 그대로 축적되기 시작했다. 호수에 사는 작은 물고기는 DDT가 축적된 플랑크톤을 먹었고, 다시 이 물고기는 논병아리의 먹이가 되었는데 이 과정에서 지방에 녹아든 DDT는 체외로 배출되지 않은 채 포식자의 몸속에 그대로 쌓이게 되는 '생물농축(biological concentration)' 현상이 나타났고 결국 치명적인 결과를 가져왔던 것이었다.

생물농축이란 다양한 화학물질이나 중금속 등이 물이나 먹이를 통해 생물체 내로 유입된 후 분해되지 않고 그대로 몸속에 잔존하다가 먹이사슬을 통해 상위 단계의 소비자의 몸속에 점점 쌓이는 현상을 말한다. 예를 들어 동물성 플랑크톤의 몸속의 DDT 농도가 0.1ppm이고, 물고기 한 마리가 플랑크톤을 1,000마리 잡아먹는다면, 물고기는 전혀 DDT를 접한 적이 없음에도 불구하고 100ppm 농도의 DDT를 체내에 축적하게된다. 호수에 사는 논병아리가 하루에 물고기를 한 마리씩만 잡아먹는다고 해도 한 달이면 논병아리 몸속에는 3천ppm의 DDT가 쌓이는데 이게 바로 생물농축 현상이다. 결국 논병아리들은 지나친 DDT 섭취로 인한 중독 증상으로 사망함이 밝혀진 것이다.

1950년대 중반 이후에는 전 세계 곳곳에서 이런 종류의 사고들이 자주 일어났다. 하지만 초기에는 아무도 이런 비극의 원인 뒤에 DDT가 자리 잡고 있을 것이라 여기지 못했고, DDT가 용의선상에 오른 뒤에도 한참 동안이나 DDT의 유죄 판결은 내려지지 않았다. 비록 DDT가 조금 의심스럽긴 해도 DDT의 살충력은 타의추종을 불허할 정도인데다가 이윤이 많이 남는 살충제 시장에서 스스로 물러날 의지가 전혀 없던 대규모 화학회사들이 적극적으로 DDT 변호에 나섰기 때문이었다.

대중들에게 DDT의 두 얼굴을 드러낸 이는 레이첼 카슨이었다. 생물학자이자 작가였던 레이첼 카슨은 『침묵의 봄』을 통해 DDT의 위험성을 대중들에게 알린 대표적 인물이다. '침묵의 봄'이 등장하자 DDT의 유죄 여부를 둘러싼 논쟁은 점차 힘을 얻기 시작했다. 화학회사들과 환경론자들의 갈등이 첨예하게 대립하던 와중에 미국의 상징으로 여겨

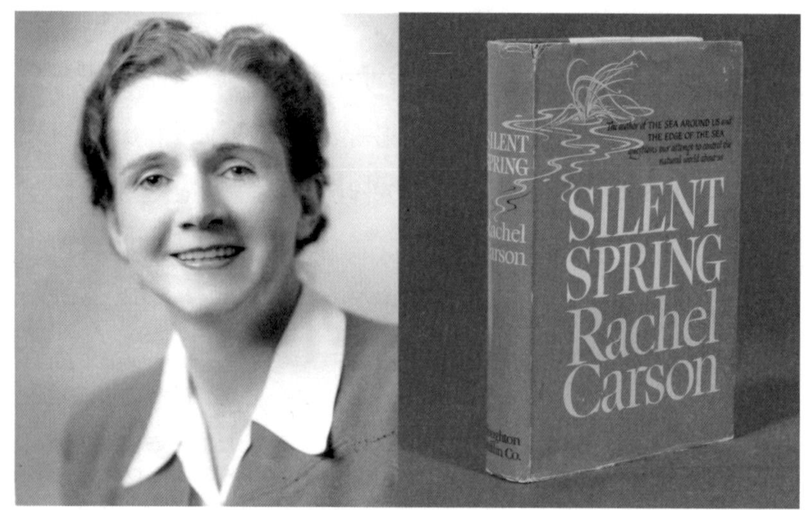

레이첼 카슨의 『침묵의 봄』.

졌던 대머리수리가 멸종 위기에 놓인 것이 DDT 때문으로 판명나자 대중들의 여론은 카슨 쪽으로 기울기 시작했고, 그와 맞물려 DDT를 세상에 알린 장본인 뮐러에 대한 비난의 목소리로 높아졌다. 카슨의 책이 나오던 그해, 60대에 접어든 뮐러는 은퇴했지만 그를 향한 비난의 목소리는 줄어들지 않았다. 심지어 그가 1965년 뇌졸중으로 사망했을 때, 그의 유족들은 이제야 그가 비난의 목소리로부터 자유롭게 되어서 다행이라는 심정을 토로할 정도였다(참고로 DDT의 해악을 고발한 카슨은 뮐러보다 먼저 1964년 유방암으로 사망했다).

뮐러의 노벨상 수여는 실수?

뮐러에 대해서는 여러 가지 평가가 상반되지만, 그가 20세기 이후 과학 발전의 방향에 변화를 주었다는 점만으로도 그가 세상에 미친 위력이 크다는 점은 인정할 수밖에 없다. 뮐러의 DDT 개발 이후 각종 살충제의 개발이 봇물 터지듯 이루어지면서 인류가 일시적으로 식량 증산과 질병 예방의 두 마리 토끼를 잡은 것은 사실이다. 그러나 완전무결할 것으로 여겨졌던 DDT가 환경오염물질이자 내분비계 교란물질(일명 환경호르몬)로 밝혀지면서 이전과는 전혀 다른 변화가 생겨났다. 그중 가장 중요한 것은 과학 기술에 대한 맹목적 믿음에 대한 경고였다. 20세기 초중반에 걸쳐 인류는 엄청난 과학적 성과들을 이루어냈고, 이에 과학기술의 발전이 인간이 지닌 모든 문제들을 해결할 수 있으리라는 과학기술지상주의까지 일어났다.

하지만 굳건할 것만 같았던 과학기술에 대한 믿음은 DDT의 두 얼굴과 탈리도마이드 사건, 핵폭탄과 다양한 환경오염 현상 등 과학기술 결과물들이 가져온 부작용이 도드라지기 시작하면서 점차 퇴색되어 갔다. 대신 그 믿음의 자리에는 과학기술의 결과물 역시 인간이 만들어낸 것이기에 불완전할 수도 있다는 사실과 과학이란 우리 사회와 동떨어진 것이 아니며 긴밀한 연관을 맺고 있는 존재라는 인식이 들어서게 되었다. 이로 인해 인간은 좀 더 겸손해진 마음으로, 좀 더 다양한 관계들을 고려하며, 좀 더 넓은 시야를 가지고 과학기술을 발전시켜야 한다는 새로운 깨달음을 얻게 된 것이다.

종종 뮐러에게 수여된 노벨상이 실수였다고 주장하는 사람들도 있다. DDT는 더 이상 기적의 살충제가 아니며 오히려 환경오염 가능성으로 인해 세계 각국에서는 DDT의 사용을 제한하고 있다는 점에서 본다면 그렇게 생각할 수도 있다. 하지만 DDT는 분명 수많은 생명들을 살려냈고, 다양한 변화들을 이끌어냈다. DDT가 살려낸 수많은 목숨들의 무게에 과학 발전에 대한 장기적 통찰을 얻게 되었다는 측면까지 더해진다면 뮐러의 노벨상은 단순히 '실수'로 치부되기에는 아쉬운 점이 많다.

제2부
유전자와 질병, 베일을 벗다

제11장

생명의 근본적인 비밀을 밝혀내다

왓슨과 크릭 그리고 DNA 구조

"그 사진을 본 순간 난 입이 딱 벌어지고 심장이 방망이질을 하기 시작했다. 사진에서 가장 뚜렷한 검은 십자형의 반사 무늬는 나선 구조에 기인하는 것으로밖에 보이지 않았다. 이 사진은 한눈에 보아도 나선을 의미하는 여러 가지 특징이 완연했다. 조금만 계산해보면 DNA 분자를 이루고 있는 사슬의 수도 알아낼 수 있을 것 같았다."

–제임스 왓슨의 『이중나선』 중에서

제임스 왓슨. 그는 현재 여든이 훌쩍 넘은 나이에도 학자로서 활발히 활동하고 있다.

1952년, 당시 영국 케임브리지대학원생이었던 제임스 왓슨은 우연히 로절린드 프랭클린이 찍은 X선 회절 사진을 처음 봤을 때의 느낌을 자신이 저술한 책에서 이렇게 표현했었다. 그리고 다음 해인 1953년 4월, 왓슨은 동료들과 함께 세계적 과학잡지 『네이처』에 짧은 논문 한 편을 발표했다. 『네이처』에 게재되는 논문들은 하나같이 훌륭한 것들뿐이었지만, 그중에서도 겨우 900단어로 이루어진 한 페이지 남짓한 이 논문이 세상에 던진 파장은 매우 컸다. 이 논문은 생명체가 지닌 유전정보가 담긴 DNA의 구조를 밝혀낸 논문이었으며, 남은 20세기의 후반기 동안 눈부시게 발전할 분자생물학의 서막을 연 기념비적인 논문이었기 때문이다.

유전물질의 정체를 밝혀라

아기는 부모를 닮는다. 하지만 부모와 완전히 똑같지는 않다. 비슷하면서도 다르고, 딴판인 듯 하면서도 묘하게 닮은 것이 부모와 자식이다. 이 복잡미묘한 관계 속에 숨은 비밀은 말 그대로 오랫동안 비밀이었다. 그 어떤 주장이나 가설도 유전의 관계를 설명하는 것은 불가능했기 때문이었다.

오스카 헤르트비히.

그 비밀의 베일이 조금 들춰진 것은 19세기에 들어서였다. 1876년 독일의 동물학자였던 오스카 헤르트비히(Oskar Hertwig, 1849~1922)는 현미경을 이용해 성게의 수정 과정을 연구하고 있었다. 그 과정에서 헤르트비히는 난자를 만난 정자는 지금껏 열심히 자신을 도와주었던 꼬리는 떼어버리고 머리만 난자 안으로 들어감을 관찰하게 된다. 정자의 머리

프리드리히 미셰르

부분은 대부분 정자의 세포핵으로 가득 차 있으므로, 수정 과정에서 정자가 난자에게 전해주는 것은 오직 정자의 세포핵뿐이었다. 하지만 정자의 세포핵만 제대로 유입되면 난자는 이와 결합해 수정란을 만들어 하나의 개체로 발달하는 데 아무런 문제가 없었다. 유성생식을 하는 생물들의 경우, 모친뿐 아니라 양친에게서 골고루 유전적 성질을 물려받는다. 이는 아버지는 정자의 작은 세포핵 속에 유전정보를 모두 넣어서 전달해준다는 뜻이 된다. 도대체 핵 속에 무슨 비밀이 숨어 있는 것일까?

핵 속에 숨은 비밀의 정체를 처음 밝힌 사람은 스위스의 생화학자 프리드리히 미셰르(Johann Friedrich Miescher, 1844~1895)다. 미셰르는 백혈구 실험을 통해 세포핵 안에는 인과 질소가 풍부하게 들어 있으며, 이 물질들이 결합해 일종의 산(酸)을 형성하고 있다는 사실을 알아내고 이에 핵산(核酸, nucleic acid, DNA는 deoxyribonucleic acid의 약자이며, 핵산의 일종이다)이라는 이름을 붙여준다. 그러나 그때까지만 해도 미셰르는 핵산이 유전의 정수라는 사실을 깨닫지 못했는데, 이는 미셰르뿐만 아니라 당시의 많은 학자들 역시 마찬가지였다. 당대 학자들이 DNA를 유전물질 후보에서 제외한 것은 DNA의 구성 물질이 너무 단순했고, 세포의 일생을 추적해봐도 눈에 띄는 구조적 변화나 움직임도 거의 없었기 때문이었다. 기본적으로 DNA는 오각형의 당을 중심 구조로 하여 인산과 4종류의 염기(아데닌, 구아닌, 시토신, 티민(RNA의 경우는 티민 대신 우라실))로만 구성된 물질이었으며, 게다가 평소에는 거의 아무런 변화가 없을 정도로 매우 안정적인 물질이었다. 따라서 당시 학자들은 이 단순하고 게으른(?) 분자가 복잡하고 역동적인 인간의 유전을 담당하기에는 무리라는 생각에 사로잡혀 있었다.

이런 믿음에 커다란 균열이 생긴 것은 1928년에 있었던 영국의 세균학자였던 그리피스(Fred Griffith, 1877~1941)의 폐렴구균실험 이후였다. 당시 폐렴 백신을 연구하던 그리피스는 실험 중에, 폐렴을 일으키지 못하는 R형 폐렴구균을 독성은 강하지만 이미 죽어서 기능을 하지 못하는 S형 폐렴구균을 배양한 배지에 넣어놓자, 순했던 R형 폐렴구균이 순식간에 폐렴을 일으키는 무서운 S형 폐렴구균으로 변해버리는 놀라운 상황을 목격한다. 이에 그리피스는 무엇인지는 알 수 없지만 죽은 S형 폐렴구균에서 만들어진 물질이 R형 폐렴구균으로 들어가 이들을 표독한 S형으로 변신시킨다고 가정했다. 그리고 이 가설은 그리피스의 실험에 관심을 가졌던 미국의 세균학자 에이버리(Oswald Avery, 1877~1955)에게 영향을 미친다. 에이버리는 S형 폐렴구균에서 추출한 성분들을 분리한 뒤, 이를 하나씩 R형 폐렴구균에게 넣어 어떤 것이 유입되었을 때 폐렴구균의 성질이 변하는지를 연구하기 시작한다. 지루한 반복 실험을 수없이 거친 끝에 에이버리는 S형 폐렴구균에서 뽑아낸 DNA가 바로 순했던 R형 폐렴구균을 단박에 표독스럽게 만드는 '마법의 물질'임을 알아낸다. 이처럼 외부에서 들어온 DNA에 의해 생명체의 유전적 형질이 바뀌는 것을 '형질전환(transformation)'이라고 하는

데, 에이버리는 최초로 형질전환 실험에 성공한 것이었다.

에이버리의 실험으로 인해 DNA는 '비밀의 유전물질'에 가장 근접한 후보라는 생각이 퍼지기 시작했다. 하지만 아직도 학자들은 DNA를 받아들이지 못했다. 여전히 그들에게 DNA는 너무도 단순하고 너무도 게으른 존재였기 때문이었다. 또한 아직도 근본적인 질문이 여전히 남아 있기 때문에 더욱 그랬다. DNA가 비밀의 유전물질임을 확실히 증명하기 위해서는 어떤 구조로 되어 있으며, 어떤 방식으로 유전적 형질을 후대에 전달하는지에 대해서 밝혀야만 했다.

DNA의 구조를 밝혀라

20세기 중반, DNA의 구조와 작동 방식의 비밀은 많은 젊은 과학자들을 사로잡는 주제가 되었다. 이들 중 두각을 나타낸 이들은 미국의 물리화학자 라이너스 폴링(Linus Pauling, 1901~1994)을 비롯해 영국의 윌킨스(Maurice Wilkins, 1916~2004)와 프랭클린(Rosalind Franklin, 1920~1958), 그리고 왓슨(James Watson, 1928~)

이중 나선 구조로 된 DNA 모형 앞에 선 왓슨(우)과 크릭(좌).

과 크릭(Francis Crick, 1916~2004)이었다.

지금이야 교과서에 DNA 구조를 발견한 장본인으로 왓슨과 크릭의 이름이 올라 있기 때문에, 우리는 이들이 가장 뛰어난 연구자였을 것이라고 생각하기 쉽지만, 원래 왓슨과 크릭은 이 세 팀 중에서 가장 뒤처진다는 평가를 받던 팀이었다. 당시 왓슨은 생물학을 전공하는 20대 초반의 대학원생이었고, 크릭은 원래 물리학을 전공하다가 31살이 되어서야 겨우 유전학을 연구하기 시작했기에 이 분야에 있어서 둘은 거의 초보나 다름없었고, 둘 다 아직 박사학위조차 없는 대학원생이었다. 그에 비해 당시 폴링■은 이미 스탠포드대의 교수이자 현존하는 최고의 화학자 중 한 사람으로 명성이 자자했었고, 윌킨스와 프랭클린 역시 DNA의 구조를 밝히는 데 매우 중요하게 쓰이는 X선 회절 사진을 훌륭하게 찍어내는 데 성공해서 이들보다 훨씬 더 유리한 고지를 선점하고 있었다. 그런데 어떻게 해서 그들보다 출발도 더뎠고, 학문적 완성도도 못 미쳤던 두 대학원생의 이름이 역사에 남게 되었을까?

라이너스 폴링 비록 폴링은 DNA 구조 분석에는 뒤쳐졌지만, 양자역학과 분자구조에 대한 연구로 1954년 노벨 화학상을, 핵실험 반대운동으로 1962년 노벨평화상을 받은 위대한 과학자이자 지식인이었다.

후대의 학자들은 오히려 그들이 젊고 학문적으로 미숙했기에 다른 이들에 비해 더 자유롭게 사고할 수 있던 것이 그들에게 장점으로 작용했다고 말하곤 한다. 이건 왓슨 자신도 인정한 부분이다. 자신들이 부족하고 미숙했기 때문에 오히려 다른 사람의 말에 더 귀를 기울였고, 새로운 것을 찾는 것을 두려워하지 않았다고 말

라이너스 폴링

이다. 왓슨과 크릭이 DNA에 관심을 가지기 시작한 즈음, 어윈 샤가프(Erwin Chargaff, 1905~2002)에 의해 DNA의 구성 성분을 분석하면 항상 아데닌의 양은 티민의 양과 같고, 구아닌의 양은 시토신의 양과 같다는 '샤가프의 법칙'이 알려졌다. 이건 마치 적황녹청 4가지 종류의 블록을 가지고 성을 쌓아야 하는데, 항상 빨간색과 노란색 블록의 수가 같고 파란색과 초록색 블록의 수가 같도록 해야 한다는 단서가 달린 것과 마찬가지였다. 일단 두 염기의 비율이 일정하다는 것은 두 염기가 어떤 방식으로든 짝을 지어 연결되어 있다는 추리가 가능해진다. 문제는 이 두 염기를 어떻게 짝을 지어 안정적인 구조를 이루도록 만드느냐는 것이다.

자, 생각해보자. 여기 수십억 개의 블록이 있다(인간의 DNA는 약 30억 쌍의 염기의 결합으로 이루어져 있다). 이 블록을 가지고 하나의 구조물을 만들기 위해서는 어떻게 해야 할까? 단, 조건이 있다. 이 구조물은 외부에서 충격을 받아도 쉽게 부서지지 않도록 안정적이어야 하며 동시에 해체와 복제가 쉬운 구조여야만 한다. 일단 가장 먼저 생각나는 것은 블록을 그냥 한 줄로 연결하는 것이다. 하지만 이럴 경우 길이가 너무 길어져 중간에서 꺾이거나 부러질 확률이 높아진다. 그렇다면 블록을 공 모양으로 한데 뭉쳐서 쌓으면 어떨까? 구조 자체는 안정적일지 몰라도 유전물질이 복제될 때 전체를 하나하나 뜯어낸 뒤 다시 뭉쳐야 하는 복잡한 과정을 거쳐야 하기에 비효율적이다.

까다로운 두 가지 조건을 만족하기 위해 왓슨과 크릭이 생각해낸 것은 나선구조였다. 나선구조는 동일한 모양의 블록이 계속 되풀이되는

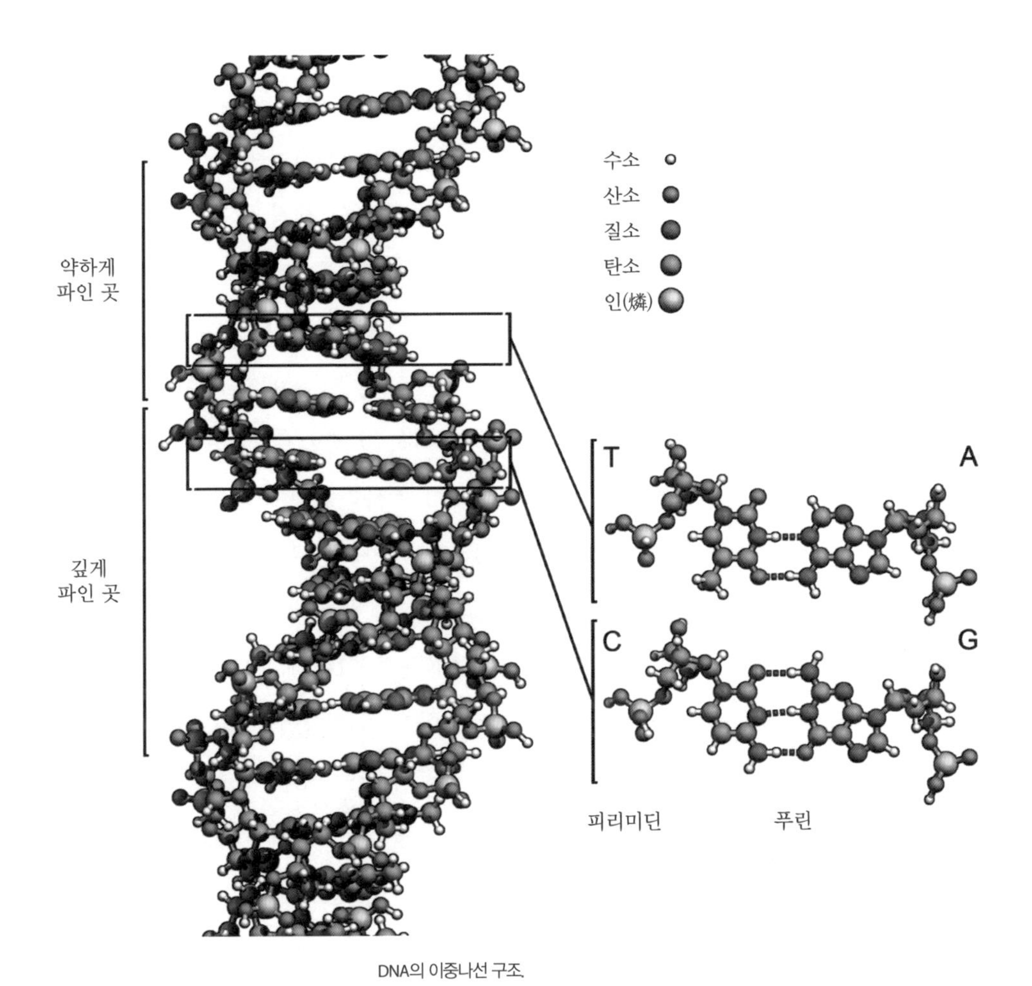

DNA의 이중나선 구조.

단순한 구조인 동시에, 기하학적으로 안정성을 유지할 수 있는 구조였기 때문이다. 그런데 DNA가 나선 구조를 가지고 있을 것이라고 생각했던 사람은 왓슨과 크릭만이 아니었다. 라이너스 폴링 역시 비슷한 생각을 했고, 1953년 초, DNA의 구조에 대한 논문까지 발표하기에 이른다. 그런데 이 논문에서 폴링은 DNA가 삼중 나선 구조로 꼬여 있을 것이라고 예측한다. 왓슨과 크릭은 처음에는 DNA가 나선 구조로 꼬여 있을 것이라는 폴링의 주장을 듣고 자신들의 생각과 동일한 것에 대해 크게 놀랐지만, 폴링이 내놓은 논문을 검토한 결과 삼중 나선보다는 이중 나선(double helix) 형태가 훨씬 더 안정적이라는 생각을 하게 된다. 하지만 그때까지도 그들의 생각은 그저 '가설'에 불과했다. 사실임을 증명하기 위해서는 증거가 필요했다. 그 증거란 DNA의 원자 배열에 대한 X선 회절 사진이었다. X선 회절 사진이란 물체를 투과하는 기능이 있는 X선을 이용하여 물질을 파괴하지 않고 원자의 배열 상태를 X-ray 필름에 찍어내는 기술을 말한다. 원자의 배열 상태를 알면 물질의 구조를 파악하는데 커다란 도움이 된다. 그런데 문제는 당시 왓슨과 크릭 중 누구도 X선 회절 사진을 정확하게 찍는 방법을 몰랐다는 것이다.

역사는 가정을 허용하지 않는다지만, 만약 그 시기 그들이 DNA를 찍은 정확한 X선 회절 사진을 구할 수 없었으면 어떻게 되었을까? 어쩌면 그들의 가설은 그대로 가설로 남았을 것이며, 최초의 DNA 구조 발견자이자 노벨상 수상자의 영예는 다른 이에게 넘어갔을 수도 있을 것이다. 하지만 운명의 여신은 그들 편이었는지, 그들에게 우연한 행운이 찾아온다. 같은 대상을 연구하는 경쟁 상대였던 윌킨스가 그의 동료였던 프랭클린과의 충돌로 인해 그녀가 찍은 X선 회절 사진을 허락도 받지 않은 채 왓슨에게 보여주었던 것이다.

프랭클린이 찍은 X선 회절 사진에는 십자 모양의 DNA 단변이 분명히 드러나 보인다. 이 사진을 통해 DNA는 한 줄이 아니라 두 줄로 이루어져 있으며 나선 모양으로 꼬여 있다는 결정적인 힌트를 얻게 된 왓슨과 크릭은 쾌재라도 부르고 싶은 심정이었을 것이다. 이를 바탕으로 그들은 샤가프의 법칙을 더해 아데닌과 구아닌이 짝을 이루고, 티민과 시토신이 짝을 이뤄 이중 나선형으로 이루어진 DNA의 기본 구조를 착안해내기 시작했다. 이 구조는 원래 전부터 생각해왔던 것이었지만, 여지껏 그들은 뼈대가 되는 당 부위가 안쪽에 있고 염기 부위가 바깥쪽으로 돌출되어 있던 모습으로 알아왔다. 그러나 이런 모양으로는 안정적인 이중나선이 만들어지지 않아 고민하던 찰나, DNA 사진을 통해 그들은 자신들이 생각했던 것과 반대의 모양을 가지고 있을 것이라는 힌트를 얻은 것이었다. 즉, 뼈대가 되는 부위가 바깥쪽에 있고, 염기가 이중 나선 안쪽으로 들어가도록 배치해보니 놀랍게도 그들의 눈앞에는 아무리 길게

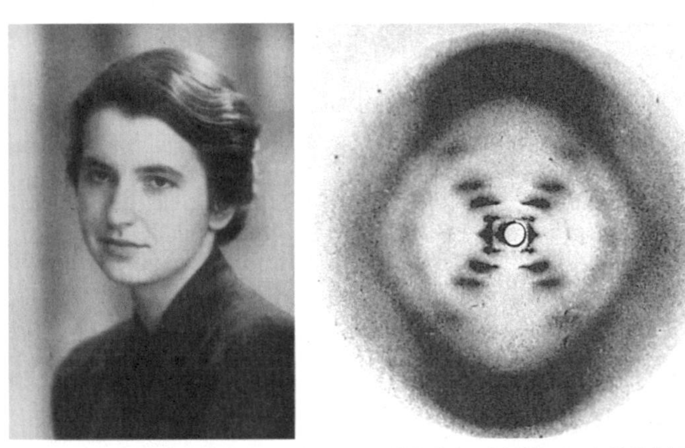

로절린드 프랭클린과 DNA 구조를 밝히는 데 결정적인 역할을 했던 그녀가 찍은 DNA의 X선 회절사진.

연결시켜도 안정한 DNA의 구조가 그려지기 시작했다. 실제로 DNA에서는 뼈대가 되는 당 부위가 바깥쪽에 존재하고, 안쪽에 염기들이 놓여 있으며, 각 염기들은 수소 결합을 통해 두 개의 사슬이 풀리지 않고 단단하게 결합시키고 있다. 사다리에 비유하자면, 사다리의 양쪽 기둥이 바로 DNA의 당 부위이며, 사다리의 기둥을 연결하는 발판이 수소결합을 통해 결합한 염기들인 것이다. 왓슨과 크릭은 드디어 자신들이 오랫동안 베일에 감춰져 있었던 DNA의 구조적 비밀을 밝혀낸 것이었다.

참고로 대부분의 사람들은 DNA 발견자로 왓슨과 크릭의 이름만을 기억하지만, 그들이 노벨상을 수상할 당시 수상자는 세 명이었다. 그들에게 DNA의 X선 회절 사진을 보여주었던 윌킨스 역시 그 공로를 인정받아 공동 수상자로 시상대에 같이 올랐다. 하지만 가장 결정적인 증거를 안겨주었던 프랭클린은 안타깝게도 1958년 난소암으로 이미 고인이 되었기에 수상자 대열에 들 수 없었다. 아무리 위대한 업적을 남겼더라도 이미 사망한 인물에게는 상을 주지 않는다는 노벨상의 규칙 때문이었다.■

'사망자에게는 수상하지 않는다'는 노벨상의 법칙으로 인해 2011년 노벨상 위원회는 당혹스러운 경험을 해야 했다. 2011년 노벨 생리의학상 수상자로 선정된 세 명의 과학자 중에서 랠프 스타인먼(Ralph Steinman, 1943~2011) 박사가 노벨상 발표 3일 전 사망한 것으로 확인됐기 때문이다. 결국 노벨상 수상위원회 대표인 고란 한손(Goran Hansson) 위원장은 "수상자 결정 과정에서는 사망 사실을 몰랐기 때문에 스타인먼의 수상은 유효하다"며 추가 선정 작업은 하지 않기로 하고 수상을 인정했다.

이중나선 구조가 의미하는 것

어느덧 우리에게 이중나선의 이미지는 DNA, 유전, 그리고 나아가 우생학적 차별에 이르기까지 다양한 이미지를 내포하는 것이 되어버렸다. 이는 그만큼 이중나선의 의미가 우리에게 강력하게 다가왔다는 것을 의미한다고 볼 수 있다. 사실 DNA의 이중나선 구조는 미학적으로 아름다울 뿐 아니라 매우 실용적이기도 하다.

DNA의 이중나선 구조가 확실히 성립되기 위해서 가장 중요한 것은 DNA가 어떤 방식으로 복제되는지를 보여주어야 한다. DNA는 단순히 생명체의 유전정보를 담고 있는 저장창고일 뿐 아니라, 필요시 스스로의 유전정보를 복제할 수 있는 능력도 지니고 있어야 한다. 이중나선 구조의 DNA는 복제할 필요가 생기면 나선의 일부가 열리면서 두 가닥이 한 가닥으로 떨어지고, DNA 중합효소들은 각각의 DNA 가닥들을 주형으로 하여 여기에 꼭 들어맞는 새로운 DNA 가닥을 생성하는 방식으로 정확하게 복제가 가능하다. 향후 분자생물학이라는 새로운 생물학 분야를 여는 논문은 아직 채 박사학위도 따지 못한 젊은 과학도들의 손끝에서 비로소 그 정체를 드러냈던 것이다.

센트럴 도그마의 확립

DNA의 구조가 밝혀지자 학자들의 관심은 DNA와 단백질의 연관성으로 이어졌다. DNA는 유전정보를 담고 있기는 하지만, 우리 몸은 DNA가 아니라 단백질로 이루어져 있기 때문이었다. 도대체 DNA에 담긴 정보가 어떻게 해서 단백질로 넘어가는 것일까?

연구 초기, 학자들은 DNA의 염기서열마다 그에 꼭 맞는 아미노산(단백질의 기본 단위)들이 있어서 아미노산들이 DNA와 결합하고, 이 아미노산들이 뭉쳐서 하나의 단백질을 형성한다고 생각했다. 하지만 왓슨과 크릭은 이 생각에 그리 동의하지 않았다. 그들이 생각하기에 DNA의 이중나선 구조는 매우 빽빽하게 구성되어 있어 상대적으로 덩치가 큰 아미노산들이 달라붙을만한 충분한 공간이 없어보였기 때문이었다. 또한 세포에서 DNA를 제거해도 단백질의 합성은 당장에 멈추는 것이 아니라 상당한 시간 차이가 난다는 것이 알려지면서 이들의 의심은 더욱 커져갔다. 만약 단백질이 DNA에 달라붙어 바로 만들어지는 것이라면 DNA가 없어지면 단백질 합성도 바로 멈춰야 할 텐데 그러지 않으니 DNA와 단백질 사이를 매개하는 무언가가 존재한다는 추측을 하게 된 것이다.

이제 학자들은 세포 내에 존재하는 또 다른 핵산의 하나인 RNA에 눈을 돌리게 된다. RNA는 세포 내에서 흔히 발견되는 물질인데, 당시만하더라도 RNA가 무슨 일을 하는지는 모르는 상태였다. 그런데 단백질이 많이 만들어지는 세포일수록 RNA도 풍부하게 존재한다는 사실이 밝혀지면서 DNA와 단백질을 매개하는 것이 RNA일 것이라는 의심을 품게 된 것이다. 이에 DNA 구조 발견자 중 한 사람이었던 프랜시스 크릭은 1959년 DNA에서 RNA를 거쳐 단백질이 만들어진다는 개념, 즉 센트럴 도그마(central dogma)를 만들어내게 된다. 원래 도그마(dogma)란 기독교의 교리를 이르는 말로, 인간의 구제를 위해 신이 계시한 진리이자 교회가 신적 권위를 부여한 것을 뜻하는 말이다. 즉, 크릭은 종교의 교리처럼 분자생물학에서는 반드시 알아야 하는 기본 중의 기본 원리라고 생각했기에 이런 거창한 이름을 붙인 것이었다.

센트럴 도그마에 따르면 생명체의 기본 물질인 단백질을 만드는 정보는 DNA 속에 들어있는데, 이것이 RNA 형태로 복사되어 세포내 단백질 생산 공장이라고 알려진 리보솜(ribosome)으로 전달되어 단백질이 만들어진다. 이때 DNA는 스스로를 복제할 수 있지만, RNA와 단백질은 반드시 전 단계의 물질을 주형으로 삼아 만들어진다는 것이 센트럴 도그마의 핵심 개념이다. 이때 DNA가 스스로를 복제하는 과정을 복제(리플리케이션, replication)라고 하며, DNA에서 RNA가 만들어지는 과정은 전사(transcription), RNA의 정보를 이용해 단백질을 합성하는 과정을 번역(translation)이라고 한다. 즉, DNA는 복제과정을 통해 세포분열을 할 때마다 DNA를 복제하고, 이 DNA에 담긴 유전정보는 필요할 때마다 전사 과정을 통해 RNA로 바뀌어서 리보솜에 전달되며, 이 리보솜은 이를 받아서 번역 과정을 통해 단백질을 합성한다는 것이다. 이때 리보솜은 자체적으로 RNA를 가지고

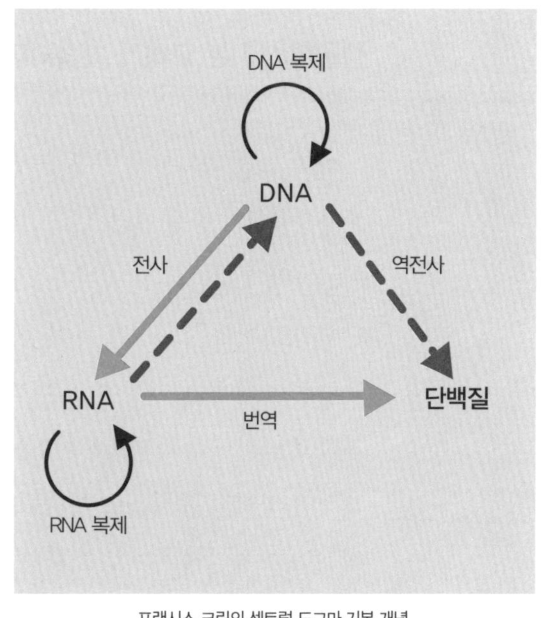

프랜시스 크릭의 센트럴 도그마 기본 개념.

있는데, 이 RNA에는 RNA 단위 3개마다 하나의 아미노산들이 지정되어 있다. DNA에서 전사된 정보가 RNA 형태로 리보솜에 도달하면, 리보솜은 이 RNA를 기준으로 자신이 가지고 있는 아미노산들을 가져다 붙인다. 리보솜 RNA에는 3개마다 하나씩 아미노산이 지정되어 있으니, RNA의 배열 순서대로 아미노산이 배열되게 되고, 그렇게 RNA를 따라 늘어선 아미노산들이 모여서 하나의 단백질을 형성하는 것이다. DNA는 두 가닥으로 이루어진 이중나선 형태이지만 RNA가 단일 가닥으로 존재하는 것은, 리보솜에 도착해 거기 있던 RNA와 짝을 이뤄야 하기 때문인 것이다.

생물학의 기본 교리가 확립되다

이후 많은 학자들의 연구 끝에 크릭이 제시했던 센트럴 도그마 개념이 분자생물학의 중심 개념으로 자리 잡게 된다. 즉 크릭이 주장했던 대로 분자생물학의 교리가 된 것이다. 센트럴 도그마 개념의 확립은 단지 DNA가 단백질로 변하는 과정을 보여주는 것이 전부가 아니다. 센트럴 도그마가 확립된 배경에는, 기존에 영혼(靈魂) 혹은 생기(生氣)가 깃들어서 이루어진다고 생각했던 생명활동이 DNA나 RNA 같은 핵산이나 단백질처럼 구체적인 화학적 존재들로 치환될 수 있다는 사실이 담겨 있다. 이는 정신적 존재가 물질적 존재로 치환된 것이며, 결국 생명체가 가진 특성들을 연구하기 위해서 그들이 지닌 단백질, 혹은 핵산들을 파악하는 환원주의적인 접근이 필요하다는 당위성을 알린 서막이기도 하다. 어떤 생명체의 유전정보가 DNA상에 담겨 있다는 것은 DNA를 어떤 생물의 특성과 그 특성을 나타나게 하는 유전자를 짝지을 수 있으며, 결국에는 유전자를 이리저리 자르고 이어붙이는 과정을 통해 어떤 생물체에서 존재하던 특성을 없애거나 없던 특성을 새로 만들어주는 일을 가능하게 한다.

센트럴 도그마 개념의 확립으로 생명이란 한 번 태어나면 더 이상 손댈 수 없는 존재가 아니라 인간의 기술과 능력으로 얼마든지 개입이 가능한 존재로 바뀌게 된다. 이는 나아가 생물을 정교하게 움직이는 기계의 일종으로 보는 시각이 나타나는데 일조했고, 인간도 마찬가지의 존재로 보는 시각까지 탄생시키기에 이른다. 생물체를 생존기계로 보는 시각 역시도 센트럴 도그마의 확립과 밀접한 연관을 맺고 있다. 그리고 이 모든 것이 60년 전의 어느 날, 우연히 본 한 장의 X선 회절 사진에서부터 시작된 사건이었던 것이다.

제12장

오징어가 알려준 신경세포의 비밀

호지킨과 신경세포

1940년대 영국 케임브리지대학교의 한 실험실. 두 명의 과학자가 실험에 열중하는 테이블 주변으로 비릿한 내음이 감돌았다. 그들이 심각한 표정으로 주목하고 있는 대상은 뜻밖에도 큼직한 오징어였다. 그들은 지금 오징어의 신경에 삽입한 미세 전극에 전기적인 충격을 주어 신경에서 어떤 반응이 일어나는지를 살피는 중이었다. 그리고 그들은 놀라운 사실을 밝혀냈다.

"이것 봐. 지금까지는 신경에 충격이 전달되면 절연될 거라고 여겨왔는데, 전혀 아니야. 충격이 전달될 때 신경막에 오히려 전기적 신호가 증폭되고 있잖아!"

1963년, 노벨상 위원회는 올해의 노벨생리의학상 수상자로 영국의 호지킨(Sir Alan Hodgkin, 1914~1998)과 헉슬리(Sir Andrew Huxley, 1917~), 그리고 호주의 에클스(Sir John Eccles, 1903~1997)를 선정했다. 신경세포 연구를 통해 신경세포의 충격 전달 방식의 비밀을 풀었다는 것이 선정 이유였다. 신경계(nervous system)란 '동물의 몸 안팎에서 일어나는 각종 변화로 인한 자극을 빠르게 전달하고 그에 대한 반응을 생성하는 기관'으로 수많은 신경세포로 구성되어 있다.

앨런 호지킨

앤드루 헉슬리

존 애클스

동물이라면 무엇이든 자극이 주어지면 이를 인식하고 그에 걸맞게 반응한다. 뜨거운 것에 닿으면 펄쩍 뛰어 피하고, 차가운 것에 닿으면 모공과 모세혈관을 수축시켜 열을 빼앗기지 않으려 한다. 슬플 때는 울고, 기쁠 때는 웃으며, 모욕을 당하면 분노한다. 물론 전자와 달리 후자는 어느 정도 뇌가 발달한 고등생명체만 가능하긴 하지만 말이다. 이처럼 동물이 자극을 느끼고 반응한다는 사실은 오래전부터 알려져 왔지만, 무엇이 어떤 방식을 통해 이를 가능케 하는지는 사실 오랜 수수께끼였다. 호지킨과 헉슬리, 에클스는 바로 이 오랜 수수께끼가 가진 비밀의 일부를 풀어 우리에게 보여준 인물들이었다.

오징어 속에 숨은 신경세포의 실마리

생물학 실험을 하다 보면 마치 '실험을 위해 태어난 듯한' 생물들이 종종 등장하곤 한다. 유전학의 아버지로 불리는 멘델도 '유전자 연구

맞춤형 식물'인 완두가 아니라 다른 식물이나 동물을 이용했다면 그토록 명확한 결과를 얻기가 힘들었을 것이라는 의견도 있다. 완두는 대립형질들의 우열관계가 매우 뚜렷한데다가 7가지 형질(완두의 모양과 색, 꽃의 색, 깍지의 색과 모양, 완두 줄기의 키, 꽃이 피는 위치)의 유전자가 모두 서로 다른 염색체 상에 놓여 있었기에 각 형질들은 교차나 연관 없이 뚜렷한 분리 현상을 보여주어 통계적 결과 처리에 매우 유용한 식물이기 때문이다.

유전학 분야의 '맞춤 식물'이 완두라면 이 분야의 '맞춤 동물'은 당연 초파리다. 초파리는 유전학 분야의 최대 조력자로 개체수가 많고 번식과 교배, 돌연변이 발생이 비교적 쉬운 편인데다가 결정적으로 침샘 속에 보통 염색체보다 100~200배나 큰 거대염색체를 가지고 있어서 염색체 구조 관찰에도 매우 유용한 동물이다. 신경학 연구에 있어서는 오징어가 그 명성을 이어받는다. 오징어는 빠른 도피반응을 관장하는 거대한 신경세포를 가지고 있기에 신경 연구에 매우 유용하다. 보통의 신경세포의 축색돌기 지름은 약 1㎛에 불과하지만, 오징어의 거대신경세포의 축색돌기는 지름이 무려 800㎛에서 1mm에 달한다. 이처럼 신경세포가 크기 때문에 여기에 미세 전극을 꽂아서 신경세포에서 일어나는 전기적 특성을 관찰하기가 편리해서 널리 쓰이는 것이다.

그런데 여기서 의문이 하나 생긴다. 고등동물에 속한다고 볼 수 없고, 게다가 그리 크지도 않은 오징어에게서 유독 이렇게 큰 신경세포가 존재하는 이유는 무엇일까? 사실 오징어의 큰 신경세포는 고등생물에 속하는 척추동물의 신경에 비해 효율성이 떨어진다. 첨단 전자기기들도 고급 제품일수록 크기가 작아지는 것처럼, 신경 역시도 효율성이 좋은 신경이 더 가늘다. 일반적으로 척추동물의 신경은 절연체로 감싸인 유수신경으로 되어 있는데 반해, 오징어를 비롯한 무척추동물의 신경은 절연체가 없이 축색돌기가 그대로 노출되는 무수신경으로 이루어져 있다. 무수신경은 유수신경에 비해 전달 속도가 느리기에 재빠른 동작이나 움직임을 관장하는 데는 어려움이 따른다. 그래서 오징어와 같은 무척추동물들은 재빠른 동작(예를 들어, 오징어의 피부에 무언가가 접촉했을 때 재빠르게 도망치는 반사작용)을 관장하기 위해서 굵은 축색돌기를 가지는 거대신경세포를 발달시킨 것이다. 가느다란 호스보다는 굵은 호스가 물을 더 많이 내뿜을 수 있는 것처럼, 가느다란 신경섬유보다는 굵은 신경섬유가 자극을 더 빠르고 강하게 전달할 수 있기 때문이다. 이러한 거대신경세포는 오징어를 비롯한 연체동물 외에도 환형동물, 절지동물 등의 무척추동물에서 관찰되는데, 이들이 몸집에 어울리지 않는 거대한 신경세포를 발달시킨 이유 역시 오징어와 마찬가지로 효율성이 떨어지는 무수신경을 이용해 재빠르게 신호를 전달하기 위해서 선택한 고육지책이었던 것이다.

오징어가 어떤 목적으로 거대신경세포를 발달시켰든 간에 이 굵은 신경세포는 호지킨과 헉슬리가 신경세포의 충격 전달 과정을 찾아내는 데 결정적인 역할을 했다. 이들의 업적에 대해 알아보기 전에 신경세포의 기본적인 구조를 살펴보도록 하자. 그림에서 보듯이 신경세포

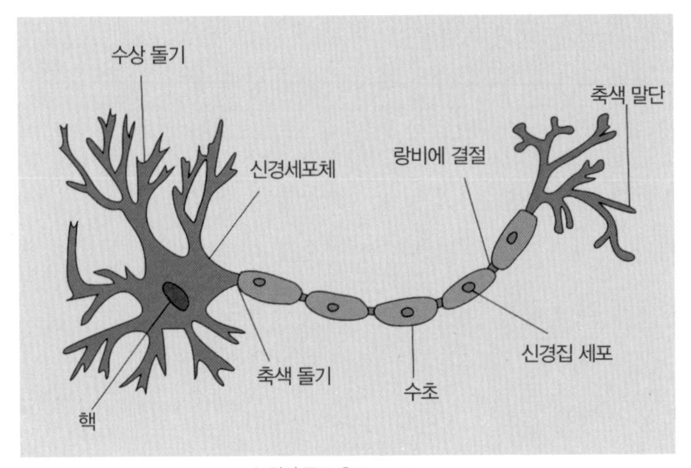

뉴런의 구조. ©Quasar Jarosz

는 보통의 세포와는 조금 다른 구조를 갖는다. 신경세포는 크게 세포의 몸체인 신경세포체와 머리카락처럼 여러 개가 뻗은 듯한 수상돌기, 그리고 긴 꼬리와 같은 축색돌기의 3부위로 구성되어 있다. 수상돌기가 주변으로부터 자극을 인식하면 신경세포체는 이 정보를 처리하여 축색돌기를 통해 다음 세포로 신호를 전달하는 방식으로 각자 역할을 나눠맡으면서 신호를 받아 전달하는 역할을 수행한다.

흥미로운 사실은 원래 호지킨은 물리학과 수학을 전공한 인물로 생물학에 발을 들여놓기 전에 그 분야에서 꽤나 뛰어난 능력을 발휘했던 인물이라는 것이다. 실제로 제2차세계대전 중에 영국 정부는 호지킨에게 항공용 레이더의 개발을 의뢰했을 정도로 그는 뛰어난 물리학자였다. 국가의 부름에 응하는 것이 전시의 과학자가 해야 할 역할이라 생각했던 호지킨은 전시 동안 레이더 개발 연구에 매진했다. 하지만 전쟁이 끝난 후, 그의 관심사는 오징어의 신경세포 연구로 집중된다. 1930년대 말, 호지킨은 영국을 떠나 미국의 록펠러 재단과 우즈 홀 해양연구소에서 잠시 머무른 적이 있었다. 그때 그는 그곳에서 처음으로 오징어의 거대신경세포와 이를 이용한 실험방법을 배웠고, 이는 그에게 강렬한 경험으로 남아 있었던 것이다.

역치의 존재를 깨닫다

1945년, 영국 케임브리지대학교의 교수가 된 호지킨은 헉슬리와 함께 신경세포에서 일어나는 다양한 반응을 측정하는 연구에 본격적으로 뛰어들었다. 그들은 오징어의 일종인 롤리고 포르베시(Loligo forbesi, 유럽창꼴뚜기)의 거대 신경섬유를 이용해 신경세포의 신호전달 체계를 연구했기에 그들의 실험실은 늘 오징어에서 나는 비린내가 가시지 않을 정도였다. 당시까지만 하더라도 신경세포가 수상돌기를 통해 받아들인 정보가 어떻게 해서 신경세포체를 거쳐 기다란 축색돌기* 끝까지 전달될 수 있는지는 미스터리였다. 호지킨과 헉슬리, 그리고 에클스는 바로 이 미스터리를 풀어낸 공로로 노벨상 수상자 반열에 오른 것이었다.

* 사람의 경우, 축색돌기는 1mm 정도의 짧은 것부터 수십cm에 이르는 긴 것까지 길이가 다양한데, 일반적으로 수상돌기에 비해 축색돌기의 길이가 더 길다.

수상돌기를 통해 유입된 자극은 신경세포 내에서 전기적 신호를 통

신경세포 연구에 기여한 오징어, 롤리고 포르베시

해 전달된다. 다른 세포들과는 달리 신경세포는 안정된 상태에서 세포막을 경계로 세포 내부는 (-)로, 세포 외부는 (+)전기를 띠고 있다. 이때 발생되는 전기적 차이를 '세포막이 쉬고 있는 상태의 전기적 차이'라는 뜻으로 휴지막 전위라 부른다. 휴지막 상태의 전위차는 약 -90 ~ -60mV(millivolt, 밀리볼트), 평균 -70mV 정도로 측정된다. 이렇게 세포 안쪽이 (-) 상태로 전기적 차이가 유지되는 것은 세포막에 존재하는 이온 펌프에 의해 나타나는 것이다. K+이 비교적 자유롭게 세포막을 통과할 수 있는데 반해 Na+은 나트륨 펌프에 의해 강제로 세포 밖으로 이동된다. 휴지상태의 신경세포는 세포막의 나트륨 펌프를 이용해 세포 외부로 Na+을 일부러 퍼내는 능동수송을 반복한다. 이로 인해 (+)를 띤 Na+이 외부로 강제로 퍼내어져 상대적으로 세포 내부는 (+)이 적어져 (-)를 띠게 된다. 이처럼 휴지 상태의 세포막은 강제로 Na+을 퍼내는 나트륨 펌프에 의해 항상 전위차가 있는 상태로 존재하기에 '분극 상태'에 놓여 있다고 말하기도 한다.

호지킨과 헉슬리는 이렇게 휴지 상태에 놓인 오징어의 신경세포에 미세 전극을 삽입한 뒤, 여기에 전류를 흘려 자극을 주는 방법으로 신경세포의 신호 전달 과정을 밝히려 했다. 하지만 처음에는 전류를 흘려도 오징어는 별다른 반응을 보이지 않았다. 그러나 전류의 세기를 조금씩 높이면서 실험을 반복하다 보니 전류가 일정치 이상을 넘어서는 순간 신경에 자극이 전달돼 오징어의 근육이 꿈틀대기 시작했다.

이전까지만 하더라도 사람들은 자극이 강해지면 자극의 강도에 비례해서 신경의 반응 정도가 달라질 것이라고 여겼었다. 하지만 호지킨과 헉슬리의 실험에서 나타난 결과는 전혀 달랐다. 일정 수치 이하의 전류에서는 전혀 반응하지 않던 신경이 딱 그 수치를 넘어서자마자 순간적으로 반응하는 현상을 보였던 것이다. 이렇게 자극에 대한 반응을 이끌어 내는 최소 수치를 '역치'라고 한다. 신경세포는 역치 이하의 자극에는 전혀 반응하지 않다가 자극의 강도가 역치를 넘어서는 순간, 빠르고 강하게 신호를 전달한다. 즉 신경세포는 자극의 강도에 비례해 반응하는 것이 아니라, 자극을 '역치 이하의 자극'과 '역치 이상의 자극'의 2가지로만 받아들이는 것이다.

역치를 넘어서는 자극을 신경세포에 주는 순간, 세포막에는 변화가 일어난다. 가장 큰 변화는 세포막의 투과성이 바뀐다는 것이다. 세포막의 투과성이 변화하면 상대적으로 세포 외부에 높은 농도로 존재하던 Na+이 세포 안쪽으로 빠르게 이동한다. 원래 모든 물질은 안팎의 농도가 동일하게 유지되고자 하는 특성을 보이기 때문이다. 이로 인해 세포막 안팎의 전위가 이전과는 반대로, 즉 내부가 (+), 외부가 (-)로 바뀌게 되는 '탈분극' 현상이 일어난다. 탈분극 현상이 일어나게 되면 신경세포막의 전위는 30~40mV로 바뀌게 된다. 휴지막 상태의 전위가 -90 ~ -60mV였던 것에 비하면 탈분극된 부위의 전위는 휴지막 상태에 비해 약 100mV 정도의 차이가 나타나게 되는데, 이를 활동 전위라 한다.

하지만 활동 전위는 오래 지속되지 않는다. 세포막은 다시금 휴지막 상태로 돌아가려는 특성이 있기 때문에, 세포막을 통해 양이온인

K+가 밖으로 빠져나가며 다시금 세포 내부를 (-) 상태로 만든다. 이를 재분극 현상이라 하는데, 축색돌기는 이런 탈분극과 재분극을 통해 신호를 전달하게 된다. 놀라운 것은 신경이 신호를 전달하는 속도인데, 오징어의 거대축색돌기의 경우 활동 전위가 관찰되는 것은 겨우 1ms(millisecond, 1/1000초)에 불과하다. 순식간에 신경세포는 탈분극과 재분극을 거치며 신호를 전달할 수 있다. 호지킨과 헉슬리는 오징어의 거대신경세포를 이용한 실험을 통해, 신경세포는 일정 수준 이상의 자극, 즉 역치 이상의 자극에만 반응하며, 일단 자극을 받으면 탈분극과 재분극을 통해 전기적 변화를 일으킨다는 사실과 신호를 축색돌기 말단까지 전달하는 과정을 밝힌 것이었다.

흥미로운 것은 오징어와 같은 무척추동물의 축색돌기는 절연되어 있지 않으나, 사람을 비롯한 척추동물의 신경세포의 축색돌기에는 미엘린 수초라고 하는 물질이 일정한 간격을 두고 축색돌기를 감싸고 있다는 것이다. 주로 지질로 구성되고 전기가 통하지 않는 절연체인 미엘린 수초는 전선의 피복처럼 일종의 전기선인 축색돌기를 감싸 전기적 신호가 누출되거나 흩어지지 않게 하는 역할을 할 뿐 아니라, 신호의 전달 속도 역시 빠르게 한다. 미엘린 수초는 척추동물의 축색돌기 전체를 감싸고 있는 것이 아니라, 일정한 간격을 두고 약간의 틈을 벌려둔 채 축색돌기를 감싸고 있다. 이처럼 미엘린 수초로 감싸여 있지 않은 축색돌기 부분을 랑비에 결절이라고 하는데, 척추동물의 축색돌기는 랑비에 결절 부분만 겉으로 노출되어 있어 이 부위에서만 탈분극과 재분극 현상이 일어날 수 있다. 따라서 신호가 전달될 때, 세포막 모든 부위에서 활동 전위가 나타나는 것이 아니라 랑비에 결절 부분에서만 나타나기 때문에 신호가 징검다리를 건너뛰듯이 전해지는 것이 가능하다. 이런 형태의 신호 전달을 '도약적' 전도라고 한다. 척추동물에 속하는 인간의 신경세포 역시 미엘린 수초로 절연되어 있다. 실제 신경에서 미엘린 수초의 존재는 매우 중요하다. 자가면역 질환의 일종으로 신경에서 미엘린 수초가 벗겨지는 '다발성 경화증'의 경우 운동마비, 언어와 의식장애, 배뇨 배변 장애 등 치명적인 마비와 경련 증상을 동반하기 때문이다.

시냅스, 전달 방식의 변화

신경세포 내부의 신호 전달은 전기적 신호로 이루어지지만 이것만으로 전체 신경계의 신호 전달 과정을 모두 설명할 수는 없다. 신경세포의 축색돌기 끝과 다음 세포가 마주치는 부위를 시냅스라고 하는데, 시냅스에서 축색돌기와 이후의 세포는 약 20~30nm(nanometer, 나노미터) 정도의 간극을 두고 마주볼 뿐 서로 접촉하지는 않는다. 시냅스에서 직접적 접촉이 일어나지 않기에 하나의 신경세포가 다른 세포에게 자극을 전달하기 위해서는 전기적 신호만으로는 부족하다. 실제로 시냅스 부위에서는 앞선 신경세포의 축색돌기를 통해 전달된 전기적 신호가 화학적 신호로 변환되어 다음 세포로 전달되는 것이 관찰된다. 즉, 시냅스 말단 부위에서는 전기적 신호의 종류에 따라 적절한 신경 전달 물질을 분비하여 다음 세포에 전하고, 다음 세포들은 신경 전달 물질의 종류를 파악하여 그에 걸맞게 반응하게 되는 것이다. 축색돌기를 따라 내려온 전기적 신호가 신경세포의 말단 부위에 도달하면 이 부위에 존재하는 칼슘 채널이 열리면서 세포 외부에 있던 신경세포 안으로 유입된다. 이것을 신호로 하여 신경세포 말단에서는 신경전달물질이 분비된다.

체내에 존재하는 신경전달물질은 약 50여 종에 이르는데, 그중에서 가장 많이 알려진 것이 아세틸콜린과 에피네프린(아드레날린)이다. 주로 교감 신경의 말단에서는 에피네프린이, 부교감 신경의 말단에서는 아세틸콜린이 분비되어 다른 세포로 신호를 전달한다. 에피네프린과 아세틸콜린은 분비되는 신경은 다르지만, 둘 다 '흥분성 전달물질'로 이후에 위치하는 세포를 흥분시키고 활성화시키는 역할을 하게 된다. 반대로 역시 신경 말단에서 분비되는 신경 전달 물질 중 가바(GABA) 혹은 감마아미노낙산은 억제성 신경 전달 물질로 이후의 세포의 활성을 억제시키는 역할을 하게 된다. 이렇게 전기적 신호가 시냅스에서 화학적 신호로 변환되는 과정의 비밀은 줄리어스 액설로드(Julius Axelrod, 1912~2004), 버나드 카츠(Sir Bernard Kats, 1911~), 울프 폰 오일러(Ulf von Euler, 1905~1983)에 의해 규명되었으며, 이들은 1970년 노벨생리학상의 또 다른 주인공이 되었다.

우울증이 병일 수 있는 이유

호지킨과 헉슬리, 에클스의 연구에서 시작된 신경세포의 전기적 특성은 액설로드, 카츠, 폰 오일러 등의 연구로 이어지며 이후 신경의 기능과 역할을 연구하는 신경 생물학을 발전시켰고, 나아가 인간의 감각과 운동과 생각과 언어 기능에 대한 연구를 심리학적이고 정신분석학적인 측면이 아니라, 신경세포 간의 구조와 기능의 분석을 통한 물리적인 측면으로의 접근법을 발달시키는 데 일조한다. 예를 들어 '우울증'이라는 동일한 증상에 대해서 과거에는 정신적 충격이나 개인의 성향으로 접근하는 측면이 강했다면, 현대의 학자들은 우울증을 도파민, 세로토닌, 노르에피네프린 등의 신경 전달 물질들의 화학적 불균형으로 인해 일어나는 현상으로 접근해, 세로토닌 보충 요법 등의 약물적 요법으로 접근하는 경향이 강하다. 우울증은 일례에 불과하지만, 실제 현대과학이 인간의 정신을 바라보는 관점은 철학적이고 사색적이었던 과거와는 달리 물리적인 근거, 즉 뇌와 신경세포에 기반한 분석적이고 환원주의적인 입장이 더 우세하다. 이제 인간의 정신은 육체와 분리되는 존재가 아니며 '뇌'에서 발생되는 육체의 파생물로 보는 경향이 강해지고 있다. 에델만이 '생물학 없는 마음은 없다'라고 단정 지은 것처럼 말이다. 그리고 이런 시선의 시작은 우리가 우리의 뇌를 구성하는 뇌세포를 샅샅이 파헤치고 뒤집어본 그 순간부터 시작된 것이다.

제13장

바이러스, 정체를 드러내다

바이러스 연구

1952년, 미국 뉴욕 주 외곽에 위치한 콜드 스프링 하버 연구소(Cold Spring Harbor Lab, CSHL). 호수와 녹지 사이에 자리 잡은 호젓한 연구소는 매우 조용한 곳이었지만, 그중에서도 앨프리드 허시(Alfred Hershey, 1908~1997) 교수의 연구실은 조용하기로 유명했다. 허시 교수의 연구실에는 그와 실험조수인 마사 체이스(Martha Chase, 1927~2003)가 함께 일하고 있었음에도 불구하고 연구소의 그 누구도 목소리가 문 밖으로 들리는 것을 듣지 못했을 정도였기 때문이었다.

앨프리스 허시(우)와 마사 체이스

하지만 그날은 조금 달랐다. 그들은 얼마 전부터 박테리오파지(bacteriophage)의 일종인 T4를 감염시킨 대장균을 연구하던 중이었고, 마침내 그 결과가 나오는 날이었기 때문이다. 체이스는 배양액에서 조심스레 대장균을 걸러냈고, 이를 분해하여 각각의 성분을 원심분리기를 통해 주의 깊게 분리했다. 그리고

막스 델브뤼크

샐버도어 루리아

마침내 그들은 결과를 얻었다. 대장균의 내부에서 나온 물질들 속에는 T4가 남긴 DNA의 조각들이 포함되어 있었다.

"역시, T4가 대장균 속으로 주입한 건 DNA였어. 유전을 담당하는 물질은 단백질이 아니라, DNA가 확실해!"

1969년, 제69회 노벨 생리의학상은 막스 델브뤼크(Max Delbrück, 1906~1981), 앨프리드 데이 허시, 살바도르 루리아(Salvador Luria, 1912~1991)에게 돌아갔다. 이들은 '바이러스와 바이러스 질병에 관한 연구와 발견'에 대한 공로로 노벨상 수상자 반열에 오를 수 있었다. 독일 출신으로 나치의 박해를 피해 고국을 탈출한 델브뤼크와 역시 전쟁의 상처로 얼룩진 이탈리아를 떠나온 루리아가 머나먼 미국 땅에서 허시를 만나 비공식적 연구 모임이었던 '아메리칸 파지 그룹(American Phage Group)'을 만든 것이 1940년대 초였으니 20년이 넘는 내공의 결실이었다.

바이러스란 무엇인가

이들의 업적이 공식적으로 보답을 받은 것은 1969년의 일이었지만 이들이 연구했던 바이러스가 세상에 모습을 드러낸 것은 이보다 훨씬 전의 일이었다. 바이러스(virus)란 스스로 증식이 불가능하고 숙주 세포에 기생해야만 증식이 가능한 감염성 병원체를 일컫는 말이다. 바이러스는 거의 모든 생명활동을 숙주 세포를 이용하기 때문에 스스로는 존속을 위한 최소의 물질만을 탑재하고 있다. 따라서 바이러스의 유전정보를 담은 핵산과 이를 둘러싼 단백질 껍질이 바이러스를 이루는 물질의 거의 대부분이다. 이렇게 가진 것이 단출하므로 바이러스의 크기는 대개 100nm 이하로 매우 작다. 우리가 흔히 '매우 작은 생물'이라 하여 미생물(微生物)이라 부르는 일반적인 세균의 크기가 10㎛~100㎛ 정도인 것에 비추어 볼 때 바이러스는 초소형 감염체임을 단박에 알 수 있다. 바이러스는 너무 작아 세균을 걸러내는 세균 여과기도 문제 없이 통과할 수 있었다. 초기에 바이러스 연구자들이 바이러스를 감염체가 아닌 일종의 '독(毒)'이라 여겼던 것도 무리는 아니다. 실제로 바이러스라는 이름 자체가 '독성을 지닌'이라는 뜻을 지닌 라틴어 'virulentus'라는 단어에서 유래되었을 정도다.

눈에 보이지 않아서 지나치기 쉽지만 바이러스는 도처에 존재한다. 숙주 세포에 기생해야 살아갈 수 있는 속성 탓에 세포라면 인간과 동물, 식물은 물론이거니와 심지어 박테리아까지 가리지 않고 기생한다.

콜드 스프링 하버 연구소 전경. ©AdmOxalate

인간에게 있어 바이러스란 오랜 세월 공포의 다른 이름이었다. 많은 바이러스는 인간을 직접 공격한다. 역사상 가장 많은 생명을 앗아간 천연두를 비롯해 광견병, 인플루엔자, 홍역, 풍진, 간염, 에이즈는 바이러스가 일으키는 대표적인 질병이며, 장염, 뇌수막염, 폐렴 중에서도 상당수는 바이러스의 침입으로 인해 일어난다. 때로 바이러스는 인간을 직접 공격하지 않더라도 식량이 되는 식물이나 동물들을 폐사시켜 생존을 위협하기도 한다. 바이러스는 벼나 보리의 잎과 줄기를 쪼그라들게 만들어 열매를 맺지 못하게 하는 오갈병 또는 배추나 콩, 토마토, 멜론 등을 말라죽게 하는 괴저 모자이크병 등을 일으켜서 농사를 망친다. 인류 역사에서는 농작물에 일어나는 역병의 유행으로 대기근이 발생했다는 기록들을 심심찮게 찾아볼 수 있으니 이래저래 바이러스는 인간에게 있어서 치명적인 죽음의 사자였다.

오랫동안 검은 베일에 싸여 있던 바이러스의 정체가 밝혀진 것은 19세기 말에 들어서였다. 1892년 러시아의 드미트리 이바노프스키(Dmitri Ivanovsky, 1864~1920)는 담뱃잎에 모자이크 모양의 반점을 만들어 담배 재배 농가에 피해를 주는 담배 모자이크병에 대해 연구하는 중이었다. 그는 원인을 찾아내기 위해 병에 걸린 잎에서 짜낸 즙을 세균 여과기에 걸러보았다. 세균 여과기란 세균을 걸러낼 수 있을 만큼 아주 촘촘하게 만들어진 일종의 '체'였다. 하지만 담배 모자이크병에 걸린 담뱃잎에서는 어떠한 병원성 세균도 걸러지지 않았다. 파스퇴르와 코흐의 '미생물 병원체설'에 의하면 어떤 질병에는 그 질병을 일으키는 미생물(당시에는 세균이나 진균)이 존재해야만 했지만, 병든 담뱃잎에서는 그런 것이 발견되지 않았던 것이다. 이에 이바노프스키는 혹시나 '세균 여과기에 걸러지지 않을 만큼 작은 물질'이 존재하는 것이 아닐까 싶은 생각에 세균을 걸러내고 남은 여과액을

건강한 담뱃잎(위)과 담배 모자이크 바이러스가 일으키는 질병에 걸린 담뱃잎(아래). 모자이크 병에 걸리면 반점이 생기고 잎이 쪼그라들어 상품가치가 떨어진다.

싱싱한 담뱃잎에 발라보았다. 그랬더니 놀랍게도 며칠 뒤 담뱃잎은 여기저기 반점이 생겨나며 말라가기 시작했다. 그의 예상대로 여과액 속에는 세균 여과기에 걸러지지 않을 만큼 작지만, 질병을 일으킬 수 있는 물질이 존재하고 있었던 것이었다.

이바노프스키의 실험이 알려지자, 1898년 마르티누스 베이제린크(Martinus Beijerinck, 1851~1931)는 이 실험을 거듭하여 여과액속에는 액체형의 전염성 병원체(contagium vivium fluidum)가 존재하고 있다고 주장했다. 바이러스의 이름이 독을 의미하는 'virulentus'에서 유래된 것은 초기 연구자들이 바이러스를 생명체가 아닌 일종의 화학물질로 보았기 때문이었다. 이후 1955년 하인즈 콘라트와 로블리 윌리엄스가 담뱃잎 모자이크병을 일으키는 존재는 유전물질인 RNA와 이를 둘러싼 단백질 껍질인 캡시드(capsid)로 구성되어 있음을 밝혀 바이러스의 구성 물질을 찾아냈다. 드디어 오랜 시간 감춰져왔던 바이러스의 비밀이 조금씩 풀리는 순간이었다.

박테리아를 공격하는 바이러스, 박테리오파지

앞서 말했듯이 바이러스는 생존과 증식에 숙주 세포가 꼭 필요하기 때문에 살아 있는 세포라면 무엇이든 바이러스 감염 위험에 노출된다. 이는 단세포 생물인 박테리아도 예외는 아니다. 1915년 영국의 세

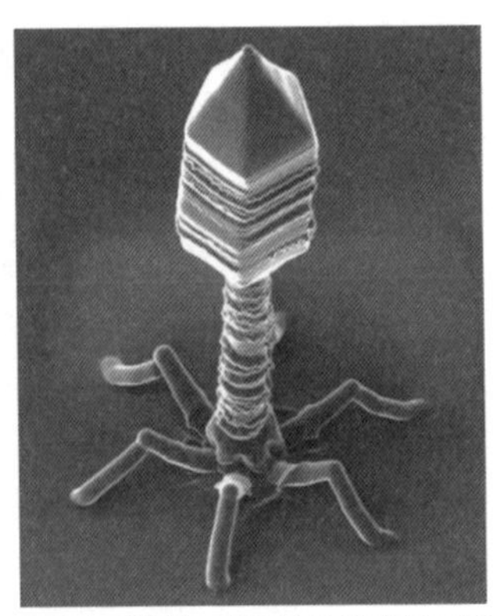
세균에 기생하는 바이러스인 박테리오파지의 모습. ©Reo Kometani & Shinji Matsui (University of Hyogo)

균학자 프레더릭 윌리엄 트워트(Frederick William Twort, 1877~1950)는 포도상구균을 연구하던 도중, 세균 덩어리가 때때로 투명하게 변하며 녹아버리는 듯한 현상을 관찰하였다. 뒤이어 1917년 프랑스의 펠릭스 데렐(Felix d'Herelle, 1873 ~1949)은 이질환자의 분변을 걸러낸 여과액 중에 이질균을 녹이는 성분의 물질이 포함되어 있다는 것을 발견한 뒤, 이 미지의 존재에 '박테리오파지(bacteriophage)'라는 이름을 붙여주었다. '박테리아를 잡아먹는 것'이라는 뜻이었다.

전자 현미경으로 관찰하면 박테리오파지는 마치 달 표면에 착륙하는 우주선처럼 보인다. 마치 우주인이 타고 있는 본체 같은 머리 부분 아래로 길쭉한 몸통과 세포 표면에 착륙하기 위한 갈고리 모양의 다리로 이루어져 있기 때문이다. 실제로 맨 위에 있는 머리는 유전물질을 포함한 단백질 캡시드로 박테리오파지의 본체라 할 수 있는 부분이며, 연결 부위 아래 있는 거미발 모양의 다리들은 숙주 세포에 단단히 달라붙는 갈고리 역할을 수행한다. 여기에 머리와 다리를 연결하는 통로 부위는 머릿속에 존재하는 유전물질을 숙주 세포로 이동시키는 역할을 하므로 인간이 만든 우주선과 기능도 모양도 거의 유사하다.

델브뤼크와 허시, 그리고 루리아는 각자 태어난 곳과 처음 연구를 시작한 계기는 달랐지만 앞서거니 뒤서거니 하며 비슷한 시기에 '세균 잡는 바이러스'인 박테리오파지 연구에 인생을 걸기 시작했다. 셋 중 가장 연장자인 델브뤼크는 1906년 독일의 베를린에서 태어났다. 델브뤼크의 아버지는 베를린대학교의 교수였기에 그는 별다른 어려움 없는 유아기를 보냈다. 그러나 그가 여덟 살이 되던 1914년 제1차 세계대전이 발발했고, 전쟁의 중심에 놓인 독일에서 어린 소년의 삶은 급속도로 팍팍해져 갔다. 하지만 그는 과학에 대한 열정을 버리지 않았고, 결국 1930년 24세의 나이로 독일 괴팅겐대학교에서 당시로는 매우 새로운 분야였던 원자물리학으로 박사 학위를 받았다. 물리학자로 시작한 델브뤼크가 전공 분야와는 다른 생물학에 관심을 가지게 된 데에는 닐스 보어(Niels Bohr, 1885~1962, 1922년 노벨 물리학상 수상)의 영향이 컸다고 한다. 원자물리학으로 학위를 딴 델브뤼크는 보어의 연구실에서 박사 후 과정을 보내던 중 보어가 생물학과 물리학, 화학의 밀접한 관계에 대해 이야기하는 강연을 듣고 감명받아 생물학에 관심을 가지기 시작했다. 1933년 그는 그해 노벨 생리의학상 수상자로 선정된 미국 캘리포니아대학교의 모건 교수에게 편지를 보내, 도움을 구했다. 일단 시작된 생물학에 대한 이끌림은 델브뤼크를 관련 연구자들이 많은 미국으로 인도했고, 결국 그는 1937년 미국으로 이민을 떠난다. 비슷한 시기, 이탈리아 출신이지만 유대인의 피가 흘렀던 루리아는 일찌감치 고향을 등지고 프랑스의 파스퇴르 연구소에서 일하다 1940년에 미국으로 건너왔다. 이들은 미국에서 역시 박테리오파지에 대해 관심을 가지고 있는 허시를 알게 되었고 '아메리칸 파지 그룹'이라는 비공식 단체를 만들어 박테리오파지의 정체에 대해 연구하기로 뜻을 모으게 된다.

왜 박테리오파지인가

이들은 왜 하필 박테리오파지에 관심을 두게 되었을까? 이들이 굳이 박테리오파지를 연구 대상으로 삼았던 심연에는 '생명의 본질'을 알고자 했던 당시 생물학자들의 염원이 담겨 있었다. 이전에도 언급했듯이 생명체를 구성하는 기본 요소가 DNA와 단백질이라는 사실이 알려진 이후, 많은 학자들은 이 2가지 물질 중 어느 것이 생명의 정보를 지닌 유전물질인지를 알아내고자 했다.

초기에는 단백질 지지파가 우세했다. 20가지의 아미노산으로 만들어지는 단백질은 그 종류가 매우 다양하여 복잡다단한 생물체를 구성하는 정보를 담기에 적합하다고 여겼기 때문이다. 하지만 시간이 지남에 따라 초기에는 별다른 지지자를 구하지 못했던 DNA 측으로 추가 기울기 시작한다. 그리피스의 S형과 R형 폐렴구균의 형질 전환 실험 이후, 에이버리에 의해 비병원성의 R형 폐구균이 병원성의 S형으로 바뀌는데 DNA가 결정적인 역할을 함이 밝혀지면서 DNA 지지파가 서서히 힘을 얻기 시작한 것이다. 하지만 여전히 DNA가 어떤 구조를 가지고 있으며, 어떤 과정을 통해 유전 정보를 전달하는지는 밝혀지지 않았기 때문에 과학자들은 아직도 DNA를 유전물질이라 단정 짓지 못하고 있었다. 이러한 상황이기에 이들 '아메리칸 파지 그룹'은 박테리오파지야말로 유전물질의 정수가 무엇인지를 밝혀줄 만한 좋은 실험대상이라고 생각했다. 앞서 말했듯이 바이러스는 약간의 DNA(혹은 RNA)와 이를 둘러싼 단백질 껍데기(캡시드)로 이루어진 매우 단순한 구조였다. 따라서 바이러스가 어떤 식으로 자신의 유전 정보를 숙주 세포에 전달하는지 밝힌다면 유전물질의 정수가 무엇인지 밝힐 수 있으리라 여겼다. 그런 점에서 박테리오파지는 다른 바이러스에 비해 연구하기도 쉬웠다. 또한 박테리오파지는 숙주 세포가 박테리아이므로, 실험실에서 배양하기도 쉬웠고 결과를 관찰하기도 다른 바이러스에 비해 더 용이했다.

박테리오파지의 생활사

지구상에 존재하는 박테리오파지는 확인된 것만 약 4,800여 종으로, 이들은 각기 서로 다른 종류의 박테리아에만 감염된다. 이는 박테리오파지가 박테리아 내부로 유입되기 위해서는 박테리아의 세포막 표면에 존재하는 특정한 물질들을 인식하고 달라붙기 때문이다.

생명활동이 정지된 채 떠돌아다니던 박테리오파지는 박테리아를 만나면 세포막 표면에 존재하는 단백질이나 다당류 등을 인식하여 자신이 감염시킬 수 있는 종류의 것인지를 확인한다. 만약 감염 가능한 종류라면 박테리오파지는 거미발 같은 다리를 이용해 박테리아의 표면에 찰싹 달라붙는다. 마치 미지의 행성에 착륙한 우주선처럼 박테리아 표면에 단단히 자리를 잡은 박테리오파지는 머리 부분 속에 들어 있던

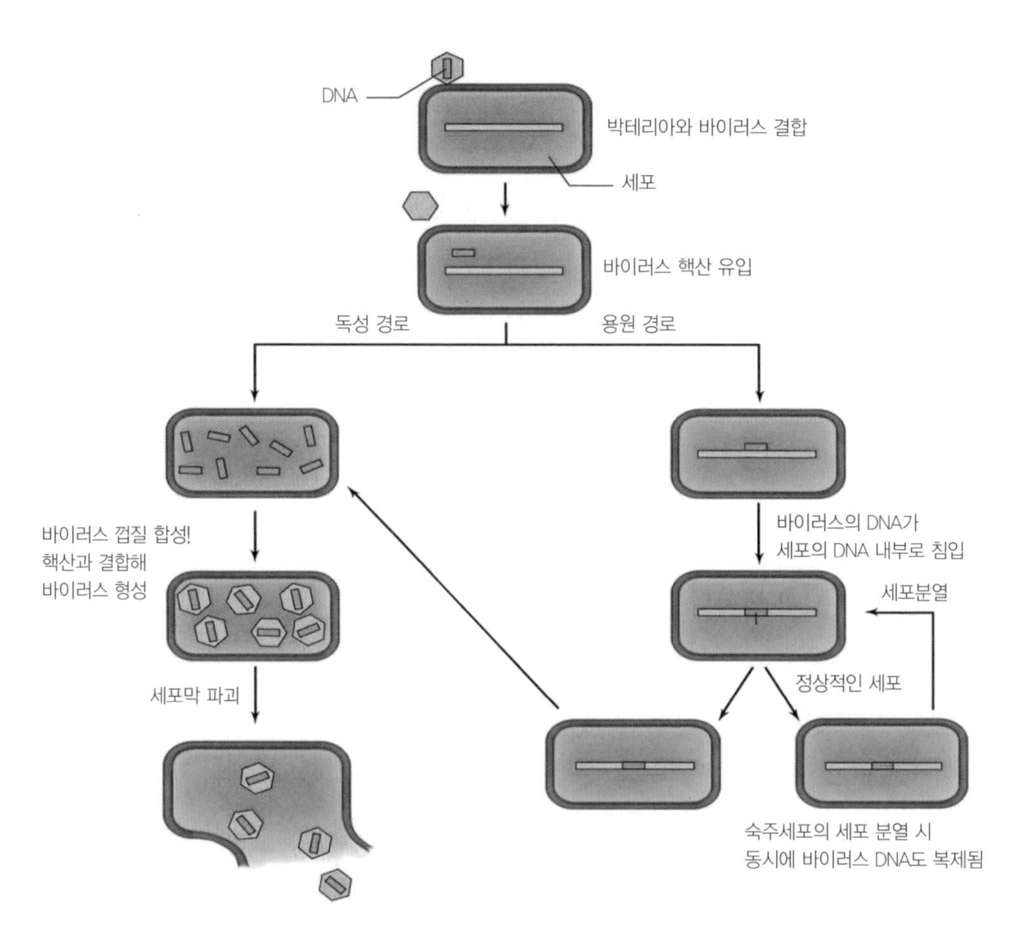

박테리오파지의 생활사. 왼쪽이 강경파인 독성파지, 오른쪽이 온건파인 용원파지.

핵산을 몸통을 통해 박테리아의 내부로 유입시킨다. 이때 박테리오파지가 주입하는 핵산은 종류에 따라 DNA일 수도 있고, RNA일 수도 있지만, 유전물질이 DNA건 RNA건 간에, 박테리오파지는 박테리아의 내부로 오직 핵산만을 유입시킨다. 마치 우주선이 행성에 착륙한 후, 우주선 자체가 움직이는 것이 아니라 내부에 탑승했던 우주비행사만 내려주는 것처럼 말이다. 박테리오파지의 몸체를 구성하는 단백질 구조는 박테리아 내부로 유입되지 않으므로, 얼핏 보면 박테리오파지가 달라붙은 박테리아는 별다른 변화가 일어나는 것처럼 보이지 않는다. 하지만 내부에는 박테리오파지의 핵산들이 들어와 있는 상태로, 이들은 박테리아가 가지는 DNA 복제효소와 단백질 생성 효소들을 이용해 새로운 박테리오파지를 형성할 핵산과 단백질을 만들도록 지시하고 있는 중이다. 박테리아는 지금 시행하고 있는 핵산과 단백질의 생성이 결국 자신을 파괴시킬 폭탄이 된다는 것도 모른 채, 바이러스의 명령에 충실히 복종하며 열심히 바이러스들의 구성물들을 만들어낸다. 악성 바이러스에 감염된 컴퓨터가 자신의 시스템을 파괴하는 명령어들을 스스로 생성해내는 것처럼 말이다.

박테리아가 충분한 숫자의 박테리오파지들을 만들어내면, 이제 새로 태어난 박테리오파지들은 다른 숙주 세포를 만나 증식하기 위해 이제껏 자신을 만들어준 세포를 떠날 준비를 하게 된다. 이때 박테리오파지의 성질에 따라 숙주 세포는 2가지 운명 중 한 쪽을 가게 된다. 먼저 일부 호전적인(?) 박테리오파지들은 충분한 양이 복제되었다고 여겨지는 즈음(보통 1개의 어미 박테리오파지는 숙주 세포를 이용해 100~200개의 새끼 박테리오파지를 복제한다)이 되면, 복제를 중단하고 숙주 세포의 세포막을 파괴하는 효소를 만들어 지금까지 자신의 명령을 충실히 시행해왔던 숙주 세포를 내부로부터 파괴해버리고 한꺼번에 쏟아져 나온다. 이런 식으로 번식하는 종류들을 '독성 파지(virulent phage)'라고 한다. 이보다 조금 온건파인 다른 종류의 박테리오파지는 숙주 세포를 조종해 자신을 복제하도록 명령하는 것까지는 독성 파지와 같지만, 숙주 세포를 파괴하지는 않는다. 대신 이들은 숙주 세포 속에서 계속하여 기생하며 숙주 세포가 분열함에 따라 같이 늘어나게 된다. 이런 식으로 번식하는 박테리오파지들은 '용원 파지(temperate phage)'라고 한다. 비유하자면, 독성 파지가 대상을 습격해 가진 것을 빼앗은 뒤 불을 질러 모조리 폐허로 만드는 약탈자 스타일이라면, 용원 파지는 상대의 땅은 식민지로, 주민들은 노예로 삼아 대대손손 부려먹는 정복자 스타일이라고 할 수 있을 것이다.

박테리오파지, 생명의 비밀을 알려주다

박테리오파지는 이런 식으로 숙주가 되는 박테리아를 철저하게 이용하며 번식한다. 델브뤼크, 허시, 루리아는 서로 협조하면서도 나름의 방식대로 박테리오파지를 연구하며 감춰진 비밀을 하나씩 벗겨내기 시작한다. 그중에서 허시는 1952년 자신의 조수 마사 체이스와 함께 대장균과 대장균에 기생하는 박테리오파지인 T4를 이용하여 DNA가 유전물질임을 밝혀내는 결정적인 실험에 성공하게 된다.

먼저 허시와 체이스는 실험을 위해 DNA와 단백질에 표시를 하였다. DNA에는 인(P)이, 단백질에는 황(S)이 항상 들어 있어야 한다는 것에 착안한 이들은 박테리오파지인 T4의 DNA에 들어가는 인(P)은 방사선 동위원소 인(P_{32})을, 단백질에 들어가는 황(S)은 역시 방사선 동위원소 황(S_{35})으로 대치하고 실험에 들어갔다. 먼저 동위원소로 표기된 T4를 대장균에 감염시킨 뒤, 이들을 여러 세대에 걸쳐 배양한다. 이후 감염된 대장균을 분리하여 대장균 내부에 P_{32}와 S_{35}중 어느 것이 남아 있는지를 측정한다. T4는 대장균에 달라붙어 내부에 든 유전물질만을 주입하므로, 감염된 대장균의 내부에 P_{32}가 발견된다면 DNA가 주입되었다는 뜻이고, S_{35}만이 발견된다면 단백질이 주입되었다는 뜻으로, 이는 각각 전자라면 DNA가, 후자라면 단백질이 유전물질임을 증명해주는 실험이었다. 실험 결과, 감염 이후 여러 세대에 걸쳐 배양된 대장균의 내부에서는 오직 P_{32}만이 관찰되었다. 즉, T4는 대장균에게 DNA를 주입했으며, 이는 곧 DNA가 유전물질임이 증명된 것이었다.

허시와 체이스의 실험으로 DNA가 박테리오파지의 유전물질임이 거의 확실하게 증명되었다. 하지만 DNA가 유전물질임이 확실히 증명되기 위해서는 DNA가 어떻게 생겼으며 어떤 과정을 거쳐 복제되는지를 알아야 할 필요가 있었다. '아메리칸 파지 그룹'의 한 명이었던 루리아는 이런 필요성을 잘 알고 있었기에, DNA의 화학적 구조를 밝히는 것에 대해 관심을 가지고 있었다. 하지만 이미 중견 연구자로 자리 잡은 루리아는 자신이 직접 화학 공부를 다시 시작하기에는 무리라는 생각이 들었는지 1951년 자신의 제자 중 한 명을 영국의 캐번디시연구소로 보냈다. 당시 캐번디시연구소는 X선을 이용해 분자의 회절 사진을 찍어 구조를 연구하는 데 앞선 곳이었다. 그가 바로 DNA 구조 발견을 통해 분자생물학의 시초를 다졌던 제임스 왓슨이었다.

당시 23세의 젊은 대학원생이었던 왓슨은 루리아의 배려로 영국으로 떠났고 그곳에서 프랜시스 크릭과 모리스 윌킨스, 로절린드 프랭클린 등과 만났으며 이들과의 협력과 경쟁을 통해 마침내 DNA의 이중나선 구조를 찾아내기에 이른다. 그는 결국 스승인 루리아보다도 먼저인 1962년, 겨우 34세의 나이로 노벨상 시상대에 오르게 되었고, 뒤이어 루리아를 비롯한 '아메리칸 파지 그룹'의 연구자들 역시 1969년 노벨상 수상자 반열에 합류한다. 그리고 유전물질의 정체와 종류를 밝힌 이들의 연구결과는 이후 유전자 재조합과 유전자 치료, 줄기세포와 체세포복제를 비롯한 현대 분자유전학의 초석이 되었고, 21세기 우리의 현실을 극적으로 바꾸어 놓았다. 이 모든 거대한 변화가 하나의 생명체라고 부르기조차 모자란 바이러스에서 시작되었다니, 새삼 작은 것의 위대함이 느껴지는 순간이다.

제14장

기러기 아빠, 동물과 함께한 일생

로렌츠와 동물행동학

1937년의 어느 날이었다. 지금 막 알껍데기를 깨고 새로운 생명이 태어나려고 하고 있다. 한 생명이 태어나는 순간은 대상이 어떤 것이든 신비롭다. 그런 신비한 광경이 눈앞에 펼쳐지는 순간을, 그는 숨소리조차 되삼키며 기다리고 있었다. 얼마나 기다렸을까? 이윽고 작지만 제법 단단한 알껍데기에 금이 가기 시작했다. 알 속에서 자라난 생명체가 껍데기를 깨고 더 너른 세상으로 나오기 위해 안간힘을 쓰고 있었다. 얼마간의 시간이 지난 뒤, 알이 놓여 있던 자리에는 여린 부리에 보송한 깃털을 가진 자그마한 회색 기러기 새

콘라트 로렌츠(좌)와 니콜라스 틴베르헌. ©막스 플랑크 연구소(Max Planck Gesellschaft), 1978.

카를 폰 프리슈 로렌츠와 함께 동물행동학으로 노벨상을 공동 수상한 칼 폰 프리슈의 주된 연구 대상은 꿀벌이었다. 프리슈는 꿀벌의 행동을 관찰하여 꿀벌이 추는 '벌춤'의 의미를 알아냈다.

끼들이 옹기종기 모여 체온을 나누고 있었다. 이제 관찰자의 임무는 끝났다. 그런데 그 순간 놀라운 일이 일어났다. 그가 몸을 돌려 집으로 돌아가려는 순간, 새끼 기러기들이 마치 약속이나 한 듯 일렬로 그를 따르기 시작했던 것이다. 그를 따르는 새끼 기러기들의 몸짓은 꽤나 분주했다. 마치 엄마를 잃어버리지 않으려 서두르는 어린아이처럼…….

1973년, 노벨상 선정위원회는 올해의 노벨생리의학상 주인공으로 오스트리아의 동물학자인 콘라트 로렌츠(Konrad Lorenz, 1903~1989)와 독일의 카를 폰 프리슈(Karl von Frisch, 1886~1982), 그리고 네덜란드의 니콜라스 틴베르헌(Nikolaas Tinbergen, 1907~1988)■을 선정했다. 이들은 자연 속에서 살아가는 동물들의 행동을 관찰하여 그 행동 패턴과 이를 추발시키는 원동력을 밝혀내어 '동물행동학'이라는 새로운 분야를 개척한 공로로 노벨상 수상의 영광을 누릴 수 있었다.

니콜라스 틴베르헌 가시고기의 구애 행동에 대한 연구는 니콜라스 틴베르헌의 소산물이다. 가시고기 수컷은 짝짓기 기간 동안 수컷은 공격하고 암컷에게는 구애행동을 하는데, 이 행동의 유발 요인은 바로 가시고기 배에 나타나는 특유의 혼인색이었다.

동물행동학의 아버지, 콘라트 로렌츠

동물행동학(Ethology)이란 인간을 포함한 동물들의 행동을 연구하는 생물학의 분야로, 좁은 의미로는 동물들이 보여주는 특정한 행동들의 기능과 이를 유발하는 원인 기제에 대한 연구라는 의미로 받아들여진다. 하지만 최근의 동물행동학은 동물이 보이는 행동들의 원인을 진화적인 맥락에서 분석하고, 각 동물들의 행동들을 비교 연구하여 그 의미를 파악하는 학문이라는 속성이 더 강하다. 동물행동학으로 노벨상을 받은 로렌츠는 "동물행동학이란 행동에 대한 비교 연구를 하는 학문이다. 다윈 이후의 모든 생물학적 방법을 동물이나 인간의 행동에 적용함으로써 생겨난 것"이라고 정의를 내리기도 했다.

1973년 당시 동물행동학으로 노벨상을 수상한 이들은 3명이었지만, 이 중에서 대중에게 가장 잘 알려진 인물은 '거위 박사'로 유명한 콘라트 로렌츠다. 국내에도 번역되어 유명해진 책 『야생거위와 보낸 일 년』에서 로렌츠는 호수 근처에 거위의 서식지를 조성하여 1년을 그들과 동고동락하며 그들의 일생을 담아 사람들에게 자연의 신비함과 그들이 지닌 따스한 유대감을 세상에 널리 알린 바 있기에 사람들은 많은 동물행동학자들 중에서 유독 그의 이름을 '각인(刻印, imprinting)'한 것이다.

로렌츠는 1903년 11월 7일, 오스트리아의 수도 빈에서 성공한 의사의 아들로 태어났다. 부유했던 부모 덕분에 로렌츠는 어린 시절부터 빈 교외에 위치한 대저택에서 키우고 싶은 온갖 동물들을 키우며 즐거운 유년시절을 보냈다. 그가 뛰놀던 정원에서는 기러기와 오리, 앵무새, 카나리아같이 비교적 흔한 애완동물뿐 아니라, 긴꼬리원숭이처럼 구하기 쉽지 않았던 동물들까지 키웠다고 하니 그가 동물들에게 쏟았던 애정이 짐작된다. 이렇게 어린 시절부터 워낙 동물들을 좋아했기에 로렌츠는 대학교에서도 동물학을 전공하려 했다. 하지만 어린 시절 동물들과 함께 놀던 것에 대해서는 관대했던 아버지도 진로 문제만큼은 고집을 꺾지 않았기에 결국 로렌츠는 아버지의 뜻에 따라 의대로 진학해 1928년 의사 자격증을 획득한다. 하지만 의대를 졸업했음에도 동물에 대한 관심이 결코 사그라지지 않는 것을 느낀 로렌츠는 결국 동물학 연구를 위해 대학으로 다시 편입하여 1933년 동물학 박사 학위를 받고 본격적으로 조류에 대해 연구하기 시작한다.

새, 로렌츠의 친구이자 조력자

로렌츠는 다양한 동물 중에서도 새들에 대해 관심이 많았다. 다양한 새들을 관찰하던 중 우연히 만나게 된 회색기러기와의 인연은 로렌츠를 '동물행동학'의 창시자로 자리매김하게 만든다. 1937년의 어느 날, 회색기러기의 행동을 관찰하던 로렌츠는 놀라운 경험을 한다. 막 알에서 부화한 새끼 기러기들이 마치 어미를 따르듯 로렌츠의 뒤를 졸졸 따라다니는 현상이 나타난 것이다. 비단 새끼 기러기뿐 아니라, 거위나 오리, 갈가마귀 등 다양한 새들의 새끼들 역시 마찬가지였다. 이들은 진짜 어미가 나타나도 본체만체하고 오로지 로렌츠만을 따를 만큼 절대적으로 신뢰했고, 심지어 몇몇 개체는 성체가 된 이후에도 로렌츠를 같은 종으로 여겨 구애의 몸짓을 보일 정도였다. 무엇이 이들을 진짜 어미가 아닌 로렌츠를 어미로, 같은 종으로 여기게 만든 것이었을까?

여기서 등장하는 개념이 바로 '각인'이다. 각인이란 생애 초기의 결정적 시기에 갖춰지는 특정 행동들을 말하는데, 한번 각인이 일어나면 이를 바꾸거나 되돌리는 것은 극히 어렵다. 마치 칼로 도장을 파내듯 지워지지 않는 것이다. 각인은 생득적(生得的) 행동과 유발 요인, 그리고 결정적 시기라는 삼각 변수가 맞물릴 때 일어난다. 일반적으로 동물들은 선천적으로 몇 가지 습성들을 가지고 태어난다. 이를 본능, 다른 말로 생득적 행동이라고 하는데, 이 생득적 행동이 나타나기 위해서는 유발하는 자극이 필요하다. 그리고 반드시 적절한 시기에 이루어져야 각인이 제대로 형성된다.

그런데 생득적 행동 자체는 선천적인 것이지만 이를 유발하는 자극은 반드시 정해져 있지는 않다는 특징을 지닌다. 변화무쌍한 환경의 변화를 고려해보건대 자극의 느슨한 관용은 진화상 유리한 선택이었을 것으로 여겨진다. 앞서 등장한 회색기러기를 예로 들어보자. 회색기러기를 비롯한 대부분의 조류, 특히나 땅 위에 알을 낳는 조류들은 태어나자마자 눈앞에 보이는 움직이는 대상을 따라가라는 본능적 습성을 가지고 태어난다. 나무 위에 둥지를 지어 천적으로부터 어느 정도 보호

에스씨 호수(Lake Eßsee). 이 호수는 독일 생태학자 콘라트 로렌츠가 물새들에게 각인시키는 실험을 한 곳으로 유명하다. ©Gerbil

되는 새들과는 달리, 땅 위에서 부화되는 새끼들은 천적에 노출될 가능성이 크기 때문에 거의 대부분 부화되자마자 걷고 움직이는 것이 가능한 상태로 태어난다. 그리고 여기에 더해 자신을 보호해 줄 만한 보호자를 무조건 따라다니는 습성을 가지고 태어난다. 위험한 세상에 내던져진 새끼들의 본능적 습성인 것이다. 따라서 새끼 기러기나 새끼 거위의 경우, 태어나서 처음 본 '움직이는 대상'을 무조건 따라가는 습성을 가지고 태어난다(로렌츠에 따르면 태어나자마자 움직이는 보트를 접하게 된 새끼 거위는 보트를 어미로 알고 졸졸 따라다니기도 했다고 한다). 여기서 '처음 본 물체를 따라가는 것'은 그들이 지닌 생득적 행동이며, 이를 유발시키는 것이 '움직이는 물체'라는 자극 요인이다. 대개 새끼가 부화되어 처음 접하는 것은 어미일 테고, 어미는 새끼가 태어나자마자 이들을 데리고 좀 더 안전한 곳으로 이동하기에 '움직이는 물체'라는 것은 기러기와 거위에게 있어 충분한 자극요인이었을 것이다. 그리고 일단 특정 요인이 자극제가 되어 생득적 행동을 유발시키면 이제 자극요인과 생득적 행동은 하나의 세트로 묶여서 고정되는 현상이 일어나는데 이것이 바로 각인이다.

흥미로운 사실은 생물에 따라 각인이 형성되는 '결정적 시기'가 있다는 것과 같은 생득적 행동이라 하더라도 이를 유발하는 자극은 종에 따라 조금씩 다르다는 것이다. 먼저 결정적 시기 이전에는 다양한 자극요인들이 모두 생득적 행동을 불러일으키는 요인으로 기능할 수 있지만, 일단 결정적 시기에 특정 자극 요인과 생득적 행동이 결합되어 각인되고 난 뒤에는 다른 요인들은 자극 유발 요인이 될 수 없게 된다. 실제로 태어나자마자 로렌츠를 처음 접하고 그를 어미로 인식한 새끼 거위들은 이후 진짜 어미가 다가와도 거부하고 오로지 로렌츠만을 쫓아다니는 현상이 목격되었다.

과연 동물행동학이 무슨 의미가 있을까?

얼핏 보면 동물행동학은 단순한 학자들의 호기심 충족거리 수준으로밖에 여겨지지 않는 경우가 많다. 앞서 말한 새끼 거위의 경우를 살펴보자. 갓 태어난 새끼 거위들이 로렌츠를 어미로 여기며 따라다니는 현상들은 분명 신기하고 재미있는 일이다. 왜 꿀벌들이 춤을 추는지, 가시고기 암수가 번식기 때 색이 달라지는 이유는 무엇인지, 왜 카나리아가 아름다운 소리로 지저귀는지 등을 관찰하여 원인을 파악한다면 이는 분명 흥미로운 지식이 될 수 있지만 많은 사람들은 이렇게 얻은 지식들이 단순한 호기심 충족 외에 어떤 쓸모가 있는지에 대해서는 회의적이다.

하지만 동물행동학은 동물뿐 아니라 우리 인간이 가지는 근원적인 질문에 대한 해답의 한 방편을 제시해 준다. 먼저 동물행동학은 생명체의 행동의 근원이 어디에서 오는가에 대한 실마리를 제시한다. 영국의 경험주의 철학자 존 로크(John Locke, 1632~1704)는 인간이란 '빈 서판(tabula rasa)'과 같아서 출생 이후의 경험과 학습, 교육에 따라 달라질 수 있기에, 인간을 인간답게 하는 근원적 추동력은 기질(본성)이 아니라 교육(환경)의 차이라 주장한 바 있다. 로크 이후, 수많은 이론들이 등장하며 인간의 근원적 추동력에 대한 다양한 주장이 있어왔다. 그런데 동물행동학의 많은 이론들은 인간이 결코 백지처럼 텅 빈 존재가 아니며, 본성과 환경사이의 상호작용의 결과물이라는 사실을 시사한다. 동물들의 행동을 통해 그들의 행동이 반드시 학습된 것만은 아니며, 반드시 본성에만 기대지도 않았음을 알 수 있기 때문이다. 즉, 생명체에겐 유전과 환경의 조화가 중요하다는 사실을 동물행동학을 통해서 알 수 있다.

예를 들어 새들 중 많은 종의 수컷들은 번식기가 되면 종에 따라 고유한 가락을 지저귀곤 한다. 인간에게 있어서는 그저 단순한 지저귐일 뿐이지만, 이는 동종의 암컷에게는 달콤한 세레나데로 들리는 동시에 경쟁자인 수컷에게는 자신의 세력권을 알리는 선전포고가 된다는 점에서 매우 중요한 행동이다. 그렇기에 수컷 새들은 번식기가 되면 목청이 터져라 소리를 높이곤 한다. 하지만 이 수컷들은 어떻게 자신들만의 가락을 알고 지저귀는 것일까?

새들의 지저귐이 생득적인 것인지, 후천적인 것인지를 알기 위해서는 인위적 개입이 필요하다. 갓 부화한 새끼 새들을 어른 새들과 격리시켜 키워 이들이 자라는 동안 종 특이성을 가진 지저귐을 듣지 못하도록 하는 것이다. 과연 이들은 성인이 되었을 때 고유의 가락을 지저귀거나(수컷), 같은 종의 지저귀는 소리를 인식(암컷, 수컷 모두)할 수 있을까? 만약 이들이 해당 가락을 전혀 접해본 적이 없음에도 불구하고 제대로 지저귄다면 이는 본능, 즉 생득적 행위로 판단할 수 있고, 반대로 제대로 지저귀지 못하거나 같은 종의 지저귐을 인식하지 못한다면 지저귀는 행동은 후천적 학습에 의한 것으로 판단할 수 있을 것이다. 실제관찰 결과, 단순한 가락을 지저귀는 뻐꾸기나 닭, 비둘기는 배운 적이 없어도 지저귈 수 있었으나, 복잡한 노래를 부르는 청머리회색되새(Chaffinch, Fringilla coelebs, 혹은 푸른머리되새)나 흰머리멧새는 노래하지 못하는 현상이 관찰되었다. 이 결과로 보자면, 단순한 지저귐은 생득적 행동이나 복잡한 노랫가락은 후천적 학습이 더해져야 한다고 말할 수 있다. 하지만 더욱 흥미로운 것은 지저귐 학습이 필요한 새들도 다른 종류의 새들의 지저귐은 배우지 못한다는 것이다. 즉, 복잡한 노랫가락을 배울 수 있는 흰머리멧새에게 다른 새의 노랫소리를 들려주더라도 그 가락을 따라하지는 못한다는 것이다. 이를 통해 보자면, 종 특유의 노랫가락을 구별하는 능력은 분명 생득적인 것이 확실하며, 지저귀는 능력 자체 역시도 생득적인 것이나, 구체적인 가락은 학습을 통해 형성된다는 것을 알 수 있다. 즉, 지저귄다는 행동은 생득적인 본성과 후천적인 학습이 동시에 이루어져야 비로소 완벽해지는 현상인 것이다.

동물을 통해 인간을 보다

여기서 끝난 것이 아니다. 동물행동학이 다른 말로 비교행동학이라고 불리는 것처럼, 동물들의 이런 행동을 통해 인간의 특성 역시도 비교하여 파악할 수 있게 된다. 예를 들어 새들의 지저귐을 인간의 말로 대치해보자. 인간의 경우, 말을 할 수 있는 것은 생득적인 본성일까, 후천적인 학습의 결과일까?

이에 대해서는 불행한 사례가 있다. 1970년 미국 캘리포니아에서 한 소녀가 구출되었다. 학자들이 지니(Genie)란 이름을 붙여준 이 소녀는 끔찍한 가정 폭력의 피해자였다. 정신이 온전치 못했던 지니의 아버지는 돌이 갓 지난 아이를 골방에 가두고 방치했다. 지니는 무려 12년 동안이나 골방에 갇혀 타인과의 접촉을 차단당한 채 지내다가 겨우 구출되었다. 처음 구출되었을 때 지니는 열세 살이었지만, 심각한 영양실조로 7세 정도의 체구에 말도 거의 하지 못했다. 지니의 성대를 비롯한 발성기관에는 문제가 없었지만, 오랜 세월 말을 걸어주는 이가 없었기에 지니는 말을 배우지 못했던 것이다. 처음에 학자들은 낙관했다. 비록 그녀에게 일어난 사건은 끔찍했지만 이제라도 따뜻하게 돌봐주고 적절하게 교육하면 제대로 된 언어를 구사하는 정상적인 성인으로 자랄 수 있을 것이라 기대했던 것이다. 하지만 그들의 예상은 빗나갔다. 지니는 이후 4년간에 걸쳐 집중적인 언어치료를 받았지만 결코 제대로 된 언어를 구사하지 못했다.

기억력에는 문제가 없었으므로 시간이 지나자 지니가 외울 수 있는 단어의 수는 늘어났다. 하지만 지니는 이들을 적절히 조합해 문장을 만들어내지 못했고, 언어를 이용해서 타인과 의사소통을 하는 데도 실패했다. 결국 이 불행한 사건은 인간의 언어적 특성에 대한 중요한 사실 하나를 알려주는데 그치고 말았다. 즉, 인간은 누구나 언어를 배울 수 있는 능력은 생득적으로 가지고 태어나지만, 출생 이후 적절한 자극을 받지 못한다면 언

콘라트 로렌츠와 그의 뒤를 따르는 새끼 거위들. 이들은 출생 직후 로렌츠에게 각인되어 로렌츠를 어미로 인식한 상태이다. ©Nina Leen, Time Life Picture

어를 배울 수 없다는 것과 언어 습득에는 결정적 시기가 있어 이 시기를 놓치면 제대로 된 언어를 구사하는 것이 극히 어렵다는 것이다. 이로 말미암아 어릴 적부터 짐승에 의해 키워진 『정글북』의 모글리나 정글의 왕자 『타잔』의 경우, 인간과의 의사소통은 불가능하다는 것을 짐작할 수 있다. 이처럼 동물행동학의 결과는 인간의 행동과의 비교 연구를 통해 인간의 본질적 특성을 이해하는 데 도움을 줄 수 있다.

마음을 이해하는 동물행동학

덧붙여 동물행동학은 인간의 심리 상태를 이해하는 데도 많은 도움을 준다. 또 다른 동물행동학자인 존 볼비(John Bowlby, 1907~1990)는 1936년, 탁아소나 고아원 등의 집단 수용 시설에서 자라난 아동들이 성장 이후 타인과의 관계 맺기를 어려워하거나 정서적 불안정을 경험하는 등의 심리적 문제를 겪는 것을 관찰한 뒤, 이런 현상을 동물행동학적인 방법을 이용해 설명했다.

앞서 말했듯이 기러기나 거위를 비롯해 많은 동물들은 출생 직후 자신이 따를만한 보호자를 인식하고 그를 무조건 따르는 각인 현상을 보인다. 이는 조류뿐 아니라 포유류 역시 마찬가지인데 어미에 대한 각인은 새끼 동물들의 생존에 영향을 미칠 만큼 매우 중요한 현상이다. 심리학자 해리 할로(Harry Harlow, 1905~1981)는 원숭이의 행동을 연구하던 중 갓 태어난 원숭이를 어미와 따로 격리시켜 키우면 아무런 건강상의 문제가 없음에도 불구하고 유아기를 넘기지 못하고 죽는 경우가 자주 발생함을 관찰하였다. 이들은 무언가 기댈만한 대상이 없다면 살아갈 의미를 잃는 듯 보였다. 기댈 수만 있다면 그 대상이 무엇이든 (흔들리는 인형이든 천 조각이든) 상관없이 새끼 원숭이의 생존율은 높아졌다.

이를 바탕으로 볼비는 인간의 초기 발달 과정을 면밀히 관찰했다. 아기들은 사람의 얼굴을 좋아한다. 심지어 태어난 지 10분밖에 지나지 않은 아기도 사람의 얼굴 사진을 다른 사진들보다 더욱 좋아한다는 결과가 나왔을 정도였다. 3개월 이전의 아기들에게는 아직 대상에 대한 호불호가 나타나지 않는다. 그저 이들은 자신을 안아서 달래주는 모든 이들에 대해 호감을 가진다. 하지만 3개월에서 6개월 사이의 아기들은 자신에게 친숙한 사람과 그렇지 않은 사람들을 구별하기 시작하여 6개월 이후에서 2년 사이의 기간에는 주 양육자(주로 엄마)를 구별하고 그에게 뚜렷한 애착 현상을 나타내기 시작한다. 심지어 이 시기에는 주 양육자가 눈앞에서 잠시만 사라져도 극심한 거부 반응을 보이는 분리불안(separation anxiety)을 보이곤 한다. 즉, 두 살 미만의 아기가 엄마와 떨어지는 것을 무서워하고 낯가림을 하는 것은 아이가 정상적으로 자라고 있다는 증거일 수 있다. 이 시기 주 양육자와 안정적인 애착 관계가 제대로 형성된 아이들은 자존감이 형성되어 세상에 대한 두려움을 이기고 자라면서 더 넓은 세상에 대한 탐색이 가능해지며, 타인과의 정서적 교감을 나누는 것이 자연스러워진다.

하지만 이 시기에 주 양육자가 자주 바뀌어서 아이가 애착을 형성할 대상에 혼란이 온다던가, 주 양육자가 아이에게 안정적인 환경을 제공하지 못한다던가(가정불화 등으로 인해), 혹은 양육자로부터 충분한 관심을 받지 못한다던가 하는 현상이 일어나면 아이는 애착관계를 제대로 형성하지 못해 불안정하고 냉정한 심리상태를 가지고 자라나게 될 가능성이 높으며, 이는 성인이 된 후에도 타인과 깊은 관계를 맺지 못하거나 정서적 문제를 일으키게 될 소지가 높아진다(단, 여기서의 모든 결과는 확률적이다). 아이의 애착관계 형성은 기러기의 각인 현상과 비슷하여 특정 대상과의 관계가 매우 중요하며, 잘못된 각인이 결정적 시기 이후 교정되지 않는 것처럼 제대로 형성되지 않은 애착관계는 오랫동안 심리적 문제를 일으키는 원인이 될 수 있다. 볼비는 이를 통해 동물행동학의 연구결과들이 인간의 심리 상태를 이해하고 그에 대한 해결책을 제시하는 데 유용함을 보여주었다.

동물행동학은 동물을 면밀히 관찰하는 것에서 시작되지만, 그 결과는 인간의 이해로 귀결된다. 인간 역시 자연의 일부이며, 자연을 사랑하고 이해하는 것이 인간을 사랑하고 이해하는 것과 동의어라는 것을 동물행동학이라는 학문이 보여주고 있는 것이다.

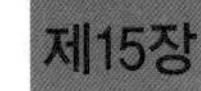

DNA를 원하는 대로 자를 수 있다면

네이선스와 스미스, 제한효소를 발견하다

"그래, 이거였어! 드디어 원하는 부위에서 DNA를 자를 수 있는 절단 효소를 찾아냈어!"

만약 눈에 보이지도 않는 것을 자르는 가위가 있다고 한다면, 그건 어떤 모습일까? 아니 애초에 그런 가위가 존재하기나 하는 걸까? 존재조차 예상할 수 없었던, 오직 상상 속에서만 가능했던 일이 눈앞에서 벌어지자 흥분한 젊은 학자가 여기 있다.

1970년, 미국 존스홉킨스대학교의 연구실, 방금 그는 최초로 DNA를 특정부위에서만 잘라낼 수 있는 '유전자 가위'인 제한효소(restriction enzyme, 制限酵素)를 막 발견한 참이었다. 참으로 신기한 일이었다. 눈에 보이지도 않는 DNA를 마치 눈으로 보는 것마냥 정확하게 원하는 위치에서 잘라내는 제한효소. 이 제한효소의 기능은 마치 누군가가 가위에 눈을 달아놓은 것같이 정확했다.

1978년, 노벨 생리의학상의 영광은 DNA 분해 효소의 발견과 응용

대니얼 네이선스(좌)와 해밀턴 스미스, 1978.

을 가능하게 한 3명의 인물들에게 돌아갔다. 스위스의 세균학자 베르너 아르버(Werner Arber, 1929~), 미국의 생물학자 대니얼 네이선스(Daniel Nathans, 1928~1999)와 해밀턴 오서널 스미스(Hamilton Othanel Smith, 1931~)가 그 주인공이었다. 이들의 발견은 생물학에서 분자생물학이 차지하는 비중을 현저하게 높였으며, 이전에는 지구상에 존재하지 않던 생물들을 인간의 손으로 만들어내는 시대를 가능하게 했다.

시대의 흐름을 바꿀 과학자들의 어린 시절

제한효소를 찾아내 노벨상을 받고 유전자 재조합이라는 신세계를 연 네이선스와 스미스가 가진 진취성에 대해 학자들은 그들의 어린 시절에서 그 원인을 찾곤 한다. 네이선스는 자유로운 삶을 꿈꾸며 미국으로 이민 온 러시아계 부모의 9명의 자녀 중 막내로 태어났다. 네이선스가 태어난 1920년대 말은 대공황 시기로 모든 것이 어려운 시기였고, 자녀가 많았던 네이선스 가족은 그야말로 하루 한 끼 먹는 것을 걱정해야 할 정도로 궁핍했다. 하지만 그들의 부모는 아이들이 자유로운 꿈꾸는 것을 잃지 않도록 애를 썼고, 특히나 대가족의 막내로 가족의 사랑을 듬뿍 받고 자란 네이선스는 비록 물질적으로는 풍요롭지 못했지만 자유롭고 거침없는 사고방식을 가진 사람으로 성장했다.

스미스 역시 부모의 영향을 많이 받았다고 회상한 바 있다. 스미스의 부모는 학구열이 무척 강해 아이들과 함께 책을 읽고 토론하고 화학 실험기구를 이용해 간단한 실험을 재연할 정도였다. 스미스와 네이선스가 자라날 당시 그들을 둘러싼 국내외의 상황은 불안정하고 궁핍했지만, 이들의 부모는 최선을 다해 아이들이 자유롭고 창조적인 삶을 살아갈 수 있도록 지켜주었고, 그런 부모의 열망은 장차 이들이 생물학 역사에서 매우 도전적이고 흥미로운 발견을 할 수 있는 밑거름이 되었다.

유전자, 재조합되다

20세기 중반, 왓슨과 크릭에 의해 DNA의 구조가 밝혀지고 DNA가 유전물질로 확고하게 자리를 잡게 됨으로써, 과학자들의 관심은 'DNA의 재조합'으로 넘어가기 시작했다. 특정한 유전적 형질이 DNA라는 화학물질의 독특한 조합, 즉 유전자에서 기인하는 것이라면 이 유전자를 다른 생명체에 넣어주어서 같은 형질을 발현시키는 것도 가능하지 않을까 하는 생각이 미친 것이다. 예를 들어 화훼 산업의 일등주자인 장미는 흰색에서 노랑, 분홍, 빨강 등 다양한 색을 가지지만, 유독 파란색만은 없다. 이유는 간단하다. 장미는 파란색 색소를 만드는 유전자를 가지고 있지 않기 때문이다. 'blue rose'라는 단어가 '있을 수 없는 것'이라는 의미를 지니고 있는 것은 이런 이유에서다. 하지만 유전물질의 정체가 밝혀지면서 과학자들은 파란 장미가 반드시 불가능한 것만은 아닐지도 모른다는 희망을 가지게 되었다. 유전자의 문제라면, 파란색 꽃을 피우는 다른 식물(예를 들어 달맞이꽃)에서 파란색 색소를 만드는 유전자를 잘라서 장미의 DNA에 결합시켜주면 되는 것이 아닐까?

하지만 이 상상을 현실로 바꾸기 위해서는 먼저 해결해야 할 문제들이 있었다. 너무 작아서 눈에 보이지도 않는 DNA를 어떻게 자르고 이어 붙이느냐는 현실적인 문제들이었다. 1967년 마틴 겔러트(Martin Gellert)와 로버트 리먼(Robert Lehman)에 의해 DNA 조각들을 이어붙이는 '유전자 접착제'인 DNA 리가아제(DNA ligase)가 발견되었다. 인간의 DNA는 이중 나선 구조를 가지고 있어서, 복제 시 두 가닥의 DNA가 풀리면서 각각을 주형으로 하여 새로운 DNA를 합성하는데, 까다롭게도 방향성을 따지는 성질을 지니고 있어서 한 쪽 가닥은 문제없이 복제되지만, 다른 쪽 가닥은 짧은 DNA 조각들의 무수한 모임으로 만들어지게 된다.

이렇게 반대방향으로 만들어지는 짧은 DNA 조각들을 오카자키 절편(Okazaki Fragment)이라 하는데, 이 오카자키 절편들이 하나로 이어져야 DNA 복제가 완성되므로 생물체들은 이 오카자키 절편들을 이어주는 접착제, 즉 DNA 리가아제를 항상 지닌 채 태어난다. 인간을 비롯한 포유류는 4종의 DNA 리가아제를 가지는데, 이 DNA 리가아제로 인해 오카자키 절편들이 하나의 긴 DNA 사슬로 이어질 수도 있고, 스트레스나 다른 이유 등으로 인해 끊어진 DNA를 붙여 보수하는 것도 가능하다.

DNA 리가아제의 발견 이후, 과학자들의 관심은 DNA를 자를 수 있는 '유전자 가위'의 발견으로 모아졌다. 3명의 공동 수상자 중 먼저 실마리를 잡은 것은 아르버였다. 1960년대 스위스의 제네바대학교에 교수로 재직하던 아르버는 박테리오파지를 연구했던 루리아의 실험을 더욱 발전시키고 있었다. 특히 아르버가 관심을 가졌던 것은 박테리아의 방어 체계였다. 박테리아는 박테리오파지에 감염되면 이들이 자신의 DNA를 오염시키지 않도록 바이러스의 DNA를 잘게 잘라버리는 효소를 지니고 있었다. 즉, 박테리오파지에 대해 완전히 무방비 상태는 아니라는 것이었다. 하지만 아르버가 처음에 발견한 절단 효소는 DNA를 무작위로 잘게 잘라버리기 때문에 특정한 유전자만을 골라서 잘라내기는 불가능했다. 이제 과학자들은 원하는 위치를 정확히 가려서 잘라낼 '스마트'한 절단 효소를 찾기 시작했다. 다행히 기다림은 그리 오래 걸리지 않았다.

1970년, 미국의 생물학자 해밀턴 스미스는 박테리오파지와 박테리아의 생활사를 연구하던 도중 '스마트한' 유전자 가위를 찾아내게 된다. 앞서도 언급했듯이 바이러스는 자신의 DNA를 숙주 세포에 주입하여 생명활동을 한다. 박테리아를 숙주로 삼는 박테리오파지의 경우도 마찬가지이다. 하지만 박테리오파지가 박테리아를 숙주로 삼는 것이 항상 수월한 것만은 아니다. 박테리아 역시 박테리오파지의 유입을 막기 위한 방어체제를 구축해놓고 있기 때문이다. 박테리오파지는 박테리아 내부로 유전물질(DNA 혹은 RNA)만을 유입시키므로, 박테리아들은 박테리오파지의 유전물질을 잘라서 토막 내는 효소들을 가지고 있다. 이 효소의 존재는 앞서 아르버가 규명한 바 있다. 일단 외부에서 들어온 핵산은 모두 잘라버리는 것이다. 하지만 어떤 경우에는 잘리는 데 패턴이 있어보였다. 즉, 마구잡이로 난도질을 하는 것이 아니라 박테리오파지만을 선별해 그것도 특정 부위만 잘라내는 것이었다. 도대체 어떻게 가능한 것일까?

비밀은 이 DNA 절단효소의 '인식 능력'에 있다. 이들은 DNA를 아무데서나 막 자르는 것이 아니라, 특정한 염기서열을 인식하여 그 부위만을 인식해 잘라내는 특성을 지닌다. 아무렇게나 자르는 것이 아니라 제한된 부위만을 인식해 자르므로 이들에게는 제한효소라는 이름이 붙게 되었다. 이후 네이선스는 제한효소들을 SV40 바이러스의 유전물질에 처리한 뒤, SV40의 DNA가 11조각으로 잘라진다는 것을 발견해 이 조각들을 각각 분리해 일종의 유전자 지도를 제시하는 데 성공했다.

여기서 잠깐, 제한효소는 어떻게 자신과 침입자의 DNA를 구별할까? 제한효소에 눈이 달린 것도 아닐 텐데 말이다. 이는 인간이 전쟁터에서 아군과 적군을 구별하는 방식과 크게 다르지 않다. 전쟁터에 나선 군인들은 각자 고유의 군복을 입는다. 군복은 그가 속한 집단에 따라 서로 다르게 디자인되는데, 이로 인해 전쟁터에서 피아(彼我)의 구별이 가능하다. 제한효소 역시 마찬가지다. 제한효소는 DNA를 아무렇게나 자르는 것이 아니라 특정한 염기서열 부위만 잘라낸다. 예를 들어 EcoR1이라는 제한효소는 길게 이어진 DNA 가닥 중에서 오직 GAATTC라는 염기서열을 발견하면 가차 없이 잘라버린다. 그런데 이 염기서열은 박테리오파지뿐 아니라, 간혹 박테리아의 자체 DNA에서도 나타나는 경우가 있다. 하지만 이런 경우라도 박테리아의 DNA는 잘리지 않는다. 그 이유는 박테리아가 자신의 DNA에서 EcoR1이 자를 것 같은 부위에 미리 메틸(methyl)기를 붙여놓았기 때문이다. 메틸기가 붙어 있으면 제한효소는 이 부위를 자르지 않고 건너뛴다. 즉, 메틸 분자는 제한효소에게 '나는 아군이니 공격하지 말 것'이라는 메시지를 전달하는 역할을 하는 것이다.

새로운 미래가 열리다

스미스의 발견 이후, EcoR1 외에도 다양한 종류의 제한효소가 발견되었다. DNA를 자르고 붙일 수 있는 가위와 접착제가 모두 갖춰졌으니 이제 서로 다른 종의 유전자들이 재조합될 수 있는지를 실험하는 것만이 남았다. 1973년 허버트 보이어(Herbert Boyer, 1936~)와 스탠리 코헨(Stanley Cohe, 1922~)은 두꺼비의 일종인 아프리카 두꺼비와 대장균을 이용해 세계 최초의 유전자 재조합 실험을 시도한다. 먼저 이들은 아프리카 두꺼비의 DNA에서 특정한 단백질을 만드는 유전자가 존재하는 부위를 제한효소를 이용해 잘라내었다. 그리고 대장균에서 고리

플라스미드 박테리아의 내부에 염색체 DNA와는 별도로 존재하는 고리 모양의 DNA를 말한다. 1952년 조슈아 레더버그(Joshua Lederberg)에 의해 명명되었다. 플라스미드는 세균의 생존에 필수적이지 않기 때문에 없어도 생존에는 지장이 없으며, 세포 내외로의 유출입이 자유로워 유전자 재조합 시 특정한 유전자를 운반하는 운반체로 사용되곤 한다.

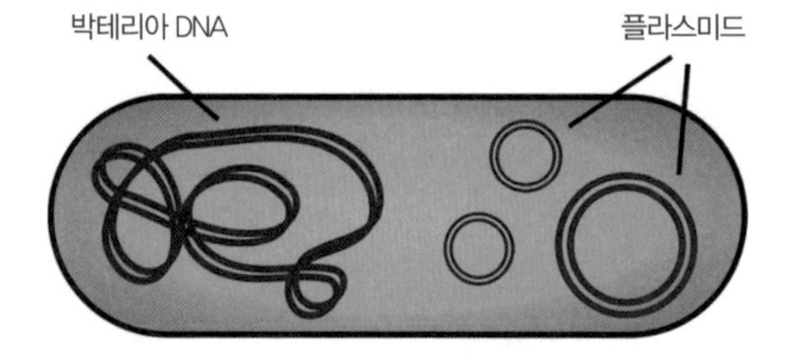

모양의 플라스미드(plasmid)▪를 추출하여 동일한 제한효소를 이용해 고리를 끊어 틈을 벌린 후, 여기에 아프리카 두꺼비의 DNA에서 잘라낸 유전자를 DNA 리가아제를 처리해 붙여주었다. 그런 다음 아프리카 두꺼비의 유전자를 담은 플라스미드를 다시 대장균에 유입시켰다. 그러자 놀라운 일이 벌어졌다. 대장균은 플라스미드에 든 두꺼비 유전자를 마치 자신의 것인 양 받아들여 두꺼비에게서만 생산되는 단백질을 생성하기 시작했던 것이다. 드디어 인류는 유전자 재조합의 시대와 만나게 된 것이다.

스탠리 코헨이 찾아낸 유전자 재조합 방식은 곧 많은 과학자들에게 널리 퍼져나가기 시작했다. 하지만 생명을 조작한다는 거창한 일에 비해 그들이 다뤄야 하는 것은 너무 간단해서일까? 과학자들은 자신들 손에 놓인 이 기술을 어떻게 이용해야 할지 고민하기 시작했다. DNA는 이제 명실 공히 유전물질의 자리를 확보했고, 유전자 재조합이 가능해졌다는 것은 DNA를 마음대로 자르고 이어붙이는 것이 가능해졌다는 말이었다. 그런데 생물이라면 모두 유전물질로 DNA를 가지므로(RNA 바이러스는 논외) DNA 수준에서 보면 사람의 DNA든, 젖소의 DNA든, 박테리아의 DNA든 하등 차이가 없다는 사실이 오히려 이들을 주저하게 만든 원인이 되었다. 따라서 이론적으로는 개와 고양이의 DNA는 물론이고, 동물과 식물의 DNA, 심지어 사람과 박테리아의 DNA도 자르고 이어붙여서 키메라(chimera)를 만드는 것이 얼마든지 가능하다는 말이 된다.

DNA는 서로가 어느 생물종 출신인지를 그다지 가리지 않기 때문이다.

이런 상황이 도래되자, 과학적 호기심 충족을 위해 물불 안 가릴 것만 같은 과학자들이 먼저 자신들이 연구하는 것이 과연 정당한가를 두고 자성하는 모습을 보이기 시작한다. 그리고 그런 그들의 모습이 드러난 것이 바로 '아실로마 회의(Asiloma Conference)'다. 아실로마 회의를 통해 과학자들은 유전자 재조합 연구에 대한 안전 수칙과 지침을 마련했고, 가능하면 전체 생태계에 미치는 영향을 최소로 하는 조건과 실험에 대한 열정을 적절히 조율하여 결과를 가져오는 방법에 대해 논의하는 자리를 가진다. DNA란 작게 쪼개다 보면 당의 일종인 디옥시리보오스와 인산, 그리고 염기가 붙은 단순한 유기화합물일 뿐이지만, 이 유기화합물이 반복해서 모이게 되면 '생명'을 만들어내는 마법의 주문이 된다는 사실을 주지하고, DNA란 다른 유기화합물과는 다르게, 좀 더 신중하게 취급할 것에 대해 다짐을 한 것이다.

아실로마 회의를 통해 과학자들의 자성은 이끌어냈지만, 예상처럼 유전자에 대한 연구는 더욱더 활발해졌다. 유전자에 의해서 생물체의 특성이 결정된다면, 생물의 고유한 특징을 알기 위해서는 유전자를 분석하면 될 것이라는 사실이 점점 더 힘을 얻은 것이다. 나아가 사람들은 이렇게 분석한 유전자들을 제한효소와 접합 효소로 자르고 붙이면 얼마든지 유전자 재배치가 가능해지니 새로운 특성을 지닌, 새로운 품종, 특히나 인간에게 유리한 생물을 얼마든지 만들어낼 수 있을 것이라는 생각을 실천에 옮기기 시작한다. 본격적인 '유전 공학'에 대한 꿈이 부풀어 오르기 시작한 것이다.

우리 삶 속으로 들어온 유전공학

보이어와 코헨의 성공 이후, 인체에 유용한 단백질을 미생물을 이용해 대량 생산하는 것에 대한 관심이 높아졌다. 특히나 이들이 주목한 것은 인체 내에서 분비되는 각종 호르몬들의 인공 합성이었다. 만약 성공만 한다면 이는 황금알을 낳은 거위를 능가하는 알짜배기 산업이 될 터였다. 이 분야 최초의 낭보는 생명공학회사 제넨테크(Genentech)에서 들려왔다. 제넨테크의 연구진들은 인간의 DNA에서 인슐린을 만드는 유전자를 제한효소를 이용해 잘라낸 뒤, 미리 잘라둔 대장균의 플라스미드에 DNA 리가아제로 접합시켜 대장균에 유입시켰다. 비록 겉모습은 보통의 대장균과 똑같지만 사람의 인슐린을 만들어낼 수 있는 유전자 재조합 대장균이 탄생한 순간이었

연도	유전자 재조합 기술의 발전
1973년	코헨과 보이어에 의한 유전자 재조합 기술 개발
1978년	대장균에서 유전자 재조합 인슐린 생산
1983년	아그로박테리움을 이용한 식물(페튜니아)의 유전자 재조합 성공
1986년	유전자 재조합 B형 간염 백신 개발
1993년	유전자 재조합 성장호르몬 개발
1994년	최초의 유전자 재조합 작물(토마토) 개발
1996년	유전자 재조합 작물의 상업적 재배 시작
2000년	2세대 유전자 재조합 작물인 황금쌀(비타민 A 강화) 개발
2003년	유전자 재조합 금붕어 출시
2004년	파란 장미 개발
2009년	유전자 재조합 동물에서 생산된 의약품(GM 염소, 에이트린®) 상업화

유전자 재조합 기술 발전 연표(출처: 바이오세이프티, www.biosafety.or.kr)

다. 보이어와 코헨이 성공한 지 겨우 5년 만인 1978년, 드디어 유전자 재조합 방식으로 인슐린을 만드는 데 성공한 제넨테크는 1981년 이를 성공적으로 상업화했다. 이후 유전자 재조합 기술은 폭발적인 발전과 성공을 거두었다.

초기에는 주로 미생물을 이용한 유용 단백질 생산에 중점을 두었던 유전자 재조합 기술은 점차 식량 작물 분야로 옮겨갔고, 작물 역시도 초기에는 제초제 저항성이나 해충 저항성 등 대량 재배에 편리한 형질 위주의 재조합에서 최근에는 영양 강화■나 치료용 작물■ 등 기능성 작물의 연구가 활발해지고 있다. 유전자 재조합 작물이 상업적으로 재배되기 시작한 것은 1996년으로 불과 몇 년 되지 않았지만, 2010년 국제생명공학응용정보서비스(ISAAA)에서 발표한 자료에 따르면 전 세계적으로 약 1억 4,800만 헥타르의 농지에서 GM 작물(유전자 재조합 작물)이 재배되고 있을 정도로 GM 작물의 재배는 보편화되었다. GM 작물 재배에 적극적인 미국의 경우, 전체 재배 작물 중 옥수수의 86%, 콩의 93%, 사탕무의 96%가 GM 작물이다. 최근에는 유전자 재조합 기술이 동물에 이용되어 젖에서 희귀 단백질을 생산하는 치료용 GM 동물 외에도 크기와 성장 속도를 증가시킨 GM 연어■ 등이 이미 개발되었거나 연구 중에 있다.

에이트린(Atryn) 미국 생명공학회사 GTC사에서 유전자 재조합 염소의 젖에서 생산한 항트롬빈 제제의약품으로, 선천성 항트롬빈 결핍증(5,000명 중에 1명 꼴로 발생하는 질환으로 피의 응고를 방지하는 항트롬빈을 생산하지 못해 혈전증이 자주 일어난다) 치료제로 쓰인다. 이전에는 헌혈한 혈액을 이용해 에이트린을 만들었는데, 유전자 재조합 염소 1마리는 약 9만 명분의 혈액을 대치할 수 있다.

영양 강화 대표적인 것이 비타민A가 강화된 쌀과 카사바를 들 수 있다. 비타민 A의 결핍은 면역 기능 및 시력 저하를 가져오는데 심각할 경우 실명할 수도 있기에 이들 작물의 재배 상용화를 통해 영양결핍으로 인한 부작용을 최소화하려는 시도를 하고 있다. 이 밖에도 칼슘이 강화된 상추와 당근, 무기질 함량이 증가된 바나나, 철분 강화 쌀, 아미노산이 강화된 사탕수수 등이 개발되고 있다.

치료용 작물 식량 작물에 특정 질병을 예방하는 백신 성분이나 치료제성분을 유전자 재조합을 통해 유입시켜, 이들 작물을 먹는 것만으로도 질병의 예방과 치료가 가능하도록 개발되는 작물이다. 치료용 작물은 생산 단가가 낮고 유통이 쉬워 건강 증진에 크게 도움이 될 것으로 기대되는데, 현재는 말라리아 치료제를 포함한 상추, B형 간염 백신이 든 당근, 인슐린이 포함되어 당뇨병 치료에 효과적인 양상추 등이 연구되고 있다.

GM 연어 미국 생명공학회사 아쿠아바운티(AquaBounty)사에서 개발한 유전자 재조합 연어로 성장 속도를 가속화시켜 일반 연어보다 2배 이상 빨리 자라며 몸무게도 더 많이 나가 연어 양식을 수월하게 해준다.

새로운 논쟁의 시작

이처럼 현대 유전자 재조합 기술은 상당 수준에 와 있고, 이미 우리의 삶 속에 깊숙이 자리 잡고 있다. 하지만 유전자 재조합 기술이 발달하는 속도만큼이나 이에 대한 우려와 근심의 목소리도 커지고 있는 것이 사실이다. 사람들은 유전자 재조합 기술을 경이로운 눈으로 바라보면서도 한편으로는 경원시한다. 이런 이중적인 태도의 근간에는 유전자 재조합 기술로 인해 의학적 이득을 볼 수 있을 것이라는 기대감과 인간 역시도 세포와 DNA 수준에서 보면 다른 동식물들이나 미생물들과 다를 바 없는 존재라는 데서 오는 근원적인 두려움이 깔려 있다. 특히나 GM 생물이 만들어낸 단백질만을 이용하는 의약품과는 달리, GM 생물 그 자체를 먹어야 하는 GM 작물의 경우가 가장 첨예한 대립점이 되고 있다.

사람들은 GM 작물에 대해 기본적으로 '조작된 DNA는 안정적이지 못하다' '이 안정적이지 못한 DNA를 직접 먹는 것은 위험하다'라는 2가지 입장을 갖는다. 유전자 재조합은 편리하고 유용한 방법이긴 하지만, 생명체들은 기본적으로 외부에서 유입되는 DNA를 반겨하지 않는 특성을 지니고 있기 때문에 간혹 유입된 유전자가 떨어져 나와 의도하지 않았던 다른 생명체로 옮겨갈 가능성■도 아예 없다고 단정 지을 수는 없다. 그러니 불안

지난 2000년 독일 예나대학교의 카츠 교수팀은 꿀벌에게 제초제내성을 가지는 GM 카놀라의 꽃가루를 먹이는 실험을 3년 동안 수행한 결과, 꿀벌의 장내에 기생하는 미생물에게서 제초제내성 유전자가 발견되었다는 발표를 하여 재조합된 유전자가 의도치 않은 다른 종으로 전이하는 것이 가능함을 제시했다. 비록 2004년 독일 농업연구센터에서 꿀벌의 장내에 사는 세균 중 약 30%는 원래부터 제초제내성 유전자를 지니고 있으며, 유전자 검사를 통해 이는 카놀라에서 유래된 것이 아님을 밝혀내 카츠 교수의 주장이 틀렸음을 입증하였으나, 재조합된 유전자의 전이현상에 대한 의심은 여전히 사라지지 않고 있다.

정한 유전자를 가진 작물들을 직접 먹어야 하는 소비자의 입장에서는 불안감이 드는 것은 사실이다.

아직까지는 유전자 조작 식물이 정말 안전하다는 보고도, 정말 심각하게 해롭다는 보고도 없는 실정(비록 유전자 조작 농산물의 안전 혹은 위해의 증거를 내놓은 논문들은 많이 있으나, '복어의 독은 위험하다'라던가, '물을 끓여 마시면 콜레라를 막을 수 있다'라는 것처럼 GMO 작물과 신체적 위해와의 확실한 상관관계를 증명하지는 못했다)이기에 한쪽에서는 나쁘다는 확실한 증거가 없으니까 괜찮다고 주장하고, 또 다른 쪽에서는 안전함이 증명되지 않았으니 믿을 수 없다고 반박하는 대립 구도가 팽팽하게 맞서고 있는 상황이다. 유전자 재조합 기술이 개발된 지는 40년, GM 작물이 도입된 것은 겨우 20년에 불과하기 때문에 이를 결론내릴 만한 충분한 자료가 없다는 것이 또 하나의 문제로 지적되고 있다. 자연 상태에서 생물체의 변화나 이상은 세대를 거쳐 느린 속도로 일어나기 때문에 지금으로써는 판단을 내릴 수 없다는 것이 문제라는 것이다.

하지만 분명한 것은 유전자 재조합 기술이 가지는 무궁무진한 가능성과 상업성으로 인해 당분간은 계속해서 쓰일 것이고, GM 작물 역시 재배 면적을 점차 넓혀 가리라는 사실이다. 1978년 제한효소의 발견으로 노벨상을 받은 3명의 수상자 중 둘은 아직도 생존하고 있다. 문득 이들은 자신들의 연구 성과가 바꾸어 놓은 세상에 어떤 감회를 가지고 있을지 궁금해진다.

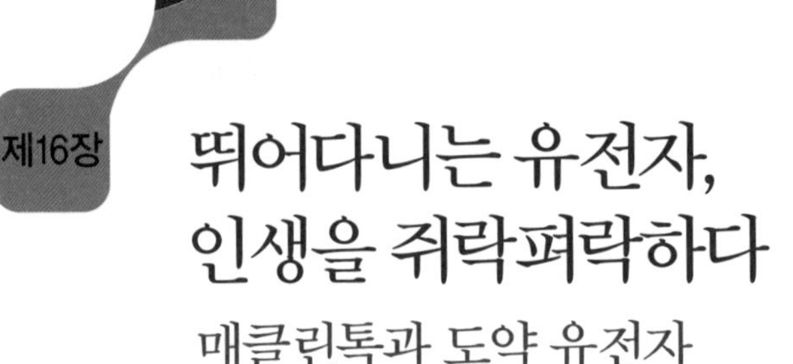

제16장

뛰어다니는 유전자, 인생을 쥐락펴락하다

매클린톡과 도약 유전자

해마다 연말이면 과학계뿐만 아니라 대중들 역시도 노벨과학상 후보자들에게 주목한다. 많은 경우, 해당 분야의 유명한 권위자들이 수상자 반열에 오르지만, 때로는 전혀 생소한 이름이 등장하여 사람들의 호기심을 자극하기도 한다. 1983년 노벨 생리의학상 수상의 경우는 후자였다. 바버라 매클린톡(Barbara McClintock, 1902~1992)이라는 81세의 여류과학자가, 그것도 단독수상후보로 결정되었을 때(노벨 생리의학상의 역사를 살펴보면 공동 수상이 단독수상에 비해 더 많다) 그녀의 이름을 아는 사람은 많지 않았기 때문이었다. 무엇이 그녀를 잊히게 했고, 무엇이 그녀의 이름을 다시 빛나게 했을까? 아이러니하게도 모순된 2가지 현상의 원인은 단 하나, 염색체 위를 폴짝폴짝 뛰어다니는 '도약 유전자'였다.

똑똑하지만 독특했던 소녀, 과학자가 되다

바바라 매클린톡은 1902년, 미국 뉴잉글랜드에서 의사였던 토머스 헨리 매클린톡의 1남 3녀 중 셋째로 태어났다. 바바라 위로 네 살, 두 살 터울의 언니들이 있었고 바바라 밑으로 연이어 남동생이 태어나자 고만고만한 아이들 넷을 돌보기 버거웠던 어머니는 바바라를 브루클린의 친척집에 보냈다. 일찍부터 부모와 떨어져 자란 경험 탓인지 바바라는 외톨이지만 독립적인 성격의 아이로 자라나게 되었다. 1908년, 바바라가 학교에 들어갈 나이가 되자 부모는 그녀를 다시 데려왔고 1919년, 고등학교를 졸업한 바바라는 어머니의 반대를 무릅쓰고 코넬대학교에 입학한다.

미국에서 수정헌법 제19조가 발효되면서 여성들의 참정권이 인정된 것이 1920년의 일인 만큼 당시는 아직 여성의 사회참여나 대학 진

바바라 매클린톡의 형제들. 왼쪽에서 세 번째가 바바라 매클린톡이다.

학이 활발하지 않던 시기였다. 게다가 그녀의 어머니는 대학을 나온 여자는 결혼하기 어렵다는 고정 관념에 사로잡혀 있어서 바바라 위의 두 언니들의 대학 진학도 반대한 바 있었다. 하지만 바바라는 보통 여인의 삶보다는 과학자의 삶을 동경하고 있었기에 어머니의 반대와 사회적 편견에도 불구하고 대학에 진학했다(대학을 포기했던 두 언니는 결혼을 해서 가정을 꾸렸지만, 대학에 진학한 바바라는 평생 독신으로 살아 어머니의 고정관념을 더욱 공고하게 만들었다). 대학 시절, 그녀는 '이상한 여학생'으로 유명했다. 좋아하는 과목은 매우 열심히 공부했지만, 좋아하지 않는 과목은 전혀 신경 쓰지 않아 학점은 들쭉날쭉했고, 긴 치마에 긴 머리를 고수하던 당시의 여학생들과는 달리 남학생들처럼 바지를 입고 머리를 짧게 자르고 다녔기 때문이었다.

어떤 인생이든 세월을 찬찬히 돌아보면 '결정적 순간'은 늘 있었다. 그것을 계기로 하여 인생의 방향이 바뀌는 그런 순간 말이다. 매클린톡의 경우, 대학 3학년이던 1921년에 찾아왔다. 우연히 허치슨 교수의 유전학 강의를 듣게 된 것이다. 당시 그녀는 농학부 소속이었기에 같은 과 친구들은 농사기술이나 원예기술을 배우는 데 열심이었을 뿐 유전학에 관심을 갖는 학생들은 거의 없었다. 당시 매클린톡이 왜 유전학 과목을 수강하였는지는 알 수 없다. 중요한 것은 그 과목을 통해 유전학에 흥미를 느끼게 되었고, 허치슨 교수의 추천을 받아 관련된 과목을 더 수강하면서 '유전학과 함께 하는 인생'을 살기로 결심했다는 것이다.

대학을 졸업한 매클린톡은 유전학을 전공하기 위해 대학원에 진학한다. 그녀는 대학원 시절부터 유전학 분야에서 다양한 연구업적을 내놓기 시작했던 뛰어난 과학자였다. 그녀가 처음 찾아낸 것은 옥수수 염색체였다. 1924년, 22세의 대학원생이던 매클린톡은 직접 개량한 세포 염색법을 이용하여 옥수수의 염색체를 염색하는 데 성공했고, 옥수수가 20개의 염색체를 갖는다는 사실을 최초로 알아낸다. 또한 1931년에는 후배 대학원생이었던 해리엇 크레이턴(Harriet Creighton, 1909~2004)과 함께 부모에게서 물려받은 유전자가 재조합되는 현상이 염색체 교차(chromosomal crossover)▪ 에 의해 나타난다는 사실을 증명했다. 이는 생명체의 특질을 담보하는 유전자가 염색체 위에 있다는 사실을 나타낸 최초의 증거가 되었을 정도로 놀라운 발견이었다.

염색체 교차 세포의 감수분열 전기에 나타나는 유전자 재조합 현상의 일종이다. 상동염색체는 부모에게서 각각 1개씩 물려받아 2개 한 세트를 이룬다. 그런데 생식세포가 감수분열을 하는 경우, 각각의 세포에 상동염색체 하나씩을 그냥 분리해서 넣어주는 것이 아니라, 염색체의 일부가 접합하며 유전자를 서로 교환하는 것을 말한다. 이런 방식으로 유성생식을 하는 생명체들은 부모 양측의 유전자를 섞어 유전적 다양성을 보장하는 것이다.

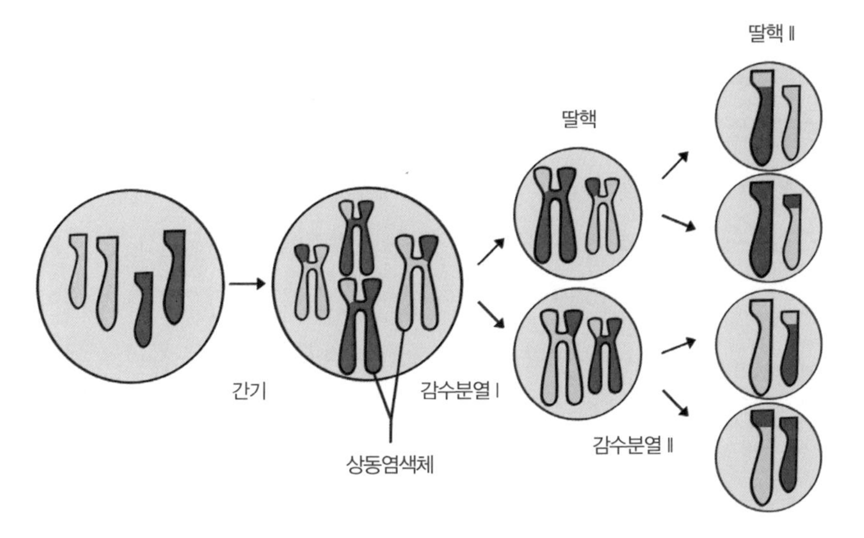

세포의 감수분열

순탄치 않았던 여성과학자로서의 삶

매클린톡은 채 서른도 되기 전에 유전학 분야에서 뛰어난 성과들을 냈을 정도로 훌륭한 유전학자였다. 하지만 그녀를 둘러싼 환경은 녹록치가 않았다. 매클린톡이 한창 실험에 매진하던 1920~1930년대의 과학계는 온통 남성들의 전유물이었다. 대학의 과학 관련 학과에 여성들이 진학하는 것까지는 허용되었지만, 여성 졸업생들이 자신의 재능을 펼칠 기회는 거의 막혀 있는 것이나 다름없었다. 여성의 과학계 진입을 가로막는 '유리 장벽'의 위엄은 뛰어난 유전학자인 매클린톡에게도 예외를 허용하지 않았다. 심지어 그녀의 모교였던 코넬대학교조차도 여성 교원을 채용하지 않는다는 규칙을 들어 그녀를 채용하지 않았고, 훌륭한 과학자가 자리를 잡지 못해 떠도는 것을 안타깝게 여긴 토머스 헌트 모건(Thomas Hunt Morgan, 1866~1945, 1933년 노벨 생리의학상 수상), 조지 비들(George Wells Beadle, 1903~1989, 1958년 노벨 생리의학상 수상)과 같은 노벨상 수상자들이 그녀에게 극찬에 가까운 추천서를 써 주었음에도 그녀를 고용하겠다는 곳은 거의 없었다. 결국 그녀는 여기저기 떠돌다가 박사 학위를 딴 지 4년 후인 1936년에야 미주리대학교에 그것도 비정규직인 조수 자리로 겨우 채용될 수 있었다.

염색체 결실 염색체의 일부가 빠져나가거나 잘려진 돌연변이를 말한다. 염색체가 잘려나가면 이 부위의 유전자를 잃기 때문에 다양한 선천성 질환이 발생하게 된다. 예를 들면, 5번 염색체의 일부가 결실되면 고양이 같은 울음소리와 안면기형, 심장기형, 발달 지체 등을 포함하는 묘성증후군(Cat Cry syndrome)을 가지고 태어나게 된다.

비록 세상은 그녀에게 연구할 자리를 내주는 것에 대해 야박했지만, 그것이 그녀의 유전학에 대한 열망을 꺾진 못했다. 그녀는 이리저리 떠도는 비정규직 연구원의 대우를 받는 와중에도 염색체의 결실(deletion)■과 전좌(translocation)■, 역위(inversion)■, 환상염색체(ring chromosome)■, 염색체의 절단-융합-염색체 다리 사이클■ 등 현재 생물학교과서에 등장하는 염색체 연구의 기본적인 사실들을 발견해 내는 성과를 얻어냈던 것이다. 수많은 연구 성과에 힘입어 매클린톡은 미국 유전학자들 중 가장 훌륭한 유전학자로 손꼽히게 되었고 여성으로는 세 번째로 미국 과학아카데미 회원이 되는 동시에 최초의 여성 미국유전학회 회장으로 선출되기도 했다. 하지만 이런 연구 성과에도 불구하고 어느 대학도 그녀를 정교수로 채용하려 들지 않았고, 매클린톡 역시 자신을 단지 여성이라는 이유로 차별하는 대학에 슬슬 질려가고 있었다.

콜드 스프링 하버의 옥수수밭

미주리대학을 그만둔 그녀는 1942년, 롱아일랜드 콜드 스프링 하버에 있는 카네기연구소(현재의 콜드 스프링 하버 연구소)■에서 1년짜리 계약직 연구원으로 일하기

염색체 전좌 염색체의 일부분이 원래 있던 부위에서 절단된 뒤, 절단된 조각이 그 염색체의 다른 부분이나 혹은 다른 염색체에 결합하며 나타나는 현상을 말한다. 예를 들어 남성의 Y 염색체에서 고환과 남성 성기를 형성하는 부위인 SRY 부위가 떨어져 X 염색체에 전좌되면, X염색체를 2개 가진 여성 태아의 경우에도 고환과 남성 성기가 발달하는 현상이 나타날 수 있다.

염색체 역위 염색체의 두 위치에서 절단이 생겨 잘린 절편이 180° 회전하여 거꾸로 붙은 경우를 말한다. 예를 들면 abcdefghi란 유전자를 가진 염색체의 c와 g 부분에 절단이 생긴 뒤 이 부위가 거꾸로 붙어 ab-gfedc-hi로 다시 결합한 경우를 역위라 한다. 역위가 일어난다 해도 유전자의 위치가 변할 뿐 유전자가 없어지는 것은 아니어서 역위가 일어난 개체는 큰 변화를 겪지 않는다. 하지만 역위 현상이 생식세포에 일어나는 경우, 유전자 배열이 거꾸로 되어 있어 상동염색체에서 맞는 짝을 찾지 못해 불임을 유발할 수 있다.

환상염색체 염색체가 고리 모양으로 둥글게 연결된 것으로, 인간을 비롯한 진핵생물들은 선형 염색체를 가지므로 이때 나타나는 환상염색체는 방사선이나 화학물질에 의해 형성된 이상염색체다.

절단-융합-염색체 다리 사이클 염색체에서 나타나는 변이 중 하나다. 염색체에 부분적인 결실이 일어나면(절단) 이 부위끼리 달라붙으면서(융합) 염색체 구조에 변화가 나타나 다리 형태(염색체 다리)로 바뀌는 현상이 나타나곤 하는데, 이는 종종 선천성 질환이나 암의 원인이 될 수 있다.

콜드 스프링 하버 연구소 뉴욕시 동부 롱아일랜드에 위치한 생명과학 연구의 메카로, 1890년 설립 이래 120년간 매클린톡을 비롯해 7명의 노벨상 수상자를 배출한 유명한 연구소다.

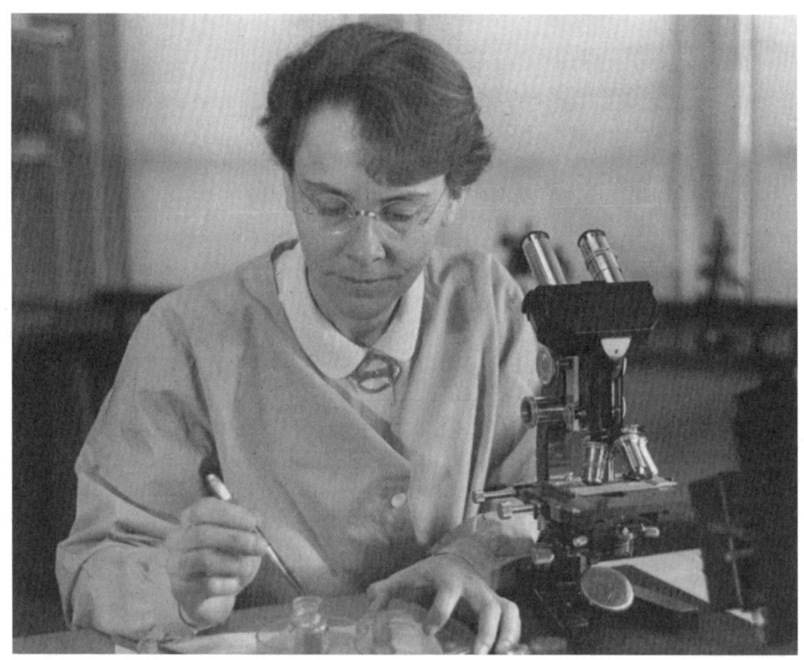

뉴욕, 콜드 스프링 하버에 있는 카네기유전공학연구소에서 실험 중인 바버라 매클린톡. 이 사진은 1947년, 세포유전학 연구로 미국대학여성협회 공로상(the American Association of University Women Achievement Award)을 수상했을 때 배포된 것이다.

시작한다. 그녀의 연구 주제는 옥수수였다. 미국인에게 옥수수는 우리나라의 쌀과 마찬가지로 매우 의미 있는 작물이었다. 옥수수의 특징 중 그녀가 주목한 것은 옥수수의 잎과 열매에서 나타나는 돌연변이였다.

우리 몸의 세포는 모두 같은 유전적 특성을 지닌다. 즉, 내 몸을 이루는 세포라면 그것이 구강세포든 심장세포든 유전적 정보는 동일하다는 것이다. 우리는 이를 전제로 하여 범행 현장에 남아 있는 피나 머리카락 등에서 DNA를 추출하여 동일인인지를 검사한다. 범행현장에서 나온 머리카락의 DNA가 내 구강세포의 DNA가 동일하다면 이는 모두 내 몸에서 나온 것으로 치부한다는 것이다. 옥수수도 마찬가지다. 한 그루에 열린 옥수수는 애초에 한 알의 옥수수 씨앗에서 시작한 것이므로 모든 세포가 같은 유전적 특성을 지녀야 한다. 그런데 옥수수를 재배하다 보면 종종 이상한 현상이 목격된다. 분명 무늬 없는 초록색 잎을 지닌 옥수수의 알갱이를 심었음에도 불구하고, 때로는 초록색 잎에 흰색 무늬가 있는 옥수수가 자란다든가 심지어는 노란색 잎에 짙은 초록색 줄무늬가 있는 옥수수가 자라나기도 했다. 마찬가지로 전체가 모두 노란색 알갱이만을 지닌 옥수수를 심었음에도 자주색이나 흰색 알갱이가 섞인 옥수수가 열리기도 한다. 물론 옥수수에 돌연변이가 일어났을 수도 있다. 그런데 만약 돌연변이 옥수수라면 잎 전체 혹은 알갱이 전체가 변해야 하는데, 그런 것도 아니고 일부의 잎과 일부 알갱이에서만 이런 현상이 나타난다는 것이 설명하기 어려웠다. 도대체 옥수수의 잎과 알갱이들은 왜 이렇게 제멋대로 변화하는 것일까?

가장 먼저 생각할 수 있는 것은 옥수수의 잎이나 열매 부위의 세포에만 돌연변이가 일어났다는 것이다. 하지만 자연계에서 돌연변이는 매우 드물게 일어나는 현상인데 반해, 옥수수 잎의 얼룩무늬나 자줏빛 열매는 매우 흔하게 일어나는 현상이었다. 또한 돌연변이는 한 번 생겨나면 자손에게 그대로 유전되는데, 옥수수의 경우 잎과 열매에 일어난 변화는 유전 패턴을 관찰하기 어려웠다. 일상적으로 일어나면서도 패턴에 따라 유전되지 않는 형질이라니, 매클린톡은 이것이야말로 남은 인생의 모두를 쏟아부어도 좋을 연구 주제임을 직감했다.

그 후로 6년 동안, 매클린톡은 옥수수의 염색체를 조사하는 일에 매달렸고, 나름대로의 결론을 내렸다. 옥수수 잎에 흰색의 얼룩무늬가 생기는 이유는 무엇일까? 매클린톡은 염색체가 절단되어 색소를 만들어 내는 유전자를 잃어버린 세포는 하얀색을 띨 것이라 생각했다. 그녀는 이렇게 염색체상에서 절단되어 결실된 유전자를 해리인자(dissociator, Ds)라 이름 붙였다. 하지만 옥수수의 염색체는 해리인자가 존재한다고 해서 반드시 절단되는 것은 아니었다. 만약에 그렇다면 옥수수 잎은 전체적으로 하얗게 변해야 할 테니까. 해리인자가 염색체상에서 떨어져 나오기 위해서는 이를 조절하는 다른 인자가 필요한 듯 보였다. 매클린톡은 이를 활성화인자(Activator, Ac)라 이름 붙였다. 활성화인자(Ac)는 해리인자(Ds)가 염색체에서 떨어져 나가는 것을 조절한다. 염색체상에 활성화인자가 존재하면 해리인자는 원래 있던 자리에서 떨어져 나와 다른 곳으로 이동하기도 하고, 떨어졌다가 원래 자리에 다시 달라붙기도 한다. 해리인자는 마치 통통 튀는 공처럼 염색체 상에서 움직였다. 그리고 활성화인자 역시 고정되어 있는 것이 아니라 염색체 상에서 움직이는 것처럼 보였다. 이런 관찰결과를 토대로 매클린톡은 '도약 유전자(jumping gene)'의 개념을 창시한다. 즉, 염색체 위에 존재하는 유전자는 자리가 고정된 것이 아니라 이리저리 움직일 수 있는 역동적인 존재라는 사실이었다. 매클린톡의 발견은 획기적인 것이었다. 기존의 통념으로 염색체 상의 유전자들은 쇠사슬처럼 단단하게 이어져 있어서 정적이며 변화가 거의 일어나지 않는다고 여겨지고 있었다. 그런데 유전자들이 염색체에서 떨어져 나와 염색체 사이를 돌아다닌다는 개념은 매우 낯선 것이었기 때문이었다.

침묵 그리고 오랜 기다림

1951년, 매클린톡은 콜드 스프링 하버 연구소에서 열리는 심포지엄에서 드디어 자신이 발견한 '도약 유전자'에 대한 논문을 발표한다. 연단에 올라서기 전까지만 하더라도 매클린톡의 가슴은 두근두근 뛰었으리라. 그도 그럴 것이 그녀가 발견한 것은 기존의 유전학적 통념을 뒤집을 만한 획기적인 것이었기에, 그녀는 자신의 연구가 동료 연구자들에게 큰 반향을 불러일으키리라 어느 정도 기대하고 있었다.

하지만 결과는 예상 밖이었다. 그녀가 발표를 하고 나자, 장내는 쥐 죽은 듯 조용해졌고 그녀의 논문에 질문을 하는 이는 아무도 없었다. 그녀의 연구 결과가 너무나 낯설어서 선뜻 받아들여지기 어려웠기 때문이었다. 종종 시대를 앞서간 선구자의 연구는 동시대 지식인들에게 외면받는 경우가 생기곤 한다. 매클린톡이 발표한 것보다 한 세기 전, 1865년에 그레고어 멘델 신부가 브륀(현재 체코의 브르노, 당시엔 독일령이었다)에서 열린 자연과학학회에서 완두의 유전법칙에 대한 이론을 발표했을 때도 그랬다. 당시 학회에 참석했던 과학자들이 수학적 통계를 이용해 분석한 멘델의 유전법칙을 전혀 이해하지 못했던 것처럼, 옥수수 염색체에 대해 별 관심이 없었던 심포지엄의 참석자들 역시도 매클린톡의 주장에 대해 거의 이해하지 못했던 것이었다.

매클린톡의 불행은 그것만이 아니었다. 그녀의 발표가 있던 바로 그 다음해, 왓슨과 크릭에 의해 DNA의 이중나선 구조가 밝혀지면서 생물체의 유전 정보는 모두 DNA의 형태로 존재한다는 것이 증명되었다. DNA가 생명체의 유전정보를 담은 청사진으로 명실 공히 인정된 것이다. 지금까지 매클린톡 역시 유전의 정수로 염색체, 즉 DNA의 묶음들을 연구해왔으므로 이는 매클린톡에게도 기쁨이 되어야 할 일이었으나, 현실은 그 반대였다. DNA가 생명체의 설계도라면 DNA는 쉽게 변화하면 안 되었다. 다시 말해 DNA는 어지간한 충격에도 끄떡없이 견딜 만큼 견고한 존재여야 했다. 그래야만 복잡하고 미묘한 각각의 생명체의 모습을 세대가 바뀌어도 그대로 간직할 수 있을 테니 말이다. 당시 과학자들은 자외선이나 방사선, 혹은 특정 종류의 화학물질 등 DNA에 직접적인 손상을 입힐 만큼의 유독한 물질에 노출되지 않는다면 DNA는 절대로 변화하지 않는다고 믿었다. 이런 상황에서 DNA 상에서 유전자가 이리저리 뛰어다니고, 게다가 다른 유전자의 조절을 받는 '부하' 유전자라니……. 어불성설이었다. 처음에는 그녀의 연구결과를 이해하지 못해 침묵했던 학자들은 이제 아예 터무니없는 것으로 치부하고 등을 돌리기 시작했다.

하지만 매클린톡은 이후에도 옥수수의 염색체 연구하는 일을 그만두지 않았다. 사람들은 그녀를 잊은 듯했다. 매클린톡은 일련의 사건에 실망하기는 했지만, 훗날 노벨상 수상 이후에는 이 시기를 오히려 '기쁜 마음으로 연구에 전념할 수 있었던 시기'라고 평하기도 했다. 유전학회 회장이던 유명한 과학자에서 얼토당토않은 연구를 하는 괴팍한 연구자로 소문이 났기 때문에, 유명세를 지닌 과학자라면 늘 따라붙은 강연이나 기타 연구 시간을 빼앗는 잡무로부터 해방되었기 때문이다.

드디어 세상의 주목을 받다

시간은 잔인하지만 누구에게나 공평하게 흐른다. 이른 시기에는 몇몇 선구자들만이 겨우 볼 수 있는 사실을 시간이 지나면 대부분의 사람들도 이해할 수 있는 시기가 온다는 것이다. 그녀가 '도약 유전자'에 대한 발표를 한 지 10년이 지난 1961년, 프랑스의 자크 뤼시앵 모노(Jacques Lucien Monod, 1910~1976, 1965년 노벨 생리의학상 수상)와 프랑수와 자코브(François Jacob, 1920~, 1965년 노벨 생리의학상 수상)가 '오페론설(operon theory)'을 주장하고 나섰다. 이들은 세균을 연구하던 중, 세균의 유전자 하나하나가 개별적으로 발현되는 것이 아니라 일련의 유전자군이 한꺼번에 작용하는 것을 발견하고, 이러한 연관 유전자군을 '오페론(operon)'이라 칭했다.

세균에서 오페론은 구조유전자, 작동유전자, 촉진유전자, 조절유전자 등의 4가지 유전자로 구성된다. 구조유전자란 세균이 생존하는 데 필요한 단백질의 구조를 결정하는 정보를 가진 유전자다. 작동유전자는 구조유전자의 작용을 지배하고, 촉진유전자는 구조유전자가 발현되는 개시점이 되는 유전자이며, 조절유전자는 작동유전자 근처에 있어 이 유전자를 제어하는 억제물질을 만드는 유전자이다. 작동유전자가 활성화되면 촉진유전자를 시발점으로 하여 구조유전자에 담겨진 정보를 바탕으로 단백질이 만들어진다. 적당한 양의 단백질이 만들어지면 조절유전자가 억제물질을 분비하여 작동유전자의 기능을 억제하고, 이로 인해 단백질 합성이 중단되게 되는 것이다. 이처럼 여러 개의 유전자들은 하나의 오페론을 형성해 주변 환경에 따라 단백질의 합성과 중단을 적절히 조절하는 것이다. 모노와 자코브의 오페론설은 빠르게 학자들 사이에 전파되었고, 이들은 이론을 발표한 지 겨우 4년만에 1965년 노벨 생리의학상 수상자로 선정된다. 오페론설이 힘을 얻자 다른 유전자를 '조절하는 유전자'의 존재를 주장했던 매클린톡의 10년 전 연구 역시 아예 허황된 것만은 아님이 밝혀진다. 그렇지만 아직도 세상은 그녀의 연구에 대해 의심을 풀지 못했다. 유전자가 '뛰어다닌다는' 것은 여전히 믿을 수 없는 미스터리였기 때문이다.

이에 대한 증거는 1960년대가 저물 때 즈음에 등장했다. 세균의 유전물질을 연구하던 과학자들이 마침내 '점프하는 유전자'를 찾아낸 것이다. 이 부위는 마치 날개라도 달린 양, 세균의 염색체 내에서 자유로이 점프하는 듯 보였다. 점프하는 영역은 단일 유전자인 경우도 있었지만, 오페론과 같은 일련의 유전자군이 한꺼번에 점핑하는 현상도 관찰되었다. 이에 학자들은 염색체상에서 자유로이 뛰어다니는 유전자 혹은 유전자 집단에 트랜스포존(transposon)이라는 이름을 붙였다. 매클린톡이 20여 년 전에 주장했던 것들이 진실이었음이 밝혀지는 순간이었다.

이후 이어진 후속 연구에 의해 유전자의 상당수가 트랜스포존임이 밝혀졌다. 실제로 인간의 DNA 중 약 50%, 옥수수는 약 75%가 트랜스포존에서 유래한 염기서열을 가지고 있다는 사실이 밝혀졌다(다만 인간을 비롯한 척추동물에서는 대부분의 트랜스포존이 기능을 억제당해 실제로 옥수수처럼 트랜스포존의 발현이 많이 나타나지는 않는 편이다). 즉 DNA는 정적이기는커녕 끊임없이 변화하는 역동적인 물질이었던 것이다. 그렇다면 생물체의 DNA는 왜 이토록 역동적인 것일까?

생명이 지닌 특성 중에는 허투루 생긴 것은 없다고 보는 것도 과언은 아니다. 결코 생명체에게 호의적이지 않은 환경 속에서 생존하기 위해 생명체가 지닌 특성 중 생존에 유리한 것은 자연선택되었으며 그렇지 못한 것들은 도태되어 사라지는 진화의 과정을 겪었다. 따라서 트랜스포존이 생명체의 DNA에 상당수 존재한다는 것은 그 존재 자체가 진화상 생존에 유리한 것이었기 때문이었으리라. 특히나 트랜스포존은 박테리아와 같은 미생물에게서 자주 관찰된다. 특히나 최근 들어 문제시되는 '항생제 내성'에 트랜스포존이 깊이 연관되어 있다는 보고가 있다. 항생제 내성(antibiotic resistance)이란 미생물이 자신을 공격하는 항생물질에 노출되어도 살아날 수 있는 능력을 말한다. 보통은 유전자

바바라 매클린톡이 1983년 노벨상 시상식 주간에 스톡홀름 카로린스카 연구소에서 강의를 하고 있다.

돌연변이에 의해 무작위로 내성을 획득하게 되는데, 만약 내성 유전자가 형성된 부위가 트랜스포존이라면 미생물에게 있어 항생제는 더 이상 문제가 되지 않는다. 트랜스포존의 특성상 다른 미생물과 접합 시 쉽게 다른 개체로 유입되어 미생물 개체 전체에 항생제 내성을 퍼뜨리는 일등공신으로 작용하기 때문이다. 비록 트랜스포존의 기능이 상당수 억제되어 있기는 하지만, 인간에게 있어서도 트랜스포존은 매우 중요한 의미를 지닌다. 인간의 체내에서 활성화된 트랜스포존은 주로 면역세포에서 발현된다. 일반적으로 외부에서 이물질이 유입되면 면역 세포들은 이를 주형으로 항체를 만들어 이물질이 체내에서 문제를 일으키는 것을 막는다. 이 세상에 존재하는 물질의 수는 정확히 알 수 없을 만큼 많기 때문에, 체내의 면역 세포는 어떤 이물질이 들어오든 그에 꼭 맞게 항체를 만들어내기 위해서는 다양성이 꼭 필요하다. 이때 트랜스포존의 역할은 매우 중요하다. 움직이는 유전자인 트랜스포존을 통해 면역 세포는 다양성을 담보할 수 있고, 무궁무진한 외부 침입자로부터 인체를 안전하게 지켜낼 수 있기 때문이다.

물론 트랜스포존이 생존에 유리하게만 작용하는 것은 아니다. 예를 들어 트랜스포존이 혈액을 응고시키는 단백질을 형성하는 유전자 사이로 끼어들어 간다면, 이 아이는 혈우병(Hemophilia)에 걸릴 수 있다. 이밖에도 다른 중요한 유전자 사이로 트랜스포존이 끼어들어 간다면, 이로 인한 질병에 걸릴 수도 있다. 가끔씩 트랜스포존이 이렇게 생존을 방해하기도 하지만, 장기적인 관점에서 볼 때 트랜스포존은 생명체에게 다양성을 담보하는 중요한 기능을 하기에 지금까지 존속되어 올 수 있었던 것이다.

트랜스포존의 역할이 밝혀지자 한때 조롱을 받으며 학계의 이면으로 밀려났던 매클린톡에게 사람들의 관심이 다시 쏠리게 된다. 하지만 매클린톡은 늘 그랬듯이 자신이 하는 업무에 충실했을 뿐 세상의 이목에는 그다지 신경 쓰지 않았다고 전해진다. 하지만 사람들은 그녀의 공로가 치하받아 마땅하다는 데 동의했고, 드디어 1983년 그녀에게 노벨 생리학상이 주어진다. 그때 그녀의 나이 81세였으나, 그때까지도 콜드 스프링 하버 연구소 한편에 마련된 실험실에서 여전히 왕성하게 실험하는 중이었다고 한다. 평생 결혼도 하지 않은 채 옥수수를 동반자삼아 실험실에서 열정을 불태웠던 매클린톡은 90세를 일기로 세상을 떠나는 순간까지도 일을 놓지 않았다고 전해진다. 염색체 연구 분야에 있어 그녀가 찾아냈던 수많은 이론과 현상들은 이러한 열정의 결과물이었던 것이다.

제17장

내 몸에 타인을 이식하다

조지프 머리와 장기 이식

1954년 12월 23일, 미국 브링햄여성병원(Brigham and Women's Hospital)의 수술실. 끝날 것 같지 않았던 일이 드디어 마무리되어가고 있었다. 집도의가 마지막 혈관을 잇고 나자 의료진의 긴장감은 극에 달했다. 그들은 지난 몇 시간 동안 세계 최초가 될 역사적 수술에 참여하고 있었다. 수술대 위에는 꼭 닮은 2명의 환자가 누워 있었다. 일란성 쌍둥이. 그중 한쪽은 심각한 신장 질환으로 죽어가던 터였다. 의료진들은 지금 막 죽어가던 쌍둥이에게 건강한 쌍둥이의 신장 하나를 이식한 참이었다. 이제 남은 것은 이식된 신장이 제 기능을 하기만을 기다리는 것뿐. 아마도 소변 한 방울을 이토록 간절히 기다린 경우는 없었으리라. 이식된 신장이 제대로 기능한다면 도뇨관을 타고 황금색 소변이 떨어질 테니까. 이들은 산타클로스를 기다리는 아이의 심정으로 간절히 소변 한 방울을 학수고대하고 있었다.

장기 이식, 마지막 희망의 끈

지난 1990년 겨울, 노벨 생리의학상 수상대에 2명의 노의사가 섰다. 이들의 이름은 조지프 에드워드 머리(Joseph Edward Murray, 1919~2012)와 E. 도널 토머스(E. Donnall Thomas, 1920~2012). 이들은 신장 이식과 골수 이식 방법을 확립해 수많은 생명을 지켜낸 공로를 치하받기 위해 그 자리에 선 것이었다. 신체 장기 이식은 크게 고형장기(신장, 심장, 췌장, 간, 소장, 췌장 등의 내부 장기)이식과 조직이식(골수, 각막 등)으로 나뉘는데, 이들은 각각 고형장기 이식과 조직 이식분야에서 거인의 발자국을 내딛은 사람들이었다.

우리 몸을 이루는 장기들은 어느 하나 필요치 않은 것이 없다. 그렇기에 질병이나 사고로 기능에 문제가 생기거나 혹은 잃게 되면 정상적인 생활을 영위할 수 없을 뿐 아니라 심한 경우 아예 생존할 수 없게 된다. 그렇기에 손상을 입은 부위의 기능을 대치할 수 있는 장기 이식에 대한 열망은 꽤 오래전부터 있었고, 의외로 시도된 연도 역시도 우리의 상상을 훨씬 앞선다. 기록상 남아 있는 가장 오래된 장기 이식 시도는 기원전 700년경, 힌두 지역의 의사였던 수슈르타 삼히타(Sushruta Samhita)가 시도한 코 재건술이다. 그는 환자의 이마에서 피부를 잘라내어 잘려진 코를 재건했다는 기록이 남아 있다. 일종의 피부 이식술인 셈이다. 고대 시대에는 간음이나 배신의 표시로 코나 귀를 자르는 형벌이 흔히 실시되었기에 성형적 측면의 이식술 분야가 먼저 발생한 것이다. 물론 동양에서도 전설적 명의인 편작이 두 사람의 장기 교체를 성공적으로 이루어냈다는 기록은 남아 있으나 이는 의학적 성과라기보다 신화적 전설에 가까운 이야기여서 믿기 힘든 구석이 많다.

하지만 근대 이전에 실시된 이식 수술은 과학을 토대로 이루어지지 않았기 때문에 본인의 피부를 제외한 다른 장기의 이식 시도는 꿈 같은 이야기였다. 이식 수술이 성공적으로 자리 잡기 위해서는 과학적이고 의학적인 근거가 필요했다. 18세기 영국의 존 헌터(John Hunter, 1728~1793)는 철저한 실험의학자로 유명했다. 그는 모든 의학적 의문들을 실제 실험을 통해 해결한 것으로 유명한데, 매독균을 실험할 때는 자기 몸에 매독균을 주사하는 것을 망설이지 않았고(심지어 연구를 위해 치료를 거부하기도 했다!), 제자인 에드워드 제너(Edward Jenner, 1749~1823)가 우두 실험을 하는 것을 망설이자 그에게 편지를 보내 "왜 생각만 하지? 왜 실험을 하지 않는 것인가?"라며 자극했다고 한다. 그런 그의 눈에 당시 부분적으로 시도되었던 장기 이식은 또 하나의 실험대상이었다. 그가 보기에 사람들은 장기 이식에 대해 별다른 기준 없이 마구잡이로 시도하는 것처럼 보였다. 그는 실험을 통해 닭의 고환이나 동물의 아킬레스건 등의 일부 장기를 동종끼리 이식하는 데 성공했고, 이를 바탕으로 하여 사람의 각막 이식 수술이 1905년 드디어 성공을 거두기에 이른다. 체코의 올로모우츠(Olomouc) 병원의 에두아르트 점(Eduard Zirm) 박사가 사고로 사망한 열한 살 소년의 눈에서 채취한 각막을 화학물질로 시력을 잃은 환자에게 이식하데 성공했던 것이다.

하지만 각막 이식 이후 다른 장기들의 이식은 지지부진했다. 장기 이식에서 처음 걸림돌이된 것은 혈관을 봉합하는 일이었다. 인간의 장기는 블록처럼 정해진 자리에 끼우기만 해서는 제대로 기능하지 못한다. 반드시 이식대상자의 혈관들과 장기가 정확히 이어져야 한다. 20세기 초, 혈관을 효과적으로 집을 수 있는 겸자가 개발되어 출혈의 문제를 최소화한 채 잘린 혈관들을 이을 수 있게 되었다. 그런데 문제는 그 다음에 일어났다. 이렇게 잘라낸 혈관들을 잇는 과정에서 연결 부위에 혈전이 생겨 기껏 이식한 장기의 혈관이 막혀서 괴사하는 일이 자주 일어났던 것이었다. 이 문제를 해결한 것은 알렉시 카렐(Alexis Carrel, 1873-1944, 1912년 노벨 생리의학상 수상)이었다. 프랑스의 외과의사였던 카렐은 혈관을 일자가 아니라 삼각형으로 자른 뒤 봉합하는 '삼각봉합법'을 개발해냈다. 삼각봉합법은 혈관에 일종의 요철을 낸 뒤 맞물리기 때문에 일자로 자른 혈관을 이을 때보다 벌어지는 비율이 낮아 혈전이 훨씬 적게 생겼다.

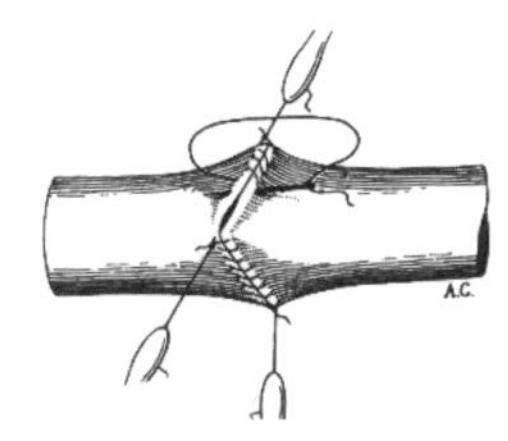

알렉시 카렐이 고안해낸 혈관문합법인 삼각봉합법. 그림은 알렉시 카렐이 직접 그린 것이다.

이렇듯 기술적으로 혈관을 이어주고 장기를 이식하는 일이 가능해지자, 가장 먼저 시도된 것이 신장 이식이었다. 신장은 2개 중 하나만으로도 일상생활에 지장이 없을 정도의 기능을 유지할 수 있어 장기제공자를 비교적 쉽게 구할 수 있는데다가 연결되는 혈관도 단순해서 다른 장기에 비해 이식이 쉬운 편이었기 때문이다. 이를 바탕으로 1936년 러시아의 유리 보로노이(Yurii Voronoy, 1895~1961)가 최초로 신장 이식을 시도했다.

봉합은 깔끔했고 이식된 신장도 매우 건강한 것이었지만 환자는 이식 이틀 후 사망했다. 마치 환자의 몸 전체가 새로 들어온 신장을 공동의 적으로 몰아 따돌리기라도 하는 양, 순식간에 이식된 신장은 괴사했고 환자는 결국 사망했다. 조직 부적합에 따른 면역학적 거부 반응에 대해서 아는 것이 별로 없던 시기에는 대부분 결과가 비극으로 끝났다.

이식면역학 개념의 등장

인간을 비롯한 생물체들은 '내 것'과 '남의 것'을 기가 막히게 구별하는 능력을 가지고 있다. 영국의 동물학자였던 피터 브라이언 메더워(Sir Peter Brian Medawar, 1915~1987)는 1940년대 토끼를 이용한 피부이식 실험에서 다른 개체의 피부를 이식받은 경우, 이를 거부하는 반응이 발생하며, 이 토끼에게 두 번째로 피부 이식을 하게 되면 첫 번째보다 훨씬 더 빠른 시간 내에 거부 반응이 나타나는 것을 관찰했다. 한 번 겪었던 것은 더욱 빨리 판단하는 것으로 보아 '피아(彼我) 구별 능력'은 기억되는 듯 했다. 그러다가 메더워는 1953년, 생쥐를 이용한 실험에서 이식면역학에서 커다란 주춧돌이 되는 실험에 성공한다. 이들이 이용한 것은 아직 어미 배 속에 있는 태아 쥐와 이들과 혈연관계가 없는 성체 쥐였다. 메더워는 성체 쥐의 조직 일부(메더워는 비장, 신장, 고환을 일부 추출해 이용했다)를 분쇄해 태아 쥐에게 주입했다. 이렇게 태어난 태아 쥐는 성체가 되어서도 태아 시절 자신에게 주입되었던 조직을 제공한 생쥐의 피부를 이식하는 경우엔 아무런 거부 반응을 일으키지 않았다. 메더워는 일련의 실험을 통해 2가지 결론을 내릴 수 있었다. 첫째, 생체는 '내 것'과 '남의 것'을 구별하는 면역 기능을 가진다. 둘째, 면역 기능은 처음부터 정해지는 것이 아니라 학습에 의해 형성될 수 있는 것이기에 생체 발생 초기에는 면역학적으로 불일치되는 것들도 거부하지 않게 만드는 '면역학적 관용'을 유도하는 것이 가능하다. 메더워는 이 공로로 1960년 노벨 생리의학상의 주인공이 된다. 메더워의 실험은 보스턴 브링햄병원에서 근무하던 외과의사였던 조지프 머리에게 영감을 주었다.

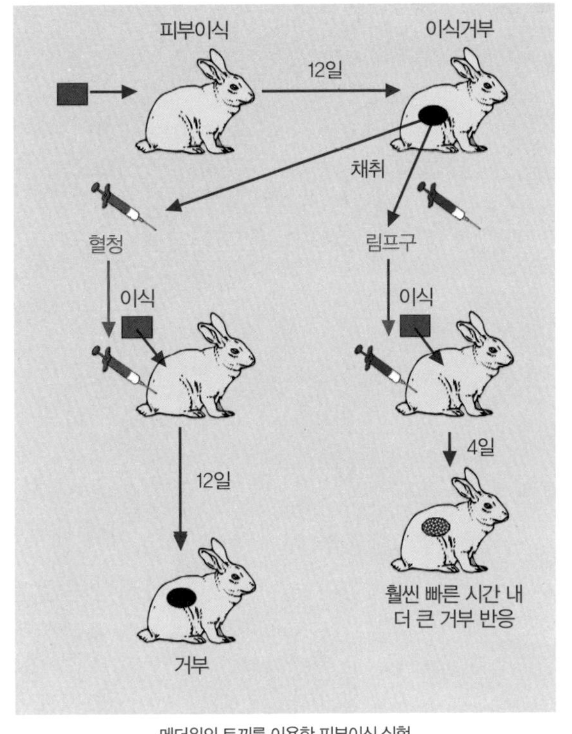

메더워의 토끼를 이용한 피부이식 실험.

조지프 머리는 1919년 미국 마이애미 주 밀포드에서 변호사인 윌리엄과 교사인 메리 머리 부부에게서 태어났다. 학창 시절, 그는 공부보다는 축구나 하키, 야구를 즐기던 운동선수 타입의 소년이었다. 그가 대학에 진학한 것도 야구 덕분이었으니 당시엔 의학 연구로 노벨상을 받으리라고는 아마 상상도 해본 적이 없었을 것이다. 대학에서 의학에 관심을 가지게 된 머리는 야구선수가 되는 길을 포기하고 하버드 메디컬스쿨에 진학하여 학위를 취득한 뒤, 제2차세계대전에 군의관으로 참전해 복무했다. 전쟁터에서의 경험은 끔찍한 것이었지만 머리의 의사로서의 경험을 진전시키는 데는 큰 기여를 했다. 그중 하나가 피부이식에 대한 것이었다. 전쟁터에서는 포탄이나 화염에 의해 피부가 손상되어 이식이 필요한 환자들이 늘 넘쳐났다. 환자의 상처부위가 그다지 넓지 않으면 본인의 엉덩이나 넓적다리에서 피부를 떼어내 이식할 수 있지만, 상처 부위가 넓다면 타인의 피부를 이식할 수밖에 없었다. 그런데 문제는 타인의 피부를 이식하는 경우, 거의 대부분 이식된 피부는 생착하지 못하고 실패한다는 것이었다. 하지만 수많은 실패 속에서 머리는 한 가지 사실을 깨닫는다. 적어도 일란성 쌍둥이 사이에서는 피부 이식 시 거부 반응이 발생하지 않는다는 것이었다.

전쟁이 끝나고 고국으로 돌아와 환자를 진료하던 머리는 일란성 쌍둥이라면 조직 구성이 같아서 태초에 면역학적 관용이 형성되어 있을 것이라 여겼고, 이 생각은 이들 사이의 장기 이식은 거부 반응 없이 성공적일 것이라는 데까지 미쳤다. 그는 자신의 가설을 먼저 개를 이용해 실험했다. 한 어미에게서 태어난 일란성 쌍둥이 강아지들에게 서로의 신장을 이식시키는 수술을 시도한 것이었다. 결과는 그가 예상한 대로였다. 쌍둥이 강아지들은 서로의 신장을 바꿔 달았음에도 불구하고 아무런 이상이 없었다. 이제 사람에게 실험하는 일만 남았다.

1954년, 드디어 기회가 왔다. 그를 찾아온 일란성 쌍둥이 중 한 명은 중증 신부전증을 앓는 반면 다른 한 명은 건강했다. 그는 이 수술을 성공시켰고, 쌍둥이는 멋진 크리스마스 선물을 받았다. 바람 앞의 촛불 같았던 쌍둥이 환자는 몇 년의 시간을 덤으로 얻을 수 있었다. 뒤이어 1958년, 에드워드 토머스(Eduard Thomas, 1920~)에 의해 유전적으로 동일한 두 사람 사이에서 골수 이식이 성공적으로 이루어졌다. 이들의 성공은 곧 널리 알려졌고, 인간의 장기 이식도 면역학적 거부 반응을 이겨낼 수 있다면 얼마든지 성공할 수 있을 것이라는 희망이 전 세계로 퍼져나가기 시작했다.

세계 최초로 성공한 신장 이식 수술팀과 환자들. 왼쪽부터 수혜자 담당 외과의사 조지프 머리, 신장 수혜자 리처드 헤릭(Richard Herrick), 신장병 학자 존 메릴(John P. Merrill), 신장 공여자 로널드 헤릭(Ronald Herrick) 그리고 공여자 담당 외과의사 J. 하트웰 해리슨(J. Hartwell Harrison), 1954.

참고로 토머스는 1920년 미국 텍사스에서 나이 많은 의사였던 아버지의 유일한 아들이자 늦둥이로 태어났다. 그가 태어날 당시 그의 아버지는 50세였다고 한다. 학창시절 토머스는 그다지 눈에 띄는 학생은 아니었고, 대학에서도 두각을 나타내는 아이는 아니었다. 하지만 그의 재능은 그가 흥미 있어하는 과목을 접하면서 드러나기 시작했다. 대학 시절, 그를 매료시킨 것은 화학이었다. 텍사스 대학에서 화학으로 석사 학위를 받은 토머스는 하버드 메디컬스쿨로 진학하여 백혈병에 대한 연구를 본격적으로 시작했다. 의사 면허를 딴 토머스는 피터벤트브리그햄병원에서 레지던트로 일하면서 한 살 위의 머리를 알게 되었는데, 이때부터 시작된 이들의 우정은 결국 둘이 나란히 신장과 골수의 장기 이식을 성공시키고, 노벨상을 공동 수상하는 데까지 이어진다.

거부 반응을 잡아라

어쨌든 머리의 실험적인 시도로 장기 이식이 가능하다는 사실은 알려졌지만, 그래도 아직은 장기 이식은 아주 특수한 경우에만 시술 가능한 희귀한 시술법이었다. 그도 그럴 것이 장기 이식이 필요한 환자들 중에서 장기를 이식해줄 만한 건강한 일란성 쌍둥이 형제자매를 가진 사람들이 얼마나 되겠는가. 그렇다고 메더워의 실험처럼 태어나기도 전에 장기 기증 대상자를 찍어서 그의 조직을 주입해줄 수도 없는 일이다. 그렇기에 이제 남은 것은 어떻게 하면 이식 시 일어나는 거부 반응을 줄일 수 있는지를 살피는 일이었다.

이를 이해하기 위해서는 먼저 장기 이식 시 거부 반응이 일어나는 원리에 대한 이해가 필요하다. 거부 반응의 기본 원리는 이식된 장기가 대상자 체내의 면역 세포에 의해 '타인'으로 인식되어 거부되는 과정이다. 장기 이식 시 면역 거부 반응은 크게 3가지로 나뉘어져 나타난다.

첫 번째는 초급성 거부 반응(hyperacute rejection)으로 장기 이식 수술 직후, 즉 이식된 장기의 혈관이 이어진 후 수 분에서 수 시간 내에 나타나는 급성 거부 반응이다. 이는 체내에 반응으로 급속하게 나타날 뿐 아니라 반응도 격렬해 치료가 불가능하므로, 환자를 살리기 위해서는 이식된 장기를 가능한 빠른 시간 내에 제거하는 것 외에는 방법이 없다.

두 번째는 급성 거부 반응(acute rejection)으로, 장기를 이식한 뒤 2주에서 3개월 사이에 나타난다. 혈액형과 여섯 가지 HLA(Human Leukocyte Antigen, 인간 백혈구 응집 항체) 타입을 맞췄어도 앞서 말했듯이 이 외에도 장기를 구성하는 세포들은 매우 다양하기 때문에 시간이 지나면 이식 대상자의 몸속 면역 세포들이 타인이라는 것을 인식하고 이를 공격하는 T세포를 활성화시켜 이식된 장기를 공격하는 것이다.

마지막으로 세 번째 거부 반응은 만성 거부 반응(chronic rejection)이다. 이는 이식 후 6개월에서 수년 이후에 나타나는 거부 반응으로 면역 거부 반응이라기보다는 이식된 장기 자체가 서서히 기능을 잃어가는 현상을 의미한다.

이 중에서 초급성 거부 반응과 급성 거부 반응에 대해서는 현재 여러 가지 대처법이 나와 있다. 먼저 초급성 거부 반응의 경우, 일단 일어난 뒤에는 치료가 불가능하지만 애초에 일어나지 않게 만드는 것은 가능하다. 초급성 거부 반응이 일어나는 가장 중요한 이유는 ABO혈액형과 HLA 때문에 일어난다. ABO 혈액형을 예로 들어보자. 혈액형이 A형인 사람의 경우, 적혈구에는 응집원 A를 가지고 혈장 속에는 응집소 β를 가지며, B형인 사람의 경우에는 적혈구에는 응집원 B, 혈장에는 응집소 α를 가진다. 응집원 A와 응집소 β, 응집원 B와 응집소 α는 공존할 수 있지만, 응집원 A와 응집소 α, 응집원 B와 응집소 β는 격렬한 반응을 일으켜 적혈구의 용혈을 일으키며 제대로 기능하지 못하게 한다. 수혈 시에 혈액형을 맞춰보는 것은 이런 이유에서인데, 마찬가지로 장기 이식에서도 혈액형이 맞지 않으면 서로 반응하는 응집원과 응집소로 인해 격렬한 거부 반응이 나타난다.

HLA의 경우도 마찬가지다. HLA의 조직형은 A, B, C, DRB1 등 4가지 서브타입이 있으며, 사람은 이 4가지를 모두 1쌍씩 부모로부터 물려받는다. 그런데 A, B, C, DRB1의 종류가 각각 수십 종류 이상이기 때문에 같은 부모에게서 태어난 자손들이라 해도 HLA 타입이 완전히 일치하는 경우는(일란성 쌍둥이를 제외하고는)거의 없다고 봐도 드물다. 다행히 골수이식을 비롯한 장기 이식에서는 이 수천 가지의 HLA 타입 중에서 주요한 6가지 HLA(A, B, DRB1 각각 2개씩)의 일치 정도를 보고 이 6개 중 5개가 같으면 이식이 가능한 것으로 보고 있다(물론 6개가 모두 일치하면 더 좋지만). 면역학적 지식이 거의 없던 20세기 중반까지만 하더라도, 이를 알지 못해 대부분의 환자들이 이식받은 뒤 얼마 안 되어 사망하곤 했지만, 최근에는 이식 전에 미리 혈액형과 HLA 타입의 일치 여부를 판단한 뒤에 이식이 시도되므로 초급성 거부 반응이 일어나는 비율은 매우 낮아졌다.

두 번째로 급성 거부 반응의 경우에는 면역 억제제로 치료가 가능하다. 면역 억제제란 말 그대로 대상자의 면역 기능을 떨어뜨려 이식된 장기를 공격하지 못하게 하는 약물을 말한다. 1961년 최초의 면역 억제제인 아자치오프린(Azathioprine)이 개발되었고, 1963년부터 스테로이드가 이용되기 시작했지만, 이들의 효과는 낮은 수준이었다. 아자치오프린은 DNA 생성에 문제를 일으켜 면역 세포가 분열하는 것을 막는 약물인데, 면역 세포뿐 아니라 다른 세포에도 모두 작용하므로 간 및 골수 기능이 떨어지는 등 치명적인 합병증이 일어날 가능성이 높았고, 스테로이드 역시 궤양과 골괴사를 일으키는 등의 부작용이 심해 지속적으로 쓰기에는 적합지 않았기 때문이었다.

급성 거부 반응을 낮추는 데 결정적인 역할을 한 것은 1970년대 후반에 개발된 사이클로스포린(Cyclosporine)이다. 곰팡이의 일종인 톨리포클라디움 인플라툼(Tolypocladium inflatum)에서 추출한 사이클로스포린은 기존의 약물들과는 달리 선택적으로 T세포만을 억제하여 뛰어난 급성 거부 반응 억제 효과를 갖는다. 이후 1980년대 들어서 사이클로스포린과 같이 특정 면역 세포 혹은 그 면역 세포가 만들어내는 면역물질들만을 선택적으로 차단하는 면역 억제제(FK-506, 라파마이신, MMF, AL2R 등)이 개발되어 장기 이식을 효과적인 치료 수단으로 자리잡게 만들었다. 물론 어떤 것이든 면역 억제제를 사용하게 되면 면역력의 저하로 인해 다른 질병이나 패혈증에 걸릴 가능성이 높아지므로, 철저한 위생관리와 건강관리가 필요하지만 이것만 잘 지키는 경우 이식 환자들의 수명은 매우 늘어나며 신장 이식 수술의 경우 20년 이상 생존하는 경우도 종종 보고되고 있다.

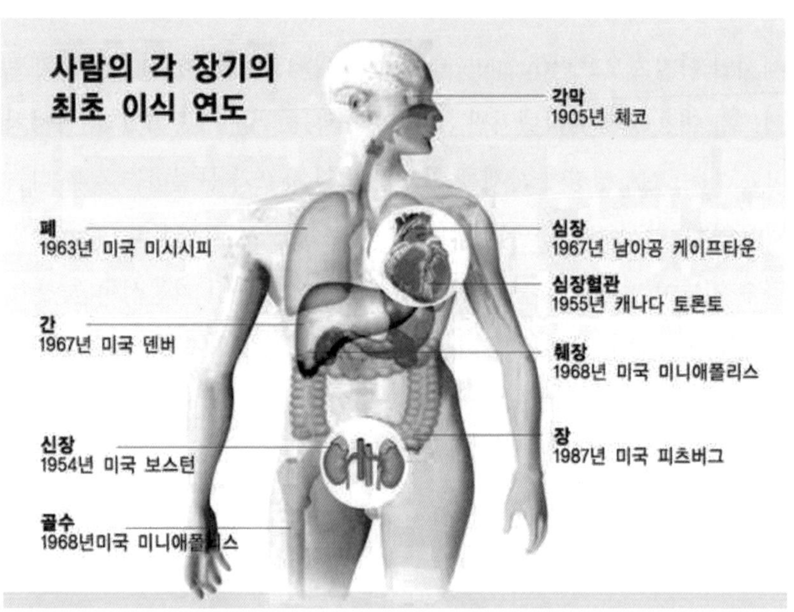

사람의 각 장기의 최초 이식 연도.

장기 이식의 미래는 장밋빛인가

1954년 최초의 신장 이식, 1963년 토머스 얼 스타즐(Thomas Earl Starzl, 1926~)이 간 이식, 1966년 W. D. 켈리(W. D. Kelley)가 췌장 이식, 1967년 크리스티안 바너드(Christiaan Barnard)가 심장 이식에 성공했고, 1968년 덴턴 쿨리(Denton Cooley)에 의해 심폐 동시이식이 차례로 이루어지면서 장기 이식은 생명을 살리는 최후의 보루로 널리 이용되기 시작했다. 우리나라의 경우에도 1969년 일란성 쌍둥이의 신장 이식 시도 이후, 뇌사자나 기증자의 장기를 이용하여 1979년 신장 이식, 1988년 간 이식,

1992년 심장 및 췌장 이식, 1996년 폐 이식을 성공한 바 있다. 이렇듯 우리나라의 장기 이식은 그 역사는 서구에 비해서도 매우 짧은 편이지만, 최근 들어서 장기 이식의 비율과 성공률은 선진국의 그것 못지않게 빠르게 발달하고 있다. 국립장기 이식관리센터(KONOS)의 조사에 따르면 지난 2010년 우리나라에서는 신장 1,291건, 간 1,066건, 심장 73건, 골수 160건 등 총 3,148회의 장기 이식이 이루어졌으며, 성공률 역시 매우 높아져 이식 후 5년 생존율이 간의 경우 29.5%, 골수는 58,68%이며, 신장의 경우는 무려 96.2%가 5년 이상 생존한 것으로 보고되고 있다. 이들 모두는 이식을 받지 않았더라면 5년은커녕 단 몇 개월도 살 수 없었기에 말기 질환자들에게 있어 장기 이식이란 최후의 보루인 셈이다.

하지만 현실은 늘 그렇듯 장밋빛만은 아니다. 여전히 장기 이식은 수요와 공급이 불균형한 대표적인 지점이기 때문이다. 아무리 면역 억제제가 개발되었다 하더라도 타인에게 장기를 기증받기 위해서는 기본적인 면역 타입이 비슷해야 한다는 전제는 여전히 존재하고, 이식할 장기는 늘 이식받기를 원하는 이의 열망에 비해 부족하다. 특히나 우리나라의 경우에는 대다수의 장기기증이 생체기증(살아 있는 사람이 기증자가 되는 것)으로 이루어지기 때문에 더욱 심각하다. 이 경우 장기수혜자(장기를 이식받는 사람, recipient)뿐 아니라 장기공여자(장기를 기증하는 사람, donor)도 앞으로 살아가야 하기 때문에 이식 부위가 제한될 수밖에 없다. 2개가 있어 하나를 떼어내도 살 수 있다거나(신장), 일부를 떼어내도 재생이 가능하다거나(간, 골수 등) 하는 경우에만 이식이 가능하다.

심장처럼 하나만 있다거나 폐처럼 둘로 나뉘어 있어도 하나만으로는 기능하기 부족한 경우에는 이식이 불가능하다. 따라서 장기 수혜자에 비해 장기공여자가 절대적으로 부족한 현실에서 장기 이식은 시간과의 싸움인 경우가 많다. 실제로 이식 대기자들의 경우, 신청을 하고도 평균 1,216일(약 40개월)을 기다려야 한다는 통계가 이를 뒷받침한다.

따라서 최근에는 부족한 장기를 대체하고자 다양한 연구가 실시되고 있다. 인체 장기를 대신해 동물의 장기를 이식하거나, 기계로 장기를 대체하거나, 혹은 줄기세포를 이용해 장기를 만드는 방법들이 그것이다. 동물의 장기를 이용하는 이종이식(Xenotransplantation)은 얼핏 SF 영화 속에서나 등장할 것 같지만 이미 20세기 초반 시도되었던 기술이다. 1900년대 초반 돼지의 신장을 신부전증 환자에게 이식하는 시도를 시작으로 돼지뿐 아니라, 침팬지, 양, 원숭이, 비비 등의 신장, 간, 심장, 췌장, 골수 등을 인간 환자에게 이식하는 실험이 행해진 바 있다. 안타까운 것은 거의 모든 경우 동물 장기의 이식은 환자의 생명 연장에 거의 도움이 되지 않았다는 것이다. 이런 현상이 일어난 이유는 당연히 동물과 인간의 조직 적합성이 달라서 장기 이식시 극심한 면역 거부 반응에 의한 생착 실패 현상 때문이었다.

이렇듯 이종 장기 이식에서 격렬한 면역 반응이 나타나자, 과학자들은 종 사이의 인식 체계를 흔드는 방법을 연구하기 시작했다. 그리고 그 노력의 결과로 지난 2002년 1월, 미국 미주리대학교와 바이오벤처 이머지 바이오 세러퓨틱스(Immerge Bio Therapeutics)는 인체에 거부 반응을 일으키는 유전자를 제거한 복제돼지 4마리를 세계 최초로 만들어낸 바 있다. 이 복제돼지들은 바로 인체의 초급성 거부 반응을 피하도록 유전자 조작을 하여, 인간의 면역체에는 없는(즉 돼지에게만 있어서 인간의 면역체가 인식했을 때 격렬하게 거부하는) 알파-1,3-갈락토오스(Alpha-1,3-Galactose)라는 물질을 만들지 못하게 한 것이다. 또한 이 돼지들의 탄생이 주목받는 이유는, 돼지라면 누구나 갖고 있는 알파-1,3-갈락토오스가 없어도 건강하게(아직까지는) 태어나 주었기에, 인간의 장기를 대량으로, 다양하게 돼지에서 얻을 수 있는 가능성에 한 발 더 다가갔기 때문이다. 앞으로 분자생물학 기술이 더욱더 발전한다면, 이런 장기 이식용 돼지에 이식받는 사람의 유전자를 주입하여 더욱더 안전하고 꼭 맞는 장기를 안정적으로 얻을 수 있는 날이 올 수도 있다.

이종 이식이 성공할 경우, 인간은 이식용 장기를 안정적으로 확보할 수 있다는 장점을 가지게 된다 하지만 이종이식으로 인해 우리가 알지 못하는 바이러스나 미생물에 노출될 위험이 있다는 것은 단점으로 꼽힌다. 기존의 이종이식에서 유인원의 장기를 이식받은 사람의 몸에서 유인원에게만 발견되는 바이러스가 검출된 적이 있었다. 그런데 때로는 종을 뛰어넘는 바이러스의 이동은 생각지도 못한 질병을 가져올 수 있다는 것이 문제이다. 예를 들어 현대의 흑사병이라고 불리는 에이즈를 일으키는 HIV(human immunodeficiency virus)는 아프리카 푸른 원숭이의 몸속에 존재하던 SIV의 변형이라고 알려져 있다. 그러나 원숭이는 SIV를 가져도 병에 걸리지 않지만, 사람은 HIV에 감염되면 에이즈에 걸리게 되는 것처럼 종을 뛰어넘는 바이러스의 이동은 늘 위험이 도사리고 있다. 돼지에게서는 아직까지 HIV와 같은 질병을 일으키는 바이러스는 검출되지 않았지만, 실험실에서 돼지와 인간 세포를 섞어서 실험한 결과, 돼지에게만 존재하던 바이러스가 인간 세포에도 침투할 수 있다는 사실이 관찰되었기에 우리는 이 분야에 있어 좀 더 확실한 실험과 논의가 뒷받침되어야 할 것이다.

안정적인 장기 공급을 위해 연구되고 있는 두 번째 분야는 생체 재료이식이다. 생체에서 채취한 장기가 아니라, 실험실에서 인위적으로 만들어낸 인공관절, 인공피부, 인공판막 등을 이식해서 인체의 기능을 대신하도록 하는 것이다. 이 방법의 경우, 기존의 생체 장기 이식과 달리 면역 거부 반응을 걱정하지 않아도 되며, 안정적인 공급이 가능하고 대량생산이 가능해 이식 시 들어가는 비용도 줄일 수 있다는 장점이 있다. 또한 최근 1~2년새 3D 프린터를 이용해 사람의 피부와 연골, 그리고 지방조직등을 '입체적으로 출력할 수 있는' 바이오 잉크가 개발되어 이 분야의 가능성을 더욱 크게 만들어주고 있다. 이 분야의 연구가 앞으로 더 발전한다면, 언젠가 인간은 기계 장기의 도움으로 건강을 유지하는 시대가 올 수도 있다. 사이보그(Cyborg)란 얼마 전까지만 해도 공상 과학 영화에서나 나올 법한 일이었지만, 최근의 연구동향을 살펴보면 생각보다 가까운 미래에 가능할지도 모른다. 실제로 영국의 레닝대학교의 케빈 워윅(Kevin Warwick, 1954~) 교수는 자신의 팔의 정중앙 신경에 무선송신기를 달아, 팔에서 내보내는 신호를 증폭해 외부에 위치한 로봇 팔을 움직이는 실험에 이미 성공한 바 있다. 또한 MIT공대의 생체공학과의 휴 헤르(Hugh Herr) 교수는 인공지능 칩을 장착해 사람의 팔다리의 움직임을 거의 완벽하게 재현하는 인공 의족을 제작한 바 있다. 두 다리를 사고로 잃은 경험을 가진 헤르 교수는 자신이 직접 만든 스마트 의족을 장착하고 실제로 걷거나 계단을 오르는 등 불편 없이 일상생활을 하여 이 분야의 가능성을 보여주었다(스마트 의족을 장착한 휴 헤르 교수의 모습은 TED를 통해 확인 가능하다). 마지막으로 최근 들어 각광받는 기술이 바로 줄기세포 기술이다. 줄기세포란 신체를 구성하는 여러 종류의 세포로 분화할 수 있는 만능세포로, 이론상 이를 적절히 분화시키면 우리 몸에 필요한 모든 세포들을 만들어낼 수 있어 각광받는 세포다. 지난 2008년, 폐질환으로 기관지를 잃은 스페인 여성이 자신의 몸에서 뽑아낸 줄기세포를 이용해 만든 기관(氣管, trachea)을 이식하여 산소 호흡기를 떼고 자가 호흡을 하는데 성공한 바 있다. 이 성공을 시작으로 줄기세포를 이용하여 이식용 장기나 조직을 만들어내는 연구가 시도되고 있으나, 이 분야는 앞으로 헤쳐 나가야 할 윤리적 문제와 기술적 난제들이 산적해 있지만, 성공한다면 많은 이들에게 새로운 삶의 등불이 될 것임은 틀림없을 것이다.

최초로 신장이식이 성공한 이래 반세기가 지났을 뿐이지만, 그동안 이로 인해 새로운 생명을 얻게 된 환자들의 수는 폭발적으로 늘어났다. 그것이 바로 '인류에게 공헌한 이들에게 치하를 하겠다'는 노벨상의 기본 취지에 의해 머리와 토머스가 노벨상 시상대에 설 수 있었던 이유였을 것이다.

제18장

작은 돌연변이가 알려준 커다란 비밀

초파리를 통해 생물 발생의 비밀을 파헤치다, 뉘슬라인폴하르트

1979년의 어느 날, 하이델베르크의 유럽분자생물학연구소의 하루가 시작되었다. 오늘도 변함없는 하루였다. 두 연구자들은 서로 오늘도 힘내자는 의미로 살짝 웃어 보였다. 그들은 어제도 마주 앉아 12시간을 일했다. 아마 오늘도 다르지 않을 것이다. 그들은 초파리가 윙윙거리는 유리병들이 선반마다 빽빽하게 들어찬 실험실에서, 하나의 샘플을 2명이 동시에 관찰할 수 있게 만들어진 특수 현미경을 사이에 놓고 초파리의 배(胚)를 관찰하는 일을 반복하고 있었다. 하루에 12시간에서 14시간씩 접안경에 눈을 대고 수없이 많은 초파리들을 관찰하는 일은 지독하게 반복적이고 끔찍할 정도로 지루한 일이었다. 그들은 자신들이 하는 일을 '헤라클레스의 노역'에 빗대어 말하곤 했다. 고대 그리스 신화 속 헤라클레스는 죄에 대한 속죄의 대가로 12가지 과업을 수행하도록 명령받는데, 그 과업이란 너무도 위험하고 부담스러워서 달성할 가망성이 극히 낮은 것들이었다고 한다. 물론 헤라클레스는 영웅답게 무려 12가지에 달하는 과업을 모두 달성해냈지만, 신화 속 인물이 아닌 현실 속의 평범한 연구자들이 '헤라클레스의 노역'을 수행할 수 있을지 의문이었다.

하나의 세포가 개체로 발생하기까지

인간의 몸을 구성하는 세포는 모두 얼마나 될까? 정확히 세어보는 것은 불가능하지만, 학자들의 연구에 따르면 인간의 몸은 약 200종류의 세포가 100조 개 정도 모여서 이루어진다고 한다. 종류도 그렇지만 수도 엄청난데, 더욱 신기한 것은 그 많은 세포의 기원을 거슬러 올라가다보면 모두 하나의 세포, 즉 수정란에서 기원했다는 것이다. 비단 인간만이 아니다. 이 세상에 존재하는 어떤 생명체든 유성 생식을 통해 번식하는 생명체라면 그 시작은 정자와 난자가 만나 이루어진 단 한 개의 수정란에서 시작한다. 도대체 수정란은 어떻게 이러한 마술 같은 일을 가능하게 하는 것일까? 그 비밀의 해답은 지금 어두컴컴한 실험실에서 '헤라클레스의 노역'을 수행하는 연구자들에게서 나왔다. 이들의 이름은 크리스티아네 뉘슬라인폴하르트(Christiane Nüsslein-Volhard, 1942~)와 에리크 비샤우스(Eric F. Wieschaus, 1947~)였다. 현미경 앞에서 초파리와 함께 하루에 12시간 이상씩 씨름하던 이들의 고단한 노역은 결

크리스티아네 뉘슬라인폴하르트.

국 개체 발생의 비밀이라는 커다란 생물학적 신비를 밝혀내었고, 이는 1995년 제95회 노벨 생리의학상 수상이라는 영광으로 돌아왔다.

초파리가 든 유리병을 손에 들고 있는 에리크 비샤우스. © Princeton University, Office of Communications, Denise Applewhite, 2007.

개체 발생의 비밀을 찾아서

뉘슬라인폴하르트와 비샤우스의 연구 이전에도 발생의 비밀에 대해 사람들이 관심을 보인 것은 까마득히 먼 옛날부터였다. 옛사람들의 눈에도 암탉이 낳은 달걀에서 병아리가 태어나 다시 닭으로 성장하는 과정은 보였다. 암탉이 처음 알을 낳았을 때 달걀 안에는 흐물흐물한 노른자와 흰자만이 들어 있는 것처럼 보이지만, 21일의 시간이 지나면 같은 달걀에서 건강하고 완벽히 독립적인 병아리가 태어난다. 이는 마술보다 더욱 마술 같은 일이었다. 어떤 이가 이러한 신비로움에 매료되지 않을 수 있을까?

예부터 내려오는 생물 발생의 과정에 대해서는 다양한 의견이 있었지만, 크게 전성설(前成說, preformation theory)과 후성설(後成說, epigenesis)로 나눌 수 있다. 전성설이란 개체의 기원이 되는 세포 속에 성체의 형태나 구조가 미리 갖추어져 있다는 학설이다. 마치 하나의 인형 안에 더 작은 인형이 겹겹이 들어 있는 러시아 전통인형 마트료시카(Матрёшка)처럼 성체의 몸속 어딘가에는 매우 미세하지만 성체와 꼭 같은 형태와 구조를 갖춘 존재가 들어 있으며, 발생이란 이 존재가 단지 커지는 과정을 의미한다는 것이다. 전성설이란 특정개체가 왜 그러한 모양으로 발생하는지를 설명하지 않아도 되는(애초에 그런 모양으로 들어 있었다고 하면 되므로) 매우 단순하고 쉬운 개념이었다. 하지만 전성설에는 치명적인 약점이 있다. 그건 마트료시카 인형 안에 넣을 수 있는 인형의 개수는 한계가 있는 것처럼, 하나의 개체 안에 담겨질 수 있는 작은 개체의 수는 필연적으로 제한이 있게 마련이라는 것이었다. 만약 인간의 몸속에 앞으로 인간이 되어 태어날 '작은 인간'이 들어 있다고 생각해보자. 그 '작은 인간' 의 몸 안에는 그다음 세대에 태어날 '더 작은 인간'이 들어 있을 것이고, 그 '더 작은 인간' 안에는 '더 더 작은

인형 안에 작은 인형이 겹겹이 들어 있는 러시아 전통인형 마트료시카.

230 ESSAY DE DIOPTRIQUE.

que la tête ſeroit peut-être plus grande à proportion du reſte du corps, qu'on ne l'a deſſinée icy.

ART. XC. Ce que c'eſt que l'œuf de la femme, & comment un enfant vient ordinairement au monde.

Au reſte, l'œuf n'eſt à proprement parler que ce qu'on appelle *placenta*, dont l'enfant, aprés y avoir demeuré un certain temps tout courbé & comme en peloton, briſe en s'étendant & en s'allongeant le plus qu'il peut, les membranes qui le couvroient, & poſant ſes pieds contre le *placenta*, qui reſte attaché au fond de la matrice, ſe pouſſe ainſi avec la tête hors de ſa priſon; en quoi il eſt aidé par la mere, qui agitée par la douleur qu'elle en ſent, pouſſe le fond de la matrice en bas, & donne par conſequent d'autant plus d'occaſion à cet enfant de ſe pouſſer dehors & de venir ainſi au monde.

L'experience nous apprend que beaucoup d'animaux ſortent à peu prés de cette maniere des œufs qui les renferment.

ART. XCI. Que l'on peut pouſſer bien plus loin cette nouvelle penſée de la generation, & comment.

L'on peut pouſſer bien plus loin cette nouvelle penſée de la generation, & dire que chacun de ces animaux mâles, renferme lui-même une infinité d'autres

전성설을 지지하는 사람들은 이처럼 정자(혹은 난자) 안에 작은 인간이 들어 있을 것이라 생각했다. 출처: 니콜라스 하르트소커(Nicolaas Hartsoeker), 『Essay de dioptrique』, Paris: Jean Anisson, 1694, p. 230.

인간'이 들어 있는 식으로 이어질 텐데 이렇게 이어지다가는 언젠가는 너무나 작아져서 더 이상 내부에 '작은 인간'을 포함하지 못하는 마지막 개체에 다다를 것이기 때문이다. 그러한 인간이 태어난다면 결국 인류는 멸종하게 될 것이다.

이와 달리 후성설은 인간의 몸속에 '작은 인간' 따위는 존재하지 않으며 수정란이라는 하나의 세포가 분열하고 분화하면서 성체로 변화한다는 이론이다. 따라서 생명체는 매번 발생할 때마다 새로이 만들어지므로 최후의 인간이 태어날까 봐 걱정하지 않아도 된다. 하지만 후성설에도 문제가 있다. 가장 큰 문제는 수정란과 다 자란 성체는 한눈에 봐도 전혀 다르다는 것이다. 후성설을 지지하기 위해서는 도대체 어떻게 해서 단순한 하나의 세포가 엄청나게 복잡한 복합체를 형성하는지에 대한 설명이 필요한데, 그에 대한 답은 거의 하나도 알 수가 없었다. 따라서 전성설은 필연적으로 멸종을 가정하고 있다는 치명적인 약점에도 불구하고 오랫동안 사람들에게 더 선호된 학설이었다. 17세기 이후 현미경의 개발로 생식세포인 정자와 난자가 발견되자, 정자 속 인간파와 난자 속 인간파로 나뉘었을 뿐 생식 세포 속에 '작은 인간'이 들어 있다는 주장은 오히려 더 힘을 얻게 되었다.

후성설이 힘을 얻은 건 18세기 이후의 일이었다. 1767년 독일의 해부학자였던 카스파르 볼프(Kaspar F. Wolff, 1733~1794)는 달걀을 이용한 배(胚) 발생을 현미경으로 관찰하면서 '생명체의 배아는 초기에는 입자상의 구조를 갖추고 이것이 층을 형성한 뒤, 점진적으로 복잡한 배 발생 단계를 거쳐 성체가 된다'라고 주장하여 후성설을 공론화했다. 동시대 이탈리아의 박물학자 라차로 스팔란차니(Lazzaro Spallanzani, 1729~1799)는 개를 이용한 실험을 통해 '난자는 정자와 만나 수정되어 수정란을 형성한다'는 사실을 증명해 난자 혹은 정자 안에 작지만 완전한 인간이 들어 있다는 전성설을 부인했다. 이후 독일의 동물학자 크리스티안 판더(Christian Pander, 1794~1865)는 닭의 배아를 관찰하던 중, 초기 발생 시 세포들은 2~3층의 배엽(胚葉, germinal layer)을 형성하는데 이때 세포들은 어떤 층의 배엽에 위치하는지에 따라 다르게 발생되어 간다는 사실을 알아낸다. 즉, 가장 안쪽의 내배엽에 위치한 세포들은 훗날 소화기관과 내장기관을 만들며, 중배엽에 위치한 세포들은 뼈와 근육, 혈관, 비뇨생식기를 형성하게 되고, 가장 바깥쪽인 외배엽을 구성하던 세포들은 피부와 신경계, 감각기관으로 분화된다는 것이었다. 이전까지는 동일한 특성과 모양을 지녔던 세포들이 어떤 배엽에 위치하느냐에 따라 다르게 분화되는 것은 생명 발생 과정에서 수정란이 어떻게 복잡한 성체로 변화하는지에 대한 첫 번째 실마리 제시했고, 후성설에 힘을 실어주었다.

하지만 판더의 배엽론(germ layer theory)이 등장한 이후에도 전성설은 여전히 사라지지 않았다. 아직 후성설로는 설명할 수 없는 부분이 더 많은 데다가, 여러 실험을 통해 밝혀진 '도롱뇽의 알에는 어떤 인위적 힘을 가해도 도롱뇽밖에는 태어나지 않는다'는 사실은 인간의 눈에는 보이지 않아도 생물체 내부 어딘가에 '원형'이 존재하고 있다고 밖에는 보이지 않았기 때문이었다. 따라서 각 생물체의 특성은 그 생물체가 지니는 유전자의 특성에 달려 있으며 각 생물체마다 가지고 있는 유전자가 다르기에 도롱뇽에게서는 도롱뇽, 닭에게서는 병아리만 태어난다는 사실이 알려지기 전까지 전성설은 여전히 위력을 발휘했다.

평범한 소녀가 열성적인 과학자로 변신하기까지

크리스티아네 뉘슬라인폴하르트는 1942년 독일의 마그데부르크(Magdeburg)의 유복한 가정에서 태어났다. 할아버지는 의사였고, 아버지는 건축가였으며, 외할머니는 화가였다. 그런데 1945년 제2차세계대전이 끝나고 독일이 패전국이 되면서 뉘슬라인폴하르트의 가족 역시 경제적인 곤란을 겪게 되었다. 하지만 그녀의 부모는 예술적 기질이 풍부한 이들이었기에 아이들을 자유롭게 키웠고, 그녀는 호기심 많은 소녀로 자라났다. 책을 읽거나 동식물을 관찰하는 것도 좋아했지만 학창시절 성적만 놓고 본다면 미래의 노벨상 수상자감이라고 생각하긴 힘들었다. 숙제도 자주 빼먹었고 시험 성적도 그다지 뛰어나지 못했다. 스무 살이 되던 1962년 뉘슬라인폴하르트는 프랑크푸르트대학교 생물학과에 입학했지만 역시 강의에 그다지 흥미를 느끼지 못했다. 그녀는 스스로 '호기심이 많고 끈기가 부족한 아이'였다고 표현했다. 그랬던 그녀가 훗날 '헤라클레스의 노역'을 견디는 끈기 있는 과학자가 된 건 놀라운 변화였다.

학자로서의 인생이 시작된 건 1964년이었다. 그녀는 당시 튀빙겐대학교에 새로운 생화학 커리큘럼이 만들어졌다는 이야기를 듣고 거기에 끌리는 자신이 놀라웠다. 지금까지 다니던 대학교에 별 문제가 있는 것도 아니었고, 고향에서 멀리 떨어진 튀빙겐에서 공부하기 위해서는 가족과 친구들과 헤어져야 했지만 그래도 새로운 학문을 공부하고 싶었다. 고민 끝에 알 수 없는 힘에 이끌려 튀빙겐으로 간 뉘슬라인폴하르트는 그곳에서 대학원을 마치고 1973년에는 박사 학위를 취득했다. 그러나 그때까지도 그녀는 여전히 뭔가 집중하지 못하고 있었다. 그녀는 뭔가 자신을 집중시킬 만한 것이 필요했지만, 여전히 그것이 무엇인지를 찾지 못하고 있었다. 그녀는 닥치는 대로 논문을 읽고 주변 사람들과 토론하면서 자신의 인생을 걸 만한 주제를 찾았다. 결국 그녀의 눈에 들어온 것은 하나의 수정란에서 복잡한 조직들이 발생되는 과정이었다. 지금은 '발생생물학'이라고 불리는 이 분야는 당시까지만 하더라도 그 분야는 거의 미개척 상태나 다름없었다. 그녀는 바로 이 분야가 자신의 일생을 걸 만한 주제라고 느꼈다.

초파리, 그리고 비샤우스와의 운명적 만남

박사후과정을 밟던 스위스 바젤대학교에서 에리크 비샤우스와 만났던 뉘슬라인폴하르트는 그 역시 자신과 같은 분야에 관심을 가지고 있다는 것을 알았다. 1978년 하이델베르크의 유럽분자생물학연구소에서 다시 조우한 그들은 본격적으로 이 분야의 비밀을 파고들기로 의기투합했다. 그들은 자신들의 연구를 도와줄 조력자로 초파리를 선택했다. 이전에도 언급한 적이 있지만, 초파리는 여러모로 유전과 발생 연구에 적합한 실험동물이었다. 그들은 과거 모건이 그랬던 것처럼 연구실에 '파리방'을 만들었다. 차이가 있다면 그들은 그 방에 하나의 샘플을 둘이 동시에 관찰할 수 있도록 접안경이 2쌍 달린 특수한 현미경을 놓았다는 것뿐이었다. 먼저 그들은 산탄총(shotgun) 방식으로 초파리에게 화학물질을 처리해 돌연변이를 유도했다.

이미 선행 연구를 통해 유전자 변이를 일으키는 화학물질의 리스트는 알려져 있었다. 하지만 산탄총을 쏘았을 때 산탄이 흩어지는 방향이 무작위적인 것처럼 이런 화학물질을 처리하는 경우 만들어지는 돌연변이는 규칙성도 없고 패턴도 없는 무작위로 만들어진다(그래서 산탄총 방식이라고 한다). 그들은 암컷 초파리를 유전자 변이를 일으키는 화학물질에 노출시키고 그 암컷이 낳은 알에서 돌연변이 초파리를 골라냈다. 돌연변이는 무작위였다. 때로는 날개가 없이 태어나기도 하고, 더듬이가 나야 할 자리에 다리가 나는 경우도 있었다. 그들은 다양한 돌연변이 초파리들을 유사한 특징을 가진 것들로 분류하고 어떤 유전자의 변이가 이러한 돌연변이를 만들어내는지를 역추적하기 시작했다. 수많은 돌연변이들 중에 그들의 관심을 끈 것은 신체 조직의 위치가 바뀌는 돌연변이였다.

예를 들어 초파리에 무작위로 돌연변이를 일으키다 보면 특정 부위의 기능 자체는 그대로 있는데, 원래 있어야 할 자리가 아닌 엉뚱한 위치에서 발생되는 돌연변이가 종종 생기곤 한다. 예를 들면 날개가 없어야 하는 자리에 완벽한 날개가 1쌍 더 생긴다던가, 더듬이가 있어야 할 자리에 대신 튼튼한 다리가 생긴다던가 하는 경우였다. 이런 경우, 다리 그 자체의 기능은 문제가 없다고 하더라도 위치의 오류로 인해 제 기능을 제대로 수행하지 못했다. 발생 과정에서는 각각의 기관이 정상적으로 만들어지는 것도 중요하지만 각자가 정확히 제자리에 놓여 있는 것도 매우 중요했다. 무엇이 이를 가능하게 하는 것인가?

루이스, 신비의 베일을 들어 올리다

사실 이 둘이 아직 어린아이였던 1940년대, 이미 캘리포니아 공과대학의 에드워드 루이스(Edward B. Lewis, 1918~2004)가 이에 대한 연구를 시작한 바 있었다. 1918년에 미국 펜실베이니아에서 태어난 루이스는 1939년 미네소타대학교를 졸업하고 1942년 캘리포니아공과대학(이하 칼텍(Caltech))에서 초파리 연구로 박사 학위를 취득한 인물이었다. 그는 매우 열정적인 연구자였지만, 당시 그를 둘러싼 주변 상황은 그가 연구에만 전념하도록 만들지 못했다. 세계는 제2차세계대전의 광풍에 휩싸여 있었고, 그의 조국은 24세의 젊고 유능한 박사를 전쟁터로 불러냈다. 결국 그는 전쟁이 끝날 때까지 3년간 미 공군에서 기상학자로 복무해야 했고, 전쟁이 끝난 이듬해인 1946년에야 다시 칼텍으로 돌아와 본연의 연구를 수행할 수 있게 되었다. 그 역시 방사선 등을 이용해 초파리에 돌연변이를 유도해 연구를 하다가 초파리의 체절 발생 과정에서 이를 조절하는 일련의 유전자 집단이 존재한다는 사실을 알아냈다.

곤충류에 속하는 초파리는 여러 개의 체절로 이루어진 몸을 가지고 있다. 이 체절들은 애벌레 시절에는 다들 비슷해 보이지만, 성체가 되면 각각 머리와 가슴, 배로 다르게 변화하고 각각의 체절에 위치해야 할 부속지가 알맞게 자라난다. 초파리의 예를 들어보면, 초파리의 가슴은 3개의 체절로 이루어져 있는데 각각의 체절에서 1쌍의 다리가 돋아나며 가운데 체절에는 날개도 1쌍■이 발생한다. 그런데 종종 돌연변이 초파리 중에는 날개가 2쌍인 종류가

■ 일반적으로 곤충은 2쌍의 날개를 가지지만, 정상적인 초파리의 경우 날개 1쌍이 퇴화되어 1쌍의 날개만을 갖는다.

날개가 1쌍인 정상 초파리(좌)와 날개가 2쌍인 돌연변이 초파리. 돌연변이의 경우, 가슴을 이루는 체절이 하나 추가되어서 날개도 더 생겨났다.

있었다. 이들을 자세히 관찰해보니 날개가 아무데서나 난 것이 아니라, 날개가 돋아나는 체절 자체가 하나 더 형성되었기에(즉, 가슴이 4개의 체절로 이루어졌기에) 추가적으로 날개도 1쌍 더 생겨났음을 알게 되었다.

초파리가 발생할 때, 각 체절은 체절 발생을 조절하는 여러 개의 유전자들에 의해 조절된다. 이렇게 체절 발생을 조절하는 유전자들을 항상성 유전자(homeotic gene, 恒常性遺傳子)라고 한다. 루이스는 엄청난 수의 초파리 교배와 돌연변이 연구를 통해 항상성 유전자는 여러 개가 존재하며, 이들이 직선 대응성(co-linearity)이 있음을 알아냈다. 체절 발생을 조절하는 항상성 유전자들은 염색체에 놓인 순서가 곧 그 유전자가 조절하는 체절의 순서라는 것을 직선 대응성이라고 한다. 예를 들어 항상성 유전자 중 염색체 상의 위치가 가장 앞쪽에 위치한 항상성 유전자는 초파리 머리 쪽의 체절 발생을 조절하며, 그다음에 존재하는 항상성 유전자들은 각각의 순서대로 같은 순서에 해당하는 체절의 발생을 조절한다는 뜻이다.

헤라클레스의 과업을 완수하다

루이스가 초파리의 발생에 대한 지식을 쌓는 동안, 어린아이였던 뉘슬라인폴하르트와 비샤우스가 자라나 연구소에서 만나 손을 잡는다. 이들은 루이스의 연구로 인해 체절 발생을 조절하는 유전자가 있다는 것은 알고 있었지만, 구체적으로 이들의 조절 기능에 대해서는 아는 것이 별로 없었다. 그들은 발생에서 초파리 체절 형성에 관련된 모든 유전자를 다 찾아내기로 마음먹었다. 사실 이 분야는 루이스의 연구 외에 거의 알려진 것이 없었고, '너무나도 방대하고 복잡한 연구'라는 선입관에 그 누구도 선뜻 나서려 하지 않는 분야였기에 이들의 야심은 그야말로 꿈처럼 보였다. 그러나 뉘슬라인폴하르트와 비샤우스는 2년이 넘는 세월 동안 하루에 12~14시간씩 현미경을 들여다보며 총 4만여 마리에 달하는 돌연변이 초파리들을 관찰한 끝에 체절 형성에 연관된 유전자들을 모두 밝혀내는 쾌거를 이룬다.

먼저 초파리의 알은 모계로부터 받은 비코이드 유전자(bicoid gene)를 통해 머리가 될 부위와 꼬리가 될 부위가 결정된다. 일단 머리-꼬리의 방향이 결정되면 3가지 군(群)의 체절 형성 유전자들이 작용해 초파리 유충의 체절을 만든다. 이들은 각각 간극유전자(gap gene)군, 쌍지배유전자(pari-rule gene)군, 체절극성유전자(segment polarity gene)라 하는데, 먼저 간극유전자들이 활성화되어 머리부터 발끝까지 놓여야 하는 체절의 개수를 결정한 뒤, 쌍지배유전자가 기능해 초파리를 구성하는 14개의 체절을 순서대로 발생시킨다. 그리고 체절극성유전자들이 활성화되며 각 체절의 앞뒤를 결정한다. 이렇게 체절들이 모두 만들어지고 나면 항상성 유전자가 기능하여 각 체절에서 갖추어야 할 기관들을 발생시킨다. 이 유전자들이 어떤 이유로든 제대로 기능하지 못한다면 초파리는 정상적으로 발달할 수 없다.

예를 들어 비코이드 유전자가 고장 나면 머리와 꼬리의 위치가 혼란스러워지므로 양쪽 끝에 머리가 2개이거나 혹은 꼬리만 2개인 돌연변이가 만들어진다. 또한 간극 유전자가 기능하지 못하면 체절이 덜 만들어지고, 쌍지배유전자가 고장 나면 이름에 걸맞게 하나 걸러 1개씩 체절이 사라진 배아가 생성된다. 또한 체질극성유전자가 고장 나면 머리 쪽 체절이나 꼬리 쪽 체절이나 모양이 비슷하게 분화되며, 항상성 유전자가 고장 나면 머리에 다리가 나거나 머리가 될 체절에서 눈이 사라지는 등 부속지가 제 위치에서 이탈하거나 만들어지지 않는 돌연변이가 발생한다. 이들 유전자가 모두 그것도 시간 순서에 맞게 정확히 발현되어야 머리와 꼬리, 14개의 체절과 각 체절에 딸린 부속지들이 제대로 갖춰진 보통의 초파리가 태어난다. 별 볼 일 없어 보이는 초파리의 발생에 이토록 다양한 유전자들이 매우 정교하게 맞물리며 기능한다는 사실에 연구자들은 아마도 생명의 신비를 다시금 깨달았으리라.

초파리를 넘어서 인간에게까지 이어진 생명의 신비

루이스와 뉘슬라인폴하르트, 비샤우스의 연구에 의해 밝혀진 발생의 신비는 1980년대 들어 새로운 국면을 맞게 된다. 1984년 미국의 발생학자 에디 드 로버티스(Edward de Robertis, 1947~)는 아프리카 발톱개구리(Xenopus Laevis)에게서 항상성 유전자를 찾아낸다. 사실 이전까지만 해도 초파리에게서 발견된 항상성 유전자들이 다른 생물종에서도 발견되리라는 생각은 하지 못했다. 무척추동물인 초파리와 척추동물인 개구리는 진화의 역사에서 보면 약 7억 년 전에 갈라졌기에 서로 연관이 있을 것이라 믿는 사람은 거의 없었다. 그런데 개구리의 염색체에서 초파리의 그것과 거의 똑같다고 할 정도의 염기서열을 가진 항상성 유전자들이 발견된 것이었다. 뒤이어 양서류인 개구리뿐 아니라 포유류인 생쥐에게서도 항상성 유전자들이 발견되었고, 결국 인간의 염색체에서도 항상성 유전자들이 발견되기에 이른다.

실제로 항상성 유전자들은 선충에서 초파리에서 개구리, 생쥐와 인간에 이르기까지 모두 발견되며 매우 중요한 역할을 하는 유전자들이었다. 심지어 이들은 염기서열조차 거의 비슷할 정도로 잘 보존된 상태였다. 이는 어둠에 싸여 있던 생물학의 영역 중 상당 부분을 밝히는 빛으로 작용했다. 그리고 이는 발생학의 분야를 넘어 다양한 생물체의 발생 과정을 비교해 공통 조상으로부터 어떻게 다양한 생물종들로 분화하여 진화할 수 있었는지를 연구하는 진화발생생물학(Evolutionary Developmental Biology, Evo-devo) 분야를 촉발시키는 계기가 되기도 하였다. 초파리에게서 발견된 작은 돌연변이가 생물종 전체의 진화를 설명해 주는 커다란 이론의 흐름을 탄생시킨 것이다. 1995년 에드워드 루이스와 크리스티아네 뉘슬라인폴하르트, 에리크 비샤우스에게 주어진 노벨 생리의학상은 이들이 밝혀낸 엄청난 생물학적 비밀에 대한 인류의 작은 답례였던 것이다.

제3부
21세기 현대인의 건강한 삶을 위하여

제19장

센트럴 도그마를 무너뜨리다, 감염성 단백질

스탠리 프루지너와 프리온

1982년의 어느 날, 캘리포니아대학교의 한 실험실. 햄스터를 이용해 뇌에 구멍이 뚫리는 질환을 연구하던 과학자는 깊은 고민에 빠져 있었다. 의대를 갓 졸업하고 캘리포니아대학교 부속병원 신경과에서 처음 크로이츠펠트-야콥병(Creutzfeldt-Jakob disease, CJD) 환자를 접한 뒤 뇌에 구멍이 뚫리는 질환에 대해 관심을 갖기 시작한 것이 1972년이었다. 그 후 10년 동안, 그는 이 특이한 질환을 일으키는 원인이 무엇인지 찾아내기 위해 백방으로 노력했다. 그간 스펀지처럼 구멍이 뚫린 뇌를 수없이 관찰해왔지만, 거기서는 어떠한 세균이나 바이러스도, 심지어는 DNA나 RNA 조각조차 발견된 적이 없었다. 그가 발견한 것이라곤 한 종류의 단백질뿐이었다. 단백질은 있는데 이 단백질을 만들어내는 유전물질이 없다니, 이 얼토당토않은 현상을 도대체 어떻게 설명해야 할까? 그때였다. 문득 그의 머릿속에 번뜩이는 생각이 지나갔다. 혹 그 단백질 자체가 질병의 원인이 아닐까? 단백질이 마치 바이러스처럼 감염원으로 기능하여 질병을 일으키는 것이 아닐까? 만약 그렇다면 왜 감염된 동물의 뇌에서 특정 단백질만이 검출되는지를 설명할 수 있게 된다. 그는 이 가능성에 자신의 연구 인생을 걸어보기로 결심했다.

1997년, 노벨상 위원회는 감염성 단백질 입자(proteinaceous infectious particle), 다시 말해 프리온(prion)의 존재를 규명하여 뇌에 구멍이 뚫리는 다양한 질환들의 원인을 찾아낸 공로로 미국 캘리포니아 대학교의 스탠리 프루지너(Stanley B. Prusiner, 1942~) 교수를 노벨 생리의학상의 단독 수상자로 발표했다. 현재는 미국산 쇠고기 수입 개방으로 인해 광우병 확산 문제가 국내에 떠들썩하게 거론되면서 프리온의 존재가 대중들에게 널리 알려져 있지만, 프루지너가 노벨상 수상자로 선정되던 당시만 하더라도 프리온의 존재 자체에 의문을 품는 이가 적지 않았다. 그도 그럴 것이 감염성 단백질이라는 프리온의 존재는 센트럴 도그마(central dogma)를 바탕으로 이룩된 현대 분자생물학의 기본을 뿌리부터 흔드는 일이었기 때문이었다.

1997년 노벨 생리의학상 수상자, 스탠리 프루지너.

프리온으로 인한 질병의 역사

사실 프리온의 존재가 규명되기 훨씬 이전에도 뇌에 구멍이 뚫리

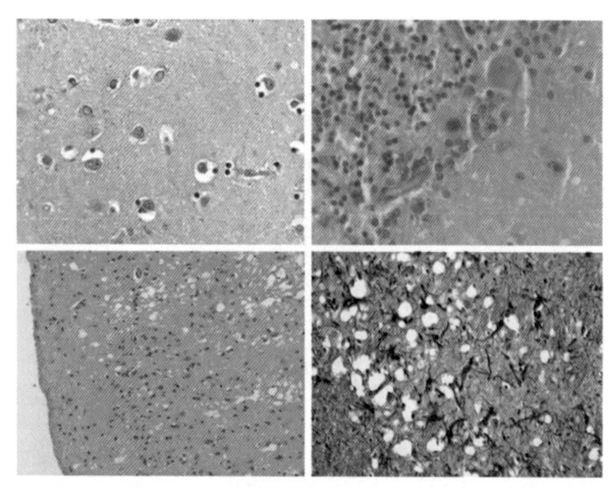

프리온 유발 질환들의 뇌 조직 사진. (왼쪽 위부터 시계방향으로) 정상인의 뇌 조직, 쿠루에 걸린 사람의 뇌 조직, 스크래피에 걸린 양의 뇌 조직, 크로이츠펠트-야콥병에 걸린 사람의 뇌 조직 사진이다. 정상인의 경우에는 조밀하게 꽉 차 있는 뇌 조직이 병에 걸리면 여기저기 바람든 것처럼 흰 구멍이 생겨나는 것을 볼 수 있다.

는 질환은 있었다. 18세기 영국에서는 양떼들에게 발병하는 이상한 질환으로 골머리를 앓는 목축업자들이 많았다. 늘 흐리고 비가 오는 날씨의 특성상 농업보다는 목축업이 영국의 주요 산업 중 하나였다. 그런데 언젠가부터 순한 성품의 양들이 사나워지고 공격적으로 변하면서 바위나 벽에 대고 몸을 긁어 양털을 손상시키는 등 이상행동을 보이기 시작했다. 18세기 중엽부터 보고되었던 이 병은 19세기 중반에는 영국 전체로 퍼졌고 바다 건너 유럽에서도 나타났는데, 농부들은 이 병에 걸린 양들이 피가 나도록 몸을 긁어대는 모습을 보고 이 병에 '스크래피(scrapie)'라는 이름을 붙여주었다. 1898년 프랑스의 수의사였던 샤를 베스누아(Charles Besnoit)는 스크래피에 걸린 양의 뇌와 척추에 구멍이 뚫려 있는 것을 발견했다. 1936년 프랑스 툴루즈대학교의 장 키유(Jean Cuillé)와 폴 루이 셸(Paul-Louis Chelle)은 스크래피에 걸린 양의 뇌 조직 추출물을 건강한 양에게 주입시켜 스크래피를 발병시키는 실험을 통해 유전적 질환이 아니라 감염성 질환임을 입증했다. 이제 남은 것은 스크래피의 원인이 되는 감염 물질을 찾는 것이었다.

당시 학자들의 거의 대부분은 스크래피가 일종의 바이러스, 그것도 잠복기가 매우 긴 슬로 바이러스(Slow virus)에 의해 일어나는 질환이라고 생각했다. 그리하여 스크래피에 걸린 양의 뇌와 척수 조직에서 질병의 원인이 되는 바이러스를 분리해내기 위해 노력했으나, 결과는 번번이 실패였다. 분명히 스크래피에 걸린 양의 뇌 추출물은 질병을 일으키는 힘이 있었다. 하지만 그 속에서는 어떠한 병원성 세균이나 바이러스도 발견되지 않았다. 스크래피를 일으키는 물질은 마치 질병을 일으키되 감지되지는 않는 유령 같은 존재로 학자들에게 다가왔다.

20세기 들어서자 스크래피 외에도 뇌에 구멍이 뚫리는 다른 질환들이 알려지기 시작했다. 앞서 말했던 CJD 외에도 게르스트만 슈트라우슬러 샤인커병(Gerstmann-Straussler-Scheinker Syndrome: GSS)■도 비슷한 임상적 증상을 보이는 것이 관찰되었던 것이다. 하지만 이들 질병은 발병률 자체도 매우 낮았고, 집단 발병하는 경우는 없었기에 전염병으로 보기엔 무리가 있었다. 그러던 중 사람들의 흥미를 끄는 새로운 질환이 알려지기 시작했다.

게르스트만 슈트라우슬러 샤인커병 매우 드물게 발생하는 질환으로 보통 가족력이 있으며, 환자의 대부분은 20~60세 사이에 발병한다. GSS가 발병하면 말하는 것이 어려워지고 움직임이 부자연스러워지며 진행성 치매 증상이 나타난다. 프리온에 의해 발생하는 다른 질환들과 마찬가지로 뇌에 구멍이 뚫리며 점차 뇌의 기능이 상실되어 죽음에 이르게 된다.

부들부들 떨리는 공포의 질병, 쿠루

세계 지도를 펼치고 남태평양 서쪽 끝부분을 찾아보면 파푸아뉴기니라는 섬을 찾을 수 있다. 섬이긴 해도 면적이 우리나라보다 2배쯤 큰 섬으로 원시 상태의 자연이 그대로 남아 있는 곳이었다. 대부분의 사람들에게는 이름조차 낯설었던 이곳이 갑작스레 관심을 끌게 된 것은 유독 이곳에서만 발병하는 특이한 질환 때문이었다. 당시 파푸아뉴기니는 오스트레일리아의 지배하에 있었고, 포레(Fore) 족으로 알려진 원주민들이 살고 있었다. 그런데 1950년대 들어, 이곳에 파견 나왔던 오스트레일리아 의사들에 의해 포레 족에 퍼지고 있는 특이한 질환이 보고되기 시작했다. 이 병은 팔다리가 저절로 부들부들 떨리는 증상으로부터 시작해 점차 경련, 보행 불능, 언어 능력 상실 등의 증상을 보이며 진행되다가 결국에는 전신 마비로 사망하게 만드는 무서운 병이었다. 병은 냉혹하고도 신속했다. 몸이 떨리는 증상이 나타나기 시작하면 빠르면 3개월, 늦어도 1년 내에 사망했으며 그 어떤 치료법도 이들의 증상을 개선시키지 못했다. 포레 족은 이 공포의 질환을 쿠루(Kuru)라고 불렀는데, 그들 언어로 '부들부들 떨다'라는 뜻이었다. 포레 족 사이에 쿠루가 등장한 것은 20세기 중반 경이었다. 하지만 일단 발병 이후로는 급격히 퍼져나가 20년간 약 3,000여 명이 쿠루로 사망했다. 당시 포레 족의 인구가 3만 여 명에 불과했던 것을 감안한다면, 포레 족 10명 중 1명은 쿠루로 사망한 셈이었다.

1950년대와 1960년대, 쿠루 전염병으로 남부 포레 족 여성 인구의 약 25%가 사망했다. 일부 마을에서는 결혼 적령기 여성이 대부분 사망하여 수많은 고아와 아내 없는 남자들만 남았다.

포레 족 사이에 유행하는 쿠루는 우연히 이곳에 들린 미국의 의사이자 바이러스학자인 대니얼 가이듀섹(Daniel Gajdusek, 1923~, 1976년 쿠루에 대한 연구로 노벨 생리의학상 수상)을 사로잡았다. 가이듀섹은 쿠루 병에 걸린 환자를 접하자마자 그곳에 눌러앉아 연구를 시작했다. 가이듀섹은 원주민들을 설득하여 쿠루 사망자의 시신을 확보해 꼼꼼하게 부검했다. 그 결과 환자의 뇌와 척수에서 무수한 손상과 구멍을 발견하였다. 모든 쿠루 사망자의 환자에게서 발견되는 독특한 특징이었다. 그런데 문제는 무엇이 뇌에 구멍을 뚫리게 만드는가였다. 당시 많은 사람들의 예상처럼 가이듀섹 역시 이 원인을 슬로 바이러스 탓으로 여겼다. 하지만 아무리 세심하게 관찰을 하고 분류를 해도 바이러스는 그림자도 비치지 않았고 심지어 쿠루 환자에게는 백혈구 증가 현상조차 관찰되지 않았다. 백혈구는 우리 몸을 지키는 면역 세포의 일종으로 원인이 무엇이든 간에 신체에 감염이 있다면, 이를 퇴치하기 위해 숫자가 증가한다. 하지만 쿠루 환자에게는 이런 현상조차 관찰되지 않았다. 이는 쿠루의 원인이 병원체의 감염이 아니거나, 혹은 감염되었다 하더라도 백혈구가 인지조차 할 수 없는 물질임이 분명했다.

때때로 특정 질환을 연구할 때는 반드시 질병의 원인이 무엇인지 밝혀내지 못해도 질병 퇴치법을 찾아내기도 한다. 일례로 영국의 의사 제임스 제너는 천연두의 원인이 무엇인지 밝혀내지 못했지만, 천연두를 예방할 수 있는 백신을 만들어낸 바 있다. 의학의 역사에서는 종종 이런 경우가 많은데, 이는 '병자를 살리는 것'이 주목표인 의학의 특성상 과정이야 어떻든 일단 치료나 예방에 효과가 있는 방법을 찾는 것 역시 중요하게 여겨지기 때문이다. 가이듀섹 역시 이런 방식으로 쿠루에

쿠루에 걸린 여덟 살 된 소녀를 안고 있는 포레 족 여인. 쿠루는 주로 어린아이와 여성들에게만 발병하는 특이한 질환이었고, 발병 이후 3개월~1년 내에 사망할 정도로 치명적이었다. ©Daniel Carleton Gajdusek, 1957.

접근했다. 쿠루는 기존에 알려진 그 어떤 질병과도 달랐다. 쿠루는 감염원도 발견되지 않았고 환자는 그 어떠한 감염 증상도 나타내지 않지만 쿠루에 걸린 이들의 뇌 조직 추출물을 직접 주사하는 것을 통해 전염이 가능한 질병이었다. 또한 포레 족 사이에서는 매우 흔한 질환이지만 전 세계적으로 이러한 질병이 집단 발병한 사례는 전혀 없었다. 마지막으로 쿠루는 포레 족 사이에서도 주로 여성과 아이들에게만 발병하는 질병으로, 성인 남성에게 발병하는 것은 극히 드물었다. 이런 상황들을 종합해 보건대, 가이듀섹은 쿠루의 원인이 포레 족, 특히 여성과 아이들에게만 노출된 환경의 병독성 물질 때문에 일어나는 질환이라 결론지었다. 무엇이 포레 족 여성과 아이들에게만 유독하게 작용했던 것일까?

가이듀섹은 포레 족의 생활 습관을 연구하기 시작했다. 포레 족은 독특한 집단생활을 영위했다. 포레 족은 남녀가 짝을 이뤄 가족을 형성하는 일반적인 결혼제도와는 달리 여성과 남성 집단으로 나뉘어 생활했다. 가끔씩 서로에게 특별한 감정이 생기면 동침하기 위해 남성이 여성들이 사는 마을로 몰래 숨어 들어오기도 했지만, 아침이 되면 다시 남성들의 마을로 돌아가는 것이 관례였다. 이들 부족에서는 아이가 태어나면 어린 시절에는 여성들의 마을에서 길러지지만, 나이가 차면 남자아이만 남성들의 마을로 보내지면서 계속해서 내외했다. 가이듀섹은 이 과정에서 여성들(아이들 포함)과 남성들 사이의 차이를 알아냈다. 그것은 그들의 식생활 문제였다.

포레 족은 식인(食人) 관습을 가지고 있었다. 그들은 누군가가 사망하면 그들을 몸속에 영원히 간직하는 의미로 시신을 해체해 먹는데, 그중에서도 망자(亡子)와 가장 친밀했던 여성과 그 자식들만이 가장 부드러운 부위인 뇌를 먹을 권리를 가진다. 이에 근거하여 가이듀섹은 쿠루에 걸려 사망한 사람의 사체, 특히나 뇌와 척수 등의 중추 신경과 거기서 흘러나온 뇌척수액 등을 통해 쿠루의 원인 물질이 퍼져나간다고 주장했다. 실제로 한 포레 족 마을에서는 쿠루로 사망한 환자의 시신을 먹은 56명의 사람들 중에서 53명이 쿠루로 사망하는 일도 벌어졌기에, 이 주장은 매우 신빙성이 있어보였다. 이후 오스트레일리아 정부와 선교사들이 나서서 포레 족의 식인 풍습을 강력히 저지하기 시작했고, 이 시기를 기점으로 포레 족의 쿠루 병은 점차 잦아들었다. 죽은 자의 몸이 산 자를 죽음으로 몰아넣었던 것이었다.

프루지너, 새로운 세계에 도전하다

가이듀섹의 연구를 통해 쿠루의 전염 경로가 밝혀지며 쿠루는 사라졌지만, 쿠루를 일으키는 원인 물질은 여전히 오리무중이었다. 쿠루뿐 아니라 CJD 환자의 뇌 조직 추출물을 다른 동물에게 주입하면 같은 증상이 나타나므로 이들의 뇌 조직 속에는 분명 무언가 병인(病因)이 될 만한 것이 들어 있음이 확실했다. 그때까지도 여전히 병인은 바이러스라 생각했다. 하지만 아무리 샅샅이 헤쳐 봐도 원인이 될 만한 바이러스는 발견되지 않았을 뿐더러, 심지어 그런 바이러스가 과연 존재하기나 하는지조차 의문스러울 정도였다. 왜냐하면 환자의 뇌 조직 추출물은 펄펄 끓는 물에 처리하거나 자외선을 쪼이거나 심지어는 알칼리성 액체로 처리해도 여전히 병원성을 유지했기 때문이었다. 현재까지 알려진 어떤 바이러스도 고온, 자외선, 알칼리의 3대 난관을 뚫고 생존하는 것은 불가능했다. 그렇다면 이들 질병을 일으키는 바이러스는 절대 죽지 않는 '슈퍼맨 바이러스'란 말인가?

프루지너는 바로 이 오래된 질문에 대한 답을 찾은 사람이었다. 그것도 획기적인 발상의 전환으로 말이다. 스탠리 프루지너는 1942년 미국 아이오와 주 디모인에서 태어났고, 1964년 펜실베이니아대학교 화학과를 졸업한 그는 의대로 진학해 1968년 의학박사 학위를 취득했다. 졸업 후 캘리포니아의과대학 부속병원에서 햇병아리 의사 생활을 시작하게 될 때까지만 하더라도 그의 인생은 본인도 인정했듯이 평탄하고 순조로운 편이었다. 하지만 1972년을 기점으로 그의 인생은 변화하기 시작한다. 당시 캘리포니아의과대학 신경과에서 레지던트로 일하던 프루지너는 희귀질환이었던 크로이츠펠트-야코프병을 앓고 있는 환자를 마주치게 된 것이다.

이 병에 걸리게 되면 초기에는 식욕부진, 수면장애, 기억 혼란, 시력장애, 어지럼증이 나타나게 되는데 병이 진행되면서 급속한 기억력 감퇴와 치매 증상을 보이다가 결국 사망하게 된다. CJD의 가장 큰 임상적 특징은 쿠루 환자와 마찬가지로 부검 시 스펀지처럼 구멍이 뚫린 뇌가 관찰된다는 것이었다. 마치 단단한 목재로 지은 집이 흰개미에 의해 구멍이 뚫리면서 서서히 무너지는 것처럼 CJD에 걸리게 되면 환자는 서서히 뇌에 구멍이 뚫리면서 사망에 이르게 된다. 어떠한 방법도 환자를 구해낼 수 없기 때문에 환자와 의사 모두에게 절망적인 질병이었다. 치료할 수도 없고, 원인도 규명해낼 수 없는 CJD의 존재는 프루지너의 연구에 대한 열정을 불러일으켰다.

1974년, 레지던트 생활을 끝내고 같은 병원 의대 교수가 된 프루지너는 본격적으로 CJD 연구를 시작했다. 하지만 시작부터 난관에 부딪쳤다. CJD는 매우 희귀한 질환이었기에 사람들의 관심을 끌기도 어려웠고, 원인 물질을 규명하려던 기존의 연구가 모조리 실패했었기에 연구비를 지원받는 것도 쉽지 않았다. 그러나 프루지너는 놀라운 끈기와 열정으로 사람들을 설득했고, 결국 연구비를 조달하여 동료 연구자들을 끌어 모으는 데 성공했으며, 햄스터를 이용한 동물 질병 모델을 만들어내는데도 성공했다(양에게서 CJD와 비슷한 질환인 스크래피를 연구하기 위해서는 이들 동물에게 스크래피를 일으키는 데만 1~3년 정도가 걸리지만, 햄스터를 사용하면 2개월 이내에 질병에 걸리게 할 수 있다). 하지만 거기까지였다. 아무리 많은 환자들의 뇌와 아무리 많은 동물들의 뇌를 관찰해 봐도 여전히 바이러스는 없었다. 그런데 실험이 반복되면서 프루지너는 문득 모든 샘플에서 공통적으로 검출되는 물질을 하나 발견한다. 문제가 있다면 그 물질은 바이러스가 아니라 단백질이었다는 것이었다.

감염성 단백질의 존재를 알리다

프루지너는 여기서 발상의 전환을 시도한다. 모든 샘플에게서 이 단백질이 발견된다면, 혹시 이것이 질병을 유발시키는 물질이 아닐까? 혹시나 단백질 자체가 감염원으로 작용해 다른 생명체를 감염시키는 것은 아닐까? 프루지너는 이 단백질에 감염성 단백질 입자(proteinaceous infectious particle)라는 뜻의 프리온(prion)이라는 이름을 붙여주었다. 프리온은 비록 속성이 단백질이지만 바이러스처럼 다른 생체를 감염시키는 특징을 가지고 있을 것이라 여긴 것이다. 프루지너는 자신의 생각을 정리해 1982년 과학전문잡지 『사이언스(Science)』에 논문을 발표한다.

획기적인 발상으로 여겨졌던 프리온의 존재가 세상에 공표되자, 사람들은 곧 프루지너를 공격하기 시작했다. 생물학계의 중심 이론(central dogma)에 의하면 단백질은 반드시 DNA 정보를 바탕으로 만들어지며, 단백질이 단백질을 만들거나 스스로 증폭하는 것은 불가능한 일이었다. 모두가 이를 믿어 의심치 않고 있는 상황에서 프루지너의 주장은 어불성설로 받아들여질 수밖에 없었다. 심지어 어떤 이들은 '프리온'이라는 이름을 '프루지너'라는 자신의 이름에서 따온 것이며, 이름을 널리 알리기 위해 허위 사실을 유포하고 있다고 주장하기도 했다.

환대나 찬사까지는 아니더라도 적어도 획기적인 발상에 대한 동료들의 지지를 기대했던 프루지너는 예상치 못한 비난에 크게 당황했다. 하지만 그는 주눅 들지 않고 자신의 가설을 증명하는 데 힘을 쏟았다. 프루지너는 그의 연구팀과 공동으로 연구를 진행했던 샤를 바이스만(Charles Weissmann, 1931~)과 함께 단백질인 프리온의 아미노산 서열을 바탕으로 거꾸로 프리온 유전자의 염기서열을 찾아내는 일을 시작했다. 프리온의 아미노산 서열을 통해 프리온 유전자의 염기서열을 찾아내는 것은 그리 어렵지 않게 성공했다. 하지만 문제는 그 다음이었다. 프리온 유전자를 찾고 보니 이 유전자는 그들이 실험했던 모든 동물들이 이미 가지고 있는 유전자였다. 햄스터나 생쥐, 양, 소를 비롯해 인간까지도 누구나 프리온 유전자를 가지고 있었다. 프리온 유전자를 가지고 있으니 이들 몸에서도 프리온은 만들어지고 있었다. 하지만 프리온 유전자를 가지고 프리온을 만들어낸다고 하더라도 모두 질병에 걸리는 것은 아니었다. 도대체 왜 같은 프리온이면서 어떤 때는 괜찮고 다른 경우에는 질병을 일으키는가?

정상 프리온

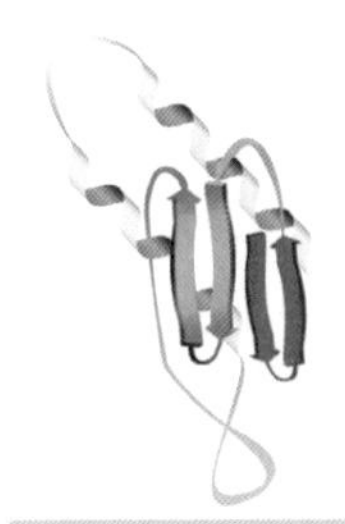

스크래피 혹은 CJD에 감염되어 구조가 바뀐 병원성 프리온.

정상 프리온(왼쪽)과 병원성 프리온(오른쪽). 정상 프리온은 나선형 구조(α-helix) 구조를 가지는데, 이 경우에는 신체에 아무런 이상을 일으키지 않는다. 하지만 이 프리온이 구조적 변형을 일으켜 편평형 구조(β-sheet)를 가지게 되면, 뇌에 아밀로이드반을 형성해 뇌 조직을 파괴하게 된다.

다행스럽게도 이 질문에 대한 답을 찾는 데는 오래 걸리지 않았다. 정상 프리온과 환자의 몸에서 발견된 프리온은 구조가 달랐던 것이다. 정상 프리온(PrPc)이 나선형 구조(α-helix) 구조를 가지는데 반해 병원성 프리온(PrPsc)은 편평형 구조(β-sheet)를 가진다. 이렇게 구조가 바뀐 병원성 프리온은 아밀로이드반(amyloid plaque)■을 형성해 뇌세포를 파괴하고 결국 뇌 여기저기에 구

아밀로이드반 뇌에서 비정상 단백질인 베타-아밀로이드가 과량으로 만들어지면서 이것이 응집되어 만들어지는 반점 형태의 조직. 아밀로이드반은 뇌에서 염증반응 등을 일으켜 뇌세포를 파괴한다.

멍이 뚫리게 만드는 것이다. 병원성 프리온은 크게 2가지 특징을 가진다. 그것은 단백질답지 않은 외부 자극에 대한 강력한 안정성과 변형성이다. 먼저 병원성 프리온은 단백질 분해 효소에 의해 분해되지 않으며, 열과 자외선, 화학물질에 매우 강한 저항성을 가진다. 예를 들어, 병원성 프리온을 파괴하기 위해서는 단순히 펄펄 끓이는 것만으로는 부족하며 3기압 이상의 고압 상태에서 133℃ 이상으로 20분 이상 가열해야 할 정도다. 또한 병원성 프리온은 정상 프리온에 대해 일종의 감염성을 가진다. 즉 병원성 프리온이 나선형의 정상 프리온과 접했을 경우, 이들의 꼬임을 풀어 병원성을 지닌 편평형 구조로 변화시키는 것이 가능하다는 것이다. 프리온성 질환에 걸린 뇌 조직 추출물을 건강한 동물에게 주입했을 때 질병이 전염되는 것은 바로 병원성 프리온이 원래 생물체 내에 존재하던 정상 프리온을 감염시켜 이들을 병원성 프리온으로 바꿔놓기 때문이라는 것이다.

광우병의 확산으로 유명해진 프리온

일련의 연구들로 인해 프리온의 존재와 발병 기작이 제시되면서 프루지너를 향한 비난의 소리도 점차 잦아들어갔다. 하지만 여전히 대중은 물론이거니와 연구자들 사이에서도 프리온은 낯선 존재였다. 하지만 20세기 말, 새로이 유행하기 시작한 질병은 단숨에 프리온을 대중들의 뇌리에 각인시켰다.

1986년, 영국에서는 특이한 증상을 보이는 소들이 발견되었다. 이들은 작은 소리에도 과민반응을 보였으며 침을 질질 흘리며 자리에서 빙글빙글 돌거나 다른 소들을 들이받는 등 이상하게 행동했다. 그리고 이런 증상을 보인 소들은 얼마 안 가 예외 없이 경련을 일으키다가 결국에는 사망했다. 사람들은 이 기묘한 증상을 '소가 미쳤다'는 뜻으로 광우병(mad cow disease)라 불렀고, 곧이어 우해면상뇌증(bovine spongiform encephalopathy, 이하 BSE)라는 정식 명칭을 붙였다. 이 질환으로 사망한 소들의 뇌 조직이 스펀지처럼 구멍이 숭숭 뚫린 것이 관찰되었던 것이다. 최초 발견 이래, 이 질환은 순식간에 영국 전체로 번져 나갔으며 1993년까지 영국 전역에서 17만 9,000마리의 소들이 BSE로 쓰러졌다. 영국 정부는 부랴부랴 사태 해결에 나서 결국에는 440만 마리의 소들이 살처분되는 등 영국의 축산업은 위기 상황에 몰리게 되었다. BSE가 발병한 정확한 원인에 대해서는 아직도 의견이 분분하지만, 가장 가능성이 높은 시나리오는 '육골분 사료'에 의한 발병으로 추측된다. 20세기 들어 기업형 대규모 축산 방식이 도입되면서, 소들을 빠른 시간 내 살찌우기 위해 육골분 사료를 먹이는 농가가 늘었다. 육골분 사료란 소나 돼지, 양 등을 도축한 뒤, 살코기를 발라내고 남은 찌꺼기와 내장, 뼈를 잘게 부수어 만든 동물성 사료다. 지방과 단백질이 풍부하여 보통의 식물성 사료에 비해 가축을 쉽게 살찌울 수 있어서 축산농가에서 선호하는 사료였다. 이때 육골분을 만드는 과정에서 우연히 스크래피에 걸린 양의 사체가 유입되었고, 이를 통해 양의 병원성 프리온이 소에게로 유입되어 BSE를 발병시켰다는 것이다. 육골분 사료를 소에게 먹이는 것이 금지된 이후, 소의 BSE 발병률이 현저히 저하된 것 역시 육골분 사료가 프리온 전파의 주역이었음을 뒷받침하는 증거로 제시되고 있다.

그런데 문제는 지금부터였다. 양의 스크래피가 육골분 사료를 통해 소에게 전염된다는 것은 끔찍한 악몽이 시작될지도 모른다는 전주처럼 여겨졌다. 사람들은 소고기를 즐겨 먹고 있었다. 스크래피를 일으키는 병원성 프리온이 양에게서 소로 종간 이동이 가능하다면, 혹 BSE에 걸린 소고기를 통해 인간에게도 동일한 질병이 전파되는 것은 아닐까라는 우려였다. 그리고 1996년 이 우려는 현실로 드러났다. BSE에 걸린 소를 통해 '변이성 크로이츠펠트-야코프병'(이하 vCJD)에 걸린 환자가 최초로 보고되었던 것이다. 이후 2009년 초까지 공식적으로 206명(영국 164명, 기타 국가 42명)이 vCJD로 인해 사망했다. 또한 1980년대 들어서는 뇌와 연관된 부위의 조직을 이식받은 사람들 사이에서 vCJD의 발병이 보고되기 시작했다. 피해자들의 대부분은 사체에서 수거된 성장 호르몬을 주입받은 왜소증 아이들과 사체의 경막(硬膜)■을 이용해 만든 라이오듀라(Lyodura)라는 제품을 이식받은 환자들이었다. 이들을 판매한 생명공학 회사들은 사체가 CJD에 걸려 있을 가능성을 조사하지 않았고, 모든 수거물을 한꺼번에 처리했기에 대량의 성장호르몬과 경막이 병원성 CJD에 오염되면서 수백 명의 피해자를 발생시켰던 것이다.

경막 뇌와 척수를 둘러싼 막 중에서 가장 바깥층에 존재하는 두껍고 튼튼한 섬유질 막.

아직도 끝나지 않은 프리온의 비밀

30여 년 전만 해도 존재조차 불분명했던 프리온은 프루지너의 끈질긴 노력과 발상의 전환으로 인해 세상에 알려졌다. 그리고 광우병과 인간 광우병으로 불리는 vCJD의 발병, 사체 조직 이식으로 인한 vCJD의 발병 등으로 인해 세상에 널리 알려졌다. 이들 질환이 미디어에 오르내릴 때마다 프루지너의 이름 역시 같이 언급되었고, 결국 1997년 노벨상 위원회는 그해의 노벨생리학상 단독 수상자로 프루지너를 선정했다.

현재는 병원성 프리온이 스크래피와 BSE, CJD 등을 일으키는 원인이라는 사실은 대체로 인정되고 있다. 그러나 아직까지도 소화기관을 통해 유입된 병원성 프리온이 어떤 경로를 통해 신경계로 유입되는지, 어떻게 체내에 병원성 프리온이 유입되고도 길게는 30년 이상 발병하지 않고 잠복기가 유지되는지, 프리온은 뇌뿐만 아니라 신체 전체에 퍼져 있음에도 왜 유독 신경계에서만 문제가 되는지 등에 대한 해답은 여전히 의문 상태로 남아 있다. 그렇기에 연구가 막다른 벽에 부딪쳤을 때 발상의 전환을 통해 해답의 실마리를 찾아냈던 프루지너의 선구안이 놀라울 따름이다. 과학은 그렇게 자연이 가진 비밀의 베일을 하나씩 벗겨내면서 발전해왔으므로, 앞으로도 그 행보는 우리가 가진 의문들을 느리지만 하나씩 풀어주며 발전해 나갈 것이다.

제20장

세포도 자살한다

브레너와 세포 사멸

"드디어 끝났다……."

어두컴컴한 실험실 한편, 한 연구자가 중얼거렸다. 그의 앞에는 현미경 한 대와 뭔가를 그린 종이들이 가득 쌓여 있었다. 하루 종일 현미경을 들여다보느라 눈은 충혈되었고 목과 어깨는 뻣뻣하다 못해 쥐가 날 지경이었지만 그의 목소리에는 엄청난 도전 끝에 어려운 난제를 풀어낸 사람만이 가지는 뿌듯함과 자부심이 묻어나오고 있었다.

그의 앞에 놓인 현미경에는 귀퉁이에 열십자(+) 표시가 된 작은 플레이트가 놓여 있었고 거기에는 맨눈으로는 잘 보이지 않았지만, 작은 벌레 한 마리가 꿈틀거리고 있었다. 그는 지금 막 이 벌레의 발생 과정을 모두 관찰한 후였다. 그는 알에서 깨어난 벌레가 성충이 될 때까지 몸을 이루는 모든 세포들이 어떤 과정을 거치는지, 새로 생겨나는 세포는 몇 개이며 없어지는 세포는 몇 개인지를 장장 18개월에 걸친 노력 끝에 모두 밝혀낸 참이었다. 그의 앞에 놓인 실험보고서에 그려진 그림들은 지난 18개월 동안 그가 흘린 땀방울로 그려낸 것이었다. 비록 시간은 많이 걸렸지만 결코 헛된 것은 아니었다. 오늘 그는 살아 있는 세포가 간직한 근본적인 비밀, 즉 세포의 탄생과 죽음에 대한 결정적 실마리를 잡았기 때문이었다.

2002년 겨울, 노벨 생리의학상 수상위원회는 올해의 수상자로 영국의 분자생물학자이자 유전학자인 시드니 브레너(Sydney Brenner, 1927~)와 존 설스턴(John E. Sulston, 1942~), 그리고 미국의 생물학자인 H. 로버트 호비츠(H. Robert Horvitz, 1947~)를 선정했다. 이들은 세포의 자살 메커니즘을 규명하여 세포의 탄생과 죽음에 얽힌 비밀을 푸는 데 커다란 공로를 세웠다. 이 연구로 인해 인류는 세포의 생활사에 대한 비밀을 공유하게 되었을 뿐 아니라 인류를 위협하는 치명적 질환들에 대응할 수 있는 방법들을 찾아낼 수 있었다. 이들의 연구 업적을 통해 인류가 어떤 도약을 경험할 수 있었는지를 살펴보자.

손가락은 어떻게 만들어질까

발생 초기 태아의 손은 어떤 모양일까? 특수 카메라를 이용해 찍은 발생 초기 태아의 손은 마치 권투 글러브를 낀 듯 뭉툭하다. 하지만 갓 태어난 아기의 손가락은 작기는 해도 어른의 그것처럼 하나씩 떨어져 있다. 그렇다면 태아의 손가락은 어떻게 만들어지는 것일까? 뭉툭한

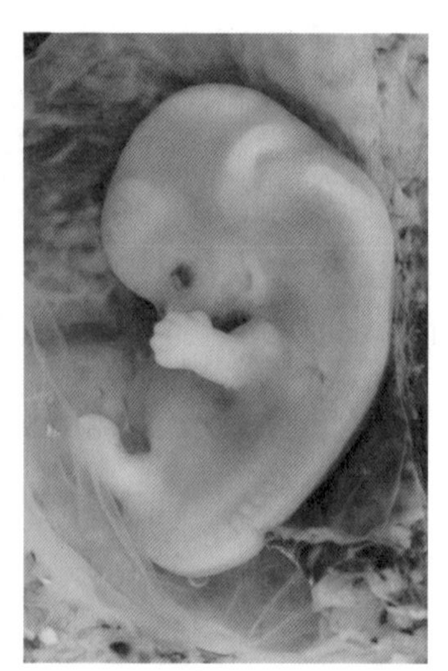

수정 9주차의 태아. 손은 형성되었으나 아직 손가락이 붙어 있다.

주먹에서 손가락이 뻗어 나오는 것일까, 아니면 붙어 있던 손가락이 하나씩 떨어져서 만들어지는 것일까? 답은 후자다. 처음에는 오리 물갈퀴처럼 하나로 붙어 있던 태아의 손은 손가락 사이에 위치한 세포들이 죽어서 탈락되면서 점차 길쭉한 모양을 갖춰나간다.

여기서 의문이 하나 생긴다. 손가락 사이 부분에 위치한 세포들은 어떻게 자신이 죽어야 한다는 것을 알고, 스스로 죽음을 선택하는 것일까? 손가락뿐만이 아니다. 생명체의 각 기관들이 제역할을 수행하기 위해서는 세포의 분열도 중요하지만, 적절한 위치의 세포 사멸도 매우 중요하다. 즉 세포는 위치한 곳에 따라 계속된 분열을 통해 수를 불려나가기도 하지만, 때와 장소에 따라서는 '예정된 죽음(programmed cell death)'을 맞이할 운명이기도 하다. 개개의 세포에게는 가혹할 수도 있는 운명이지만, 세포의 정교하고 통제된 죽음은 개체의 정상적인 발생과 기능 유지에 필수적이다. 지난 2002년 노벨상 수상자들의 업적은 바로 이 '세포 자살' 프로그램을 밝힌 것이었다.

수명이 정해진 세포의 운명

세포는 이분법으로 분열한다. 그래서 얼마든지 자신을 복제해 영생을 누리는 것처럼 보이지만, 일반적으로 세포의 분열은 무한정 반복되지 않는다. 1961년, 미국의 생물학자 레너드 헤이플릭(Leonard Hayflick)은 인간의 섬유아세포(fibroblast)를 이용한 실험을 하던 중, 아무리 이상적인 조건하에서 배양을 하더라도 일정 시간이 지나면 세포들은 더 이상 분열하지 않고 죽어버리는 현상을 발견했다. 더욱 흥미로운 것은 섬유아세포의 분열 횟수는 샘플을 채취한 사람의 나이와 반비례 한다는 것이었다. 태아에서 채취한 섬유아세포는 약 70회, 성인에게서 추출한 섬유아세포는 약 30~40회, 70대 노인에게서 추출한 섬유아세포는 20회 정도 분열한 이후 세포 분열이 정지되었다. 이에 헤이플릭은 태아의 섬유아세포를 30회 정도 분열시킨 뒤, 액체 질소(영하 197도)에 수년간 냉동 보존한 뒤에 다시 해동하는 실험도 해보았지만, 역시 이 섬유아세포는 40회 정도 더 분열하여 70회를 채우고 나면 더 이상 분열하지 않고 사멸했다.

이에 헤이플릭은 정상적인 세포에는 일정한 분열 수명이 있어서, 그것은 횟수를 다 채우고 나면 더 이상 분열하지 않는다는 결론을 내렸고, 사람들은 이에 헤이플릭 한계(Hayflick Limit)란 이름을 붙였다. 헤이플릭 한계는 세포의 제한적 분열로 인해 아무리 좋은 조건과 이상적인 환경에 놓이더라도 결국 개체의 수명에는 일정한 한계가 존재한다는 것을 의미한다. 이제 관심은 세포를 예정된 운명적 죽음으로 이끄는 과정으로 쏠렸다. 흥미롭게도 그 비밀의 열쇠는 작은 생명체가 쥐고 있었다.

세포 생활사의 비밀을 쥔 예쁜꼬마선충

왼쪽부터 에스더 레더버그(Esther Lederberg, 미생물학자), 군터 스텐트(Gunther Stent, 생물학자), 시드니 브레너, 조슈아 레더버그. ©Esther M. Zimmer Lederberg, 1965.

1927년 남아프리카공화국에서 태어난 시드니 브레너는 원래 의사를 꿈꾸던 의대생이었다. 하지만 공부를 거듭하면서 그는 자신이 의사로 살아가기보다는 과학자로서 미지의 대상을 연구하는 것에 더 끌린다는 사실을 깨달았다. 결국 그는 전공을 화학과 생물학으로 바꾸고 요하네스버그의 위트워터스트랜드 대학교에서 학사와 석사를 마치고, 영국으로 건너가 1954년 옥스퍼드대학교에서 박사 학위를 받았다. 브레너가 영국에서 공부하시 시작했을 즈음은 인체의 유전물질에 대한 마지막 비밀이 막 벗겨지고 있을 때였다. 1953년 제임스 왓슨과 프랜시스 크릭은 이중 나선형으로 꼬인 DNA의 분자 구조를 제시해, 생명체가 어떤 방식으로 유전 정보를 전달하고 발현하는지에 대한 해답을 내놓았다. 프랜시스 크릭과 평생의 친구로 지냈던 브레너는 여기서 한 발 더 나아갔다. 그는 이러한 유전적 정보가 어떠한 과정을 거쳐 복잡한 개체를 형성하는지를 밝히고자 했다.

하지만 이는 쉬운 일이 아니었다. 대부분의 다세포 생명체들은 수정란이라는 하나의 세포에서 시작하지만, 성체로 자라는 동안 수백 조 개 이상으로 세포가 늘어나기도 하기에 컴퓨터도 없던 시절 개체 발생 과정을 연구하기란 만만치 않은 작업이었다. 브레너는 이 연구를 하기 위해서는 적합한 실험동물을 구하는 것이 먼저라는 생각이 들었다. 그때 그의 눈에 들어온 것이 씨-엘레강스(Caenorhabditis elegans), 우리말로 '예쁜꼬마선충'이라는 작은 벌레였다.

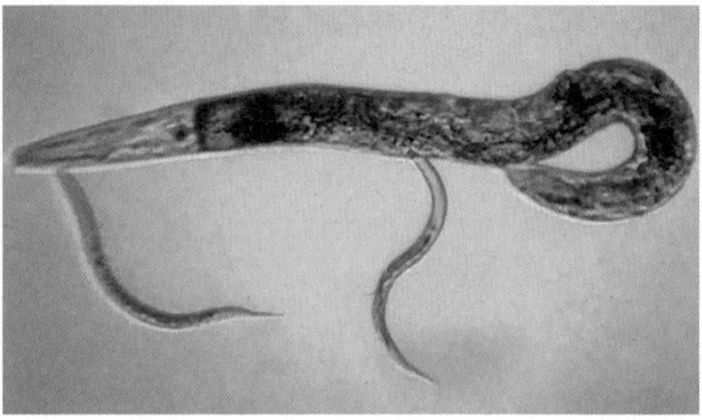

현미경으로 본 예쁜꼬마선충의 모습. 개체의 발생과 세포 운명에 대해 결정적인 실마리를 제공한 실험동물이다.

예쁜꼬마선충은 선형동물의 일종으로, 1948년 엘즈워스 도허티(Ellsworth C. Dougherty) 교수에 의해 유전학 연구에 적합한 모델이 될 실험동물로 소개된 바 있었으나 학계의 관심은 거의 끌지 못했다. 토머스 모건의 연구 이후 유전학 분야에서는 초파리를 이용한 모델 시스템이 갖춰져 있었기에, 발생 과정상 초파리보다 더 하등한 동물인 예쁜꼬마선충을 눈여겨보는 사람은 별로 없었다. 하지만 브레너는 이 동물이 발생학 연구에 매우 적합한 모델이라는 사실을 꿰뚫어 보았다.

예쁜꼬마선충은 총 959개의 세포로 구성된 몸길이 1mm 정도의 아주 작은 생물체다. 자연 상태에서는 흙 속에 살며 토양세균을 먹고 생활한다. 알에서 깨어난 예쁜꼬마선충은 네 단계의 유생기를 거쳐 성체가 되는데, 발생시간이 매우 빨라 적절한 온도와 먹이가 주어지면 부화한지 3.5일 후면 성체가 된다. 예쁜꼬마선충은 대부분 암수한몸으로 평생 320개의 정자와 1,000여 개의 난자를 만들어내 평생 320개의 알을 낳을 수 있다. 실험동물로써의 예쁜꼬마선충은 몸이 투명하고 세포 수

2002 노벨 생리의학상 공동 수상자 존 설스턴. ©Jane Gitschier

가 비교적 적기 때문에 보통의 현미경만으로도 세포를 관찰하기가 쉽고, 먹이가 되는 세균 위에 올려놓으면 거의 움직이지 않기 때문에 추적 관찰도 어렵지 않다는 특징을 지닌다. 게다가 성체가 되는 속도가 빠르고 자손 수도 비교적 많기 때문에 단시일에 통계적 관찰을 하기 좋다는 장점도 가지고 있었다.

브레너는 1963년 예쁜꼬마선충에 대한 연구 계획서를 MCR에 제출하고 유능한 인재들을 끌어들여 본격적으로 이를 이용한 연구에 들어갔다. 브레너의 실험실에서 가장 두각을 나타낸 것은 훗날 인간 게놈 프로젝트의 책임자가 된 존 설스턴이었다. 영국에서 군목(軍牧)인 아버지와 영어 교사인 어머니 사이에서 태어난 설스턴은 어릴 적부터 미생물을 관찰하고 죽은 동물들을 해부하는 것을 꺼리지 않는 아이였다. 생명체에 대한 관심은 자연히 그를 생물학으로 이끌었고, 1966년 케임브리지대학교에서 박사 학위를 받았고, 1969년부터 브레너가 이끌던 영국의학연구협회(Medical Research Council, 이하 MCR) 분자연구소팀에 합류해 예쁜꼬마선충 연구를 시작했다. 설스턴은 곧 이 작은 생명체에 매료되었다.

당시 통념상 예쁜꼬마선충과 같은 단순한 벌레들은 태어날 때 필요한 세포들을 모두 가지고 태어난다고 알려져 있었다. 그러나 실제관찰 결과, 갓 부화한 새끼들의 세포, 특히 신경세포는 성체의 그것에 훨씬 못 미치는 숫자였다. 하지만 어떤 세포가 언제 분열하고 분화하는지를 관찰하기는 어려웠다. 독일의 한 연구팀은 이를 관찰하기 위해 초고속 비디오 카메라를 동원하기도 했지만, 그것만으로는 세포의 분열과 사멸 과정을 명확히 명시하기는 어려웠다. 여러 차례의 도전이 실패로 돌아가자, 설스턴은 다소 무모한 방법을 선택했다. 배양접시에 십자로 표시를 하고 먹이가 될 대장균을 잔뜩 놓은 뒤 그 위에 갓 부화한 예쁜꼬마선충을 올려놓고는(예쁜꼬마선충이 먹이를 찾아 움직이느라 자리에서 이탈하지 않도록 한 조치였다) 5분마다 한 번씩 현미경으로 직접 세포의 변화를 관찰해 손으로 그림을 그리는 방법이었다. 예쁜꼬마선충은 온몸이 투명하므로 세포의 개수를 세고 분열하는 것을 관찰하는 것은 가능했지만, 어떤 세포가 어떻게 분화되는지를 한눈에 보고 그린다는 것은 결코 쉬운 일이 아니었다. 하지만 설스턴은 포기하지 않았다. 그는 무려 18개월 동안이나 현미경 앞에 앉아 있었고, 마침내 예쁜꼬마선충의 세포 계보도를 그려내는 데 성공했다. 그는 예쁜꼬마선충은 수정 후 14시간 만에 모든 세포의 운명이 결정되며, 이 시기 동안 1,090개의 세포가 만들어지고, 131개의 세포가 사멸해 총 959개의 세포로 이루어진 성체로 발생한다는 것을 알아낸 것이다. 예쁜꼬마선충의 세포 계보도는 좋게 말하면 고전적인 방법으로, 나쁘게 말하면 무식한 방법으로 얻어낸 노력의 산물이었던 것이다.

예쁜꼬마선충이 발생학 모델로 적합한 것은 모든 예쁜꼬마선충이 같은 발달 과정을 따른다는 것이다. 사람처럼 복잡한 유기체의 경우, 분화되는 세포의 종류도 많고 성체가 된 이후의 세포수가 모두 달라 세포 계보도를 정확하게 그리기 어렵지만, 예쁜꼬마선충은 단순한 만큼 단일한 발달 유형을 따른다. 즉 모든 예쁜꼬마선충은 모두 14시간의 발생 시간 동안 필요한 모든 세포가 만들어지고 필요 없는 모든 세포가 죽어 사라지며, 성체가 된 모든 예쁜꼬마선충은 959개의 세포(그 중 320개는 신경세포)로 이루어졌다는 것이다. 이 실험을 통해 설스턴은 개체 발생 과정 중 세포들이 분열해서 늘어나는 것뿐 아니라, 기능을 다하거나 과하게 만들어진 세포들을 폐기하는 일도 일어나며, 이것이 정교한 계획하에 일어난다는 사실을 알아냈다. 즉 세포사(細胞死, cell death) 역시 발달 과정의 일부이며 이것은 수정되는 순간부터 미리 프로그램된 것이었다.

프로그램된 세포의 죽음, 아포토시스

일반적으로 세포는 2가지 형태의 죽음을 맞이한다. 하나는 세포 괴사(necrosis, 네크로시스)다. 이는 세포가 물리적인 충격이나 독성 물질과의 접촉 등으로 인해 상처를 입어 죽는 것을 말한다. 대개 세포 괴사는 급작스럽게 일어나므로 세포막이 찢어지고 DNA도 불규칙적으로 절단되며, 찢어진 세포막을 통해 세포질이 주변으로 흘러나와 염증 반응을 일으키곤 한다. 하지만 또 다른 형태의 세포사인 프로그램된 세포사, 즉 아포토시스(apoptosis)는 정해진 운명에 의해 일어나는 세포의 죽음이다. 아포토시스라는 단어가 '떨어져 나가다'라는 그리스어에서 유래된 것처럼 죽음을 맞이한 세포는 운명에 순응하듯 정해진 패턴대로 변화하며 죽는다. 먼저 세포는 핵 속에 든 DNA를 규칙적인 패턴으로 잘게 자르고(DNA 분절화), 단백질 분해 효소를 활성화시켜 단백질들을 분해하며 스스로를 정리한다. 이렇게 가진 것들을 잘게 자른 뒤에는 개중 쓸모 있는 것들을 세포막으로 이루어진 '주머니(apoptosis body)'에 담아 주변으로 배출시키고 스스로는 작게 쪼그라든다. 이렇게 쪼그라든 세포는 마지막으로 대식세포에게 잡혀 먹힘으로써 깔끔한 죽음을 맞이한다. 이 과정은 매우 효율적이고 체계적으로 일어난다. 이제 남은 문제는 무엇이 아포토시스를 일으키느냐는 것이었다.

아포토시스는 예정된 죽음이기 때문에, 학자들은 예쁜꼬마선충의 염색체 속에 아포토시스를 유발하는 유전자들이 들어 있을 것이라 예측했다. 브레너와 설스턴을 비롯한 연구자들은 추후 연구를 통해 아포토시스의 시작과 실행 과정에 관계된 일련의 유전자들을 찾아 세포사란 의미의 Ced 유전자라고 명명했다. 현재 예쁜꼬마선충의 유전자 중에서 세포사와 관련되어 가장 중요한 것은 Ced-3 유전자와 Ced-4 유전자, 그리고 Ced-9 유전자다. 이 중에서 Ced-3 유전자와 Ced-4 유전자는 세포사를 유도하는 킬러 유전자(killer gene)이며, Ced-9 유전자

2002 노벨 생리의학상 공동 수상자 로버트 호비츠

는 세포사를 막는 불멸 유전자다. 따라서 Ced-3 유전자와 Ced-4 유전자에 돌연변이가 일어날 경우 아포토시스가 일어나지 않으며 반대로 Ced-9 유전자에 돌연변이가 일어나는 경우 세포사가 예정되어 있지 않은 세포일지라도 아포토시스가 일어나게 된다.

여기까지는 티끌만큼 작은 벌레인 예쁜꼬마선충에게서 일어나는 현상이므로, 인간과 관계가 없어 보일지도 모른다. 하지만 이후의 연구를 통해 인간의 유전자 속에도 Ced-3 · Ced-4 · Ced-9 유전자와 같은 역할을 하는 유전자가 존재한다는 사실이 미국의 유전학자인 로버트 호비츠에 의해 알려지게 된다. 1970년대부터 브레너와 설스턴과 긴밀히 연락하며 예쁜꼬마선충을 이용한 세포의 생활사를 연구하던 호비츠는 인간이 포함된 포유류의 세포 속에도 아포토시스를 유도하는 유전자들이 들어 있음을 증명하여 아포토시스가 특이한 현상이 아니라 보편적으로 나타나는 현상임을 입증했다. 예를 들어 예쁜꼬마선충에서는 Ced-9 유전자가 아포토시스를 억제한다면, 포유류의 세포에서는 Bcl-2라는 유전자가 이 역할을 대신한다. 또한 예쁜꼬마선충에서 아포토시스를 유도하는 Ced-3 유전자는 여러 종류의 캐스페이즈(caspase)들이, Ced-4 유전자는 Apaf-1이라는 유전자가 그 역할을 맡고 있다. 이 유전자들의 상호 보완적인 발현은 과다 증식했거나 이제는 기능을 잃은 세포들의 사멸을 유도하고, 꼭 필요한 세포들의 죽음을 방지함으로써 세포들이 적재적소에 배치될 수 있게 한다.

예쁜꼬마선충이 가진 생명 연장의 열쇠

브레너와 설스턴, 호비츠를 비롯하여 많은 연구자들의 노력으로 세포는 무한정 증식하는 것이 아니라, 일정한 분열 횟수가 정해져 있으며 때가 되면 순순히 죽음을 받아들인다는 것이 알려졌다. 물론 세포에게 운명이 있고, 생이 다하면 자연스레 죽음을 받아들인다는 것은 매우 신기한 일이다. 하지만 눈에도 보이지 않는 작은 세포의 죽음이 도대체 우리에게 어떤 의미가 있는 것일까?

세포의 죽음이 인간에게 주는 직접적인 의미는 생명 연장의 실마리를 제공해 준다는 것이다. 특히나 세포의 죽음에 대한 연구는 암과 퇴행성 신경 질환 분야에서 매우 중요한 역할을 한다. 우리 몸은 머리끝부터 발끝까지 모양과 기능은 달라도 모두 세포로 이루어져 있다. 따라서 세포의 때 이른 죽음은 기능과 형태에 악영향을 미친다. 그중에서도 특히 뇌와 척수를 구성하는 신경세포, 즉 뉴런의 죽음은 개체에 치명적인 영향을 미친다. 신경세포는 발달 과정에서 세포의 '적절한' 죽음이 얼마나 중요한지를 극명하게 보여준다.

태아 시절, 인간의 신경세포는 폭발적인 속도로 증식한다. 실제로 이 시기에 만들어지는 신경세포는 훗날 생존하는 숫자의 약 10배 이상에 이른다고 알려져 있다. 이렇게 신경세포가 과다증식하는 이유는 출생 이후 어떠한 환경에 놓이게 될지 알 수 없는 상황에 대한 일종의 '보험' 같은 의미를 지닌다. 적정 숫자보다 훨씬 많은 신경세포들은 이후 발달 과정에서 경험과 자극의 유무에 따라 다른 세포들과 시냅스를 형성해 효과적인 신경 전달 회로를 형성한 것들만 살아남고, 그렇지 못한 세포들은 모두 사멸한다. 흥미로운 사실은 발생 초기에는 이처럼 마구잡이로 증식하던 신경세포들은, 가지치기 과정을 거치며 살아남은 이후로는 재생과 분열 능력이 사라진다는 것이다. 일반적으로 몸을 이루는 세포들은 끊임없이 죽어나가긴 하지만, 그만큼 세포 분열이 일어나 새로운 세포들이 충원되는 과정을 거친다. 예를 들어 피부 세포의 경우, 약 30일을 주기로 먼저 만들어졌던 세포들이 죽어서 떨어져 나가고 새로운 세포들이 그 자리를 메운다. 피부에서 만들어지는 때나 각질은 죽은 세포들의 덩어리인 셈인데, 매일 때와 각질을 밀어도 피부가 얇아지거나 닳지 않는 것은 그만큼의 피부세포가 분열하여 재생되기 때문이다. 하지만 신경세포, 특히나 뇌와 척수를 구성하는 중추 신경세포는 앞서 말한 가지치기 과정을 거쳐 자리 잡게 되면 재생되거나 분열하지 않아서 기능을 상실하게 된다. 미국의 영화배우 크리스토퍼 리브(Christopher Reeve)는 192cm의 키에 건장한 체구로 인해 남성미의 대표주자인 '슈퍼맨'을 연기했지만 낙마 사고로 경추가 부러지면서

건강한 남성미의 대표 이미지였던 '슈퍼맨' 크리스토퍼 리브는 1995년 낙마 사고로 인해 목 부위의 신경이 끊어지는 증상을 입었고, 이후 2004년 사망할 때까지 전신마비에서 벗어나지 못했다.

척수 신경이 절단되어 이후 평생을 전신 마비의 고통을 안고 살아가야 했다. 이처럼 신경세포는 재생되지 않기 때문에 한 번 상처를 입게 되면 그 후유증이 평생 지속되곤 한다.

그런데 이런 신경세포 손상은 크리스토퍼 리브처럼 사고로 인한 경우보다 잘못된 아포토시스로 인해 나타나는 경우가 더 큰 문제가 된다. 실제로 인간의 신경세포는 나이가 들어갈수록 외부의 충격 없이도 스스로 사멸하는 경우가 많다. 치매를 일으키는 알츠하이머병, 운동 능력 장애를 가져오는 파킨슨병, 헌팅턴병, 근위축성 축삭증후군(ALS, 흔히 '루게릭병'이라고 불린다) 등의 질병이 이에 속하는 것으로, 사멸하는 신경세포의 종류에 따라 증상은 다르게 나타나지만 일단 증상이 나타나면 되돌릴 수 없고 완치가 불가능한 치명적인 질환이라는 점은 동일하다. 따라서 이들 질환을 근본적으로 치료하기 위해서는 신경세포가 사멸하는 과정과 원인을 파악하여 이를 막는 방법을 찾아내는 것이 중요하다.

이 경우에는 아직 때가 되지 않은 세포들이 일찍 죽어서 문제가 된 경우지만 죽어야 할 운명의 세포가 죽지 않는 경우 오히려 더 큰 문제가 된다. 앞서 말했듯이 일반적인 세포들은 '헤이플릭 분열한계'를 가지기 때문에 일정 횟수 이상 분열하고 나면 더 이상 분열하지 않고 사멸한다. 그런데 유전자 이상이나 환경적 요인(방사선, 발암물질, 감염 등)에 의해 세포 사멸을 일으키는 유전자들에 변이가 일어나면 헤이플릭 분열한계에서 벗어나 죽지 않고 끊임없이 분열하는 '불멸화세포'가 만들어진다. 이 불멸화 세포를 우리는 다른 말로 '암세포'라고 한다. 일반적으로 세포는 분열하여 증식할 뿐 아니라, 맡은 바 기능을 수행한다. 골수세포는 혈액을 생성하며, 췌장 랑게르한스섬에 존재하는 베타 세포는 인슐린을 분비하는 기능을 한다. 그러나 암세포는 세포들이 가진 맡은 바 기능은 상실한 채, 오로지 제 숫자 불리기에만 몰두한다. 결과적으로 골수 세포가 암세포로 변하면 혈액 생성 기능이 제대로 작동하지 않으며, 베타 세포가 암세포화되면 인슐린을 내지 못해 혈당 균형이 무너지게 된다. 더군다나 암세포는 원래 발생한 자리에서만 존재하는 것이 아니라, 혈관을 타고 다른 곳으로 이동하여 새로운 곳에 또 다른 암을 발생시킨다. 이를 '전이(轉移)'라고 하는데 대장암 환자에게 간암이 같이 발생하거나, 유방암 환자에게서 임파선암이 자주 발생하는 것은 암세포가 혈관을 타고 다른 곳으로 전이되었기 때문이다.

2012년 통계청이 발표한 바에 따르면 한국인의 사망 원인 1순위는 암이며, 지난 1988년 이후 변함 없이 이어지고 있다고 한다. 암으로 인한 사망자 수는 해마다 인구 10만 명당 144명인데, 이는 전체 국민 중 1/4은 언젠가 암으로 사망할 것이라는 의미다. 세포가 정해진 운명을 거슬러 불멸의 생명을 가지는 순간, 그 세포로 이루어진 개체 전체를 죽음으로 몰아넣는다는 것은 매우 의미심장한 일이다. 그리고 이 모든 비밀이 채 1mm도 안 되는 '예쁜꼬마선충'이 가르쳐주었다는 것 역시 시사하는 바가 크다. 생명이란 자연스러운 상태와 균형을 유지하는 것이 매우 중요하며, '아무리 작고 사소해도 쓸모없는 생명은 없다'는 진리가 묵직하게 다가온다.

제21장

연구를 위해서라면 위궤양쯤이야!

배리 마셜 박사의 헬리코박터균 발견기

1984년 7월의 어느 날, 한 젊은 의사가 정체불명의 갈색 용액이 든 컵을 쥐고 내용물을 뚫어지게 바라보고 있었다. 마치 쓴 약을 앞에 둔 어린아이 같은 표정을 짓던 그는 이윽고 결심한 듯 단숨에 용액을 들이켜고는 인상을 찌푸렸다. 맛이 있을 거라고 기대하진 않았지만 실제로 마셔보니 더러운 흙탕물을 마시는 기분이 들었다.

그리고 며칠 뒤, 극심한 위통과 구토가 발생했다. 하루에도 몇 번씩 변기를 부여잡고 토하곤 했는데, 이상한 건 보통 '신물'이라고 표현되는 위산 대신 중성에 가까운 토사물을 쏟아냈다는 것이었다. 열흘째 되던 날, 그는 위장 검사를 받았다. 내시경으로 떼어낸 조그만 위장 점막을 현미경으로 들여다보자 나선형의 세균들이 점막 사이사이에 박혀 있는 것이 보였다. 그는 신음 섞인 환호성을 질렀다. 진실을 알기 위해 자신의 몸조차 기꺼이 실험에 내던지는 연구자가 자신의 가설이 옳았음을 증명했을 때만 낼 수 있는 탄성이었다.

지난 2005년, 오스트레일리아의 내과의사이자 미생물학자였던 배리 마셜(Barry J. Marshall, 1951~) 박사는 병리학자였던 선배 연구자 로빈 워런(J. Robin Warren, 1937~)과 함께 제105회 노벨 생리의학상 수상자로 선정되었다. 공식적인 선정 이유는 '헬리코박터 파일로리균의 발견과 위염 및 소화관 궤양에서의 역할 해명'이었다. 살아 있는 헬리코박터균을 스스로 들이마셨던 젊은 의학자의 무모한 패기는 그로부터 21년 뒤, 그에게 노벨 생리의학상 수상이라는 영예를 가져다주었다.

지겹게 찾아오는 위통, 그 정체는?

명치를 찌르는 듯한 위통과 가슴이 타는 듯한 속쓰림에 이어지는 구역질과 구토는 살아가면서 누구나 한 번쯤은 겪는 일이다. 상한 음식을 잘못 먹어 발생한 식중독이나 단순한 소화불량이라면 시간이 해결해주지만, 때로 만성화된 위염이나 위장에 구멍이 뚫리는 위궤양으로 오래도록 고통받기도 한다. 1980년대까지 오래도록 낫지 않는 만성위염이나 위와 십이지장의 점막이 갈라지는 위궤양은 원인을 알 수 없는 질환이었다. 많은 사람들이, 심지어 의사들조차도 만성위염과 위궤양의 원인은 스트레스와 위산과다로 인해 일어나는 증상으로 생각했고, 이런 통증을 호소하는 환자들에게 골치 아픈 일에서 벗어날 것을 권유하며 제산제를 처방해주곤 했다. 하지만 이런 처치는 일시적인 통증만

덜어줄 뿐이었다. 위염과 위궤양은 재발했고 상태는 점점 더 심각해졌다. 심지어 이들 중 몇몇은 반복된 위염으로 인한 세포 변형으로 암에 걸리기도 했지만 여전히 원인은 오리무중이었다. 사실 끈질기게 낫지 않은 만성 위염과 위궤양, 그리고 위암의 배경에는 그간 알려지지 않았던 세균이 숨어 있었기 때문이었다.

2005년 노벨 생리의학상 수상자 배리 마셜.

모 유산균 음료의 광고 모델로 우리에게 잘 알려진 배리 마셜 박사는 1951년 오스트레일리아 캘굴리에서 태어났다. 출생 당시 그의 아버지는 19살, 어머니는 18살로 배리 마셜은 이 어린 부부의 첫아이였다. 마셜은 어릴 적 아무리 어려운 책이라도 끝까지 읽지 않으면 손에서 놓질 못했고, 버려진 기계가 있으면 꼭 뜯어봐야 직성이 풀렸으며, 흥미가 생기면 반드시 만들어봐야 하는 성격이었다. 수리공과 간호사라는 부모님의 직업 덕에 다양한 화학 약품들을 쉽게 접할 수 있었던 마셜은 이들을 섞어 불꽃놀이용 화약을 만들거나 모스 부호 발생기를 만들어 동생들과 장난을 치며 어린 시절을 보냈다. 훗날 스스로 헬리코박터를 들이마셨던 무모한 행동은 무엇이든 경험하지 않고서는 견디지 못하는 성격에서 기인한 것이다. 과학자를 꿈꾸는 개구쟁이 사내아이였던 마셜은 의대에 진학했고, 스물한 살이던 1972년 같은 학교에서 심리학을 전공하던 에이드리엔과 결혼해 다음 해 아버지가 된다. 어린 부모님 밑에서 자란 마셜 자신도 어린 부모가 된 것이었다. 이렇듯 무엇이든 빨리빨리 해치우는 호기심 많은 젊은 의학도의 삶은 1981년 로열퍼스병원 내과에서 근무하면서 극적으로 변하게 된다. 그곳에서 그는 평생의 연구 선배가 되는 병리학자 로빈 워런과 평생을 연구할 대상을 함께 만났기 때문이다.

2005년 노벨 생리의학상 수상자 로빈 워런.

노벨상 공동 수상자였지만 대중에게는 마셜 박사에 비해 덜 알려진 로빈 워런은 애들레이드대학교를 거쳐 1968년부터 은퇴할 때까지 로열퍼스병원의 병리학자로 일했다. 병리학(病理學, Pathology)이란 질병의 원리를 연구하는 학문으로, 일반적으로 병원의 병리학자들은 환자의 세포, 조직, 장기의 표본을 검사해 질병의 원인을 분석하고 진단을 내려 임상 의사들이 환자를 치료하는 데 도움을 주는 역할을 한다. 워런에 대해서 알려진 바가 많지 않은데, 그는 일종의 강박증을 가진 탓에 다른 사람들과 관계 맺기가 수월하지 않았던 것이다. 하지만 하나에 꽂히면 병적일 정도로 집착하는 워런의 성격은 '위 속에서는 어떠한 세균도 살 수 없다'는 세상의 편견에 대항해 헬리코박터를 발견하게 된 하나의 원동력이 되기도 했으니 모든 일에는 장단점이 있는 법이다. 워런이 한창 현장에서 일하던 1970년대는 새로운 진단 기기와 기법들이 속속 개발되던 시절이었고, 병리학자였던 워런은 이런 발명품들을 이용해 병리학적 지식의 폭을 넓힐 수 있었다. 다양하게 개발된 기기들 중에 특히나 그의 관심을 끌었던 것은 위 안을 들여다볼 수 있는 내시경 장비였다. 당시 위점막의 표면은 개복 수술을 했거나 이미 사망한 환자들에게서 주로 얻었고, 그나마 포르말린에 절여진 상태로 보관된 조직이었기에 강력한 포르말린의 효과 덕에 점막은 축소되고 망가져 위 표면의 정확한 모습을 알기 어려웠다. 그러던 중 내시경이 개발되었다. 입 속으로 집어넣어 내부를 들여다보는 내시경을 이용하면 위점막을 직접 관찰할 수 있을 뿐 아니라 염증이나 궤양이 있는 부위의 조직을 바로 채취하여 검사하는 것도 가능했다.

1979년, 내시경을 이용해 심각한 만성 위염을 앓는 환자의 위점막을 생검(生檢)하던 워런은 환자의 위점막에서 구부러진 막대기 모양의 세균을 발견하게 된다. 이후로 워런은 만성 위염이나 위궤양, 위암을 앓는 환자들의 위점막 생검에서 같은 모양의 세균을 여러 번 관찰하게 된다. 모든 위장 질환 환자들이 이 세균을 가지고 있는 것은 아니지만, 이 세균을 가진 사람들이라면 정도의 차이는 있을 뿐, 모두 위점막이 헐어 있었다. 이에 워런은 이 세균이 위장 질환과 관련이 있을 것이라는 가설을 세우게 된다.

하지만 위 속에 사는 세균이 위장 질환과 관련이 있을 것이라는 워런의 가설은 시작부터 무시당했다. 위산이 분비되는 위장 안에는 어떠한 세균도 살 수 없다는 것이 당시의 통념이었기 때문이다. 사실 위장은 세균이 살기에 적합한 장소는 아니다. 위벽에서 분비되는 위산의 정체는 염산(pH 1~1.5)으로, 이 때문에 위 안은 항상 pH 1~3 사이의 강한 산성을 유지한다. 이렇게 위 속이 강산성인 이유는 강한 부식력을 지닌 염산을 이용해 음식물을 소화되기 쉽게 잘게 쪼개고 그 속에 들어 있는 세균들을 죽이기 위함이다. 세균에게 있어서 위 속은 불지옥에 다름 아니다. 그런데 그런 극한 환경에서 살아가는 세균이라니? 대부분의 학자들은 워런의 말에 고개부터 흔들었다.

답답해진 워런은 자신이 채취한 위점막 표본을 동료들에게 보여 주었다. 분명 거기에는 휘어진 막대기 모양의 세균이 분명 존재했지만, 눈으로 보았음에도 불구하고 동료들은 워런의 가설을 받아들이지 않았다. 워런이 발견한 세균은 음식물에 섞여 들어왔다가 아직 위산에 의해 분해되기 전에 우연히 채취된 것이라 생각했고, 심지어 몇몇은 워런이 표본을 부주의하게 다뤄 채취 이후 오염됐을지도 모른다고 여기기도 했다.

워런의 동료들이 무시하는 반응을 보인 것은 과학사적으로 볼 때 익숙한 장면이다. 훗날 워런이 고백했듯이 위장 속에 사는 세균인 헬리코박터를 처음 발견한 건 그가 아니었다. 기록을 살펴보면 이미 한 세기 전인 1892년, 이탈리아의 의학자 지울리오 비초제로(Giulio Bizzozero, 1846~1901)가 위 속에 사는 나선형 세균의 존재를 기록한 적이 있었고, 1919년에는 일본의 고바야시 로쿠조[小林六造, 1887~1969]와 가사이 가쓰야[葛西克哉]에 의해 동물의 위 속에 상주하는 세균이 발견된 바 있었다. 하지만 이들의 기록은 번번이 무시되었는데, 이는 앞서 말했듯 '강산성을 띠는 위 속에는 어떤 세균도 상주할 수 없다'는 고정관념 탓이었다. 이러한 고정관념 앞에 '위장 속에 상주하는 세균'의 존재를 가정한 워런의 가설은 그의 강박증에서 비롯된 집착으로 받아들여질 뿐이었다.

위장 속 세균, 그 정체는?

워런이 위장 속 세균을 찾아낸 2년 뒤인 1981년, 워런은 내과의사로 로열퍼스병원의 위장학과에 배정된 마셜을 만나게 된다. 마셜은 심한 위통으로 고생하는 환자의 검사를 의뢰하다가 알게 된 워런을 통해 그의 '위장 속 세균' 가설을 접하고 흥미를 느끼게 된다. 이들은 워런이 마셜에 비해 열네 살이나 나이가 많다는 것을 제외하면 여러모로 비슷한 점이 많았다. 이들은 모두 책을 좋아했고, 궁금한 것은 끝까지 매달려야 직성이 풀렸으며, 한 번 옳다고 믿은 것은 어지간해서는 번복하는 법이 없는 고집불통이었다. 심지어 이들은 다자녀 가족(워런은 아이가 다섯, 마셜은 넷이었다)에 아내의 직업도 비슷해(워런의 부인은 정신과 의사, 마셜의 부인은 심리학자) 가족들끼리도 금세 친해져 잘 어울렸다고 한다. 자신의 주장에 귀를 기울여주는 조력자를 만난 워런은 마셜과 함께 위장 질환을 지닌 여러 명의 환자들의 위점막 조직을 검사해 문제의 세균이 있는지를 살펴보았다. 검사 결과 이들은 위궤양 환자 22명 중 18명의 조직 샘플에

로열 퍼스 병원의 레지던트 시절 배리 마셜과 병리학자 로빈 워런. © Barry Marshall, 1984.

서 문제의 세균을 발견한다. 환자의 80% 이상이 이 세균을 가지고 있다면 이 세균이 위궤양과 밀접한 연관성이 있을 가능성은 높아진다. 그리하여 이들은 '코흐의 공리'에 따라 이 세균들을 분리해 배양을 시도한다.

앞서 제4장에서 언급한 바 있는 '코흐의 공리'에 따르면 특정한 미생물이 특정 질환의 원인균으로 지목되기 위해서는 다음의 4가지 명제를 모두 충족시켜야 한다.

코흐의 공리

1. 미생물은 어떤 질환을 앓고 있는 모든 생물체에게서 다량 검출되어야 한다.
2. 미생물은 어떤 질환을 앓고 있는 모든 생물체에게서 순수 분리되어야 하며, 단독 배양이 가능해야 한다.
3. 배양된 미생물은 건강하고 감염될 수 있는 생물체에게 접종되었을 때, 그 질환을 일으켜야 한다.
4. 배양된 미생물이 접종된 생물체에게서 다시 분리되어야 하며, 그 미생물은 처음 발견한 것과 동일해야 한다.

결국 환자의 위점막 조직에서 세균을 발견한 것은 코흐의 공리 1번을 만족시킨 것에 지나지 않는다. 따라서 이 세균이 진정으로 위장질환의 원인으로 지목되기 위해서는 나머지 3가지 조건도 모두 만족시켜야 한다. 즉 환자의 위점막에서 분리해낸 세균을 대량으로 배양(2번)해서 이를 건강한 동물에 주입하여 위장 질환을 일으키는 것(3번)을 관찰한 뒤, 다시 그 동물의 위 속에서 원래 주입한 것과 같은 세균을 발견(4번)해야만 비로소 이 세균을 위장질환의 원인으로 지목할 수 있는 것이다. 그리하여 이들은 절차대로 환자의 위점막 표본에서 채취된 세균의 인공 배양을 시도했다.

헬리코박터를 마시다

그러나 이들의 도전은 시작부터 난관에 부딪쳤다. 위궤양 환자의 위점막에서 채취한 세균을 몇 번이고 배양하려고 시도했지만 결과는 늘 실패였다. 마치 이들은 위를 떠나서는 살지 못하는 세균인 양 아무리 온도와 습도, 영양분을 맞춰 주어도 배양 접시에서는 자라지 않았다. 몇 달에 걸쳐 시도한 수십 번의 배양 실험이 모두 실패하자 마셜과 워런은 스스로의 믿음에 회의가 들기 시작했다. 그런데 행운은 엉뚱한 곳에서 찾아왔다. 실수로 잊어버리고 방치했던 배양 접시에서 드디어 문제의 세균이 배양된 것이었다.

사정은 이랬다. 보통 병원 실험실에서는 환자의 몸에서 채취한 조직 표본을 48시간만 배양한 뒤 폐기하는 게 관례였다. 왜냐하면 일반적으로 세균들은 20분~수 시간에 1번씩 분열하므로 48시간 정도 배양하면 진단에 필요한 양만큼은 충분히 확보되기에 더 기를 이유가 없었고, 이보다 오랜 시간 배양하면 잡균들의 오염이 심해져 제대로 된 세균 검정이 불가능하기 때문이었다. 하지만 문제의 세균인 헬리코박터는 매우 느리게 자라는 세균이었기에 48시간의 배양 시간은 턱없이 짧은 시간이었던 것이다. 그러다가 미생물 배양 직원의 실수로 우연히 헬리코박터가 든 배양 접시가 인공배양기 안에 5일 넘게 방치되었는데, 느리게 자라는 헬리코박터는 그제야 배양접시 안에 자리를 잡고 자라고 있었던 것이었다.

우연한 결과였지만 헬리코박터의 인공 배양에 성공하면서 마셜과 워런은 코흐의 공리 2번까지 충족시켰다. 그런데 문제는 그다음이었다. 코흐의 공리 3번을 충족시키기 위해 분리 배양된 헬리코박터를 동물에 주입했지만 어떤 동물도 위장질환을 일으키지 않았던 것이다. 헬리코박터를 주입해도 병에 걸리지 않는다면 헬리코박터는 단순히 위 속에 상주만 할 뿐, 질환의 원인균이 아닐 수도 있었다. 동물 실험이 계속 실패하던 어느 날, 마셜은 훗날 그를 노벨상으로 이끌었던 다소 무모한 실험을 감행하게 된다. 그것은 바로 자신이 실험동물이 되어 헬리코박터가 가득 든 용액을 마시는 것이었다.

마셜이 스스로를 실험동물로 이용하게 된 데에는 인수공통질병(zoonosis)이 의외로 많지 않다는 의학자의 지식에서 기인했다. 인수공통질병이란 동물과 사람이 공통적으로 걸리며 서로 전염시킬 수 있는 질환을 의미하는데, 의외로 그 수가 많지 않다. 미친개에게 물려 전염되는 광견병과 돼지를 비롯한 가축과 인간이 동시에 걸리는 브루셀라증 등이 대표적인 인수공통질환이다. 대부분의 미생물들은 종 특이성

(species specificity)을 지니기에 특정 미생물은 특정 종에게만 감염되어 질병을 일으키고 다른 종은 감염시키지 못하는 것이 일반적이다. 예를 들어 구제역을 일으키는 바이러스의 경우는 소나 돼지처럼 발굽을 가진 동물들의 경우 같은 공간에만 있어도 병이 옮을 정도로 전염성이 강하지만, 사람은 병에 걸린 동물을 직접 만져도 전염되지 않는다. 마셜은 헬리코박터도 그런 경우라 짐작했다. 헬리코박터는 사람의 위장 속에서만 살도록 적응된 세균이기에 사람을 제외한 다른 동물의 위장 속에서는 살 수 없을 것이라고, 그래서 이들이 위장질환의 원인이 됨을 증명하기 위해서는 사람에게 실험해야 할 것이라고 생각했던 것이다.

하지만 생체실험에서의 원칙은 동물실험에서 검증되지 않은 것을 사람에게 직접 투여하는 것을 강력하게 금지하고 있었기에 마셜은 정식으로는 이 실험을 할 수 없을 것임을 알고 있었다. 따라서 그는 자신이 몰래 금지된 실험의 대상자가 되기로 결심을 하고는 동료 의사를 찾아가 자신의 위를 검사해 줄 것을 부탁했다. 실험 전에 자신의 위 속에는 헬리코박터가 존재하지 않는다는 것을 증명하기 위해서였다. 그리고 실험 당일, 그는 미리 준비해두었던, 헬리코박터들이 10억 마리쯤 들어 있는 배양액을 꿀꺽 삼켰다. 변화의 조짐은 3일 뒤부터 시작되었다. 자다가 위가 아파 깨어난 마셜은 곧 구토를 시작했고, 며칠이 지나자 그는 중성 위액을 토하기에 이르렀다. 실험 시작 열흘째, 그는 다시 검사를 받았다. 검사 결과를 받아든 마셜은 비록 몸은 힘들었지만 얼굴에는 기쁜 표정이 떠올랐다. 열흘 전에는 어떤 세균도 염증도 없이 건강했던 위점막이 단 열흘 만에 여기 저기 헐어 염증이 생기고 점막 여기저기에 헬리코박터들이 박혀 있었다. 이들을 체취해 다시 배양하니 원래 마셜이 마셨던 헬리코박터와 동일한 것으로 판명되었다. 이로 인해 마셜은 코흐의 공리를 모두 만족시키며 헬리코박터가 위장 질환의 원인임을 증명했다. 하지만 이후로도 마셜은 계속 통증에 시달려야 했고, 항생제를 복용한 뒤에야 겨우 통증이 잦아들었다.

헬리코박터의 생존 전략

위장 속에서는 세균이 살 수 없다는 고정관념에 반기를 든 워런의 고집과 자신의 몸을 실험용으로 이용한 마셜의 열정은 헬리코박터의 존재와 생활사를 밝혀냈고, 그들을 노벨상 명예의 전당으로 이끌었다. 사실 생물의 역사에서 그간 알려지지 않았던 미생물의 존재와 생활사를 밝혀낸 경우는 부지기수였다. 하지만 그들 모두가 노벨상 수상자가 된 것은 아니었다. 도대체 헬리코박터는 어떤 세균이기에 이들의 발견이 그토록 큰 의미를 가진 것일까?

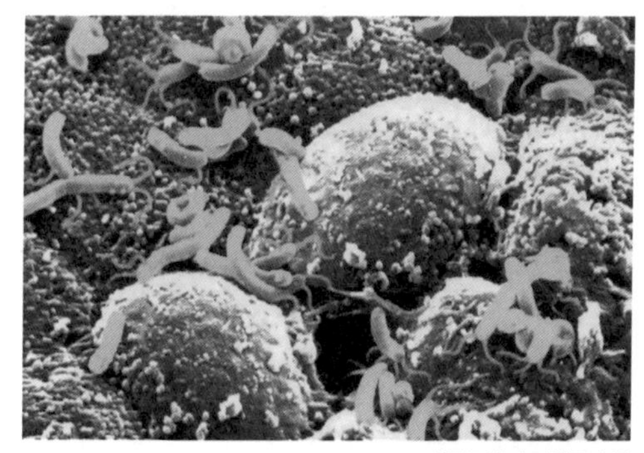

헬리코박터 파일로리 균

흔히 헬리코박터로 불리는 위장 속 세균의 정식 명칭은 헬리코박터 파일로리(Helicobacter pylori)다. helico는 '나선형'을, bacter는 세균을 의미하고, pylori란 위에서 십이지장으로 통하는 유문(幽門) 부위를 가리키는 말로, 풀이하자면 '위와 십이지장의 연결부인 유문 부위에 존재하는 나선형 모양의 세균'이라는 뜻이다. 길이는 약 5㎛이며 나선형의 몸통 끝에 4~7개의 편모를 가지고 있다. 위장 안쪽의 위점막 부위는 강산성의 위산에 의해 스스로 손상되는 것을 방지하고자 두꺼운 점액층으로 덮여 있는데, 헬리코박터는 꼬리를 빙빙 돌려 그 추진력으로 20분 만에 점액층을 뚫고 위점막 부분에 자리를 잡는다. 이 부위는 위산이 직접 닿지 않아 상대적으로 덜 위험한 장소이기 때문이다. 더욱 흥미로운 것은 헬리코박터는 산성이 약한 장소를 찾아갈 뿐 아니라, 스스로 주변의 산도를 떨어뜨려 생존에 유리한 환경을 조성하는 적극적 생존 전략도 동시에 구사한다는 것이다. 헬리코박터균은 우레아제(urease)라는 효소를 생산하여 침과 위액 속에 포함된 요소(urea)를 분해한다. 요소가 분해되면 이산화탄소와 암모니아가 형성되는데, 이때 암모니아는 강알칼리성 물질이므로 위액 속의 염산을 중화시키는 역할을 한다. 종종 헬리코박터에 감염된 환자가 구토 시 중성 위액을 토하는 것은 헬리코박터가 분비한 유레아제로 인해 위액이 중성화되어 일어난 결과다.

이처럼 헬리코박터는 물리적(점액층 침투)이고 화학적(유레아제를 이용한 위산 중화)인 전략을 모두 구사해 모든 세균들의 무덤이라는 위장 속에서도 끄떡없이 살아간다. 그런데 이들이 어떻게 위장 질환을 일으키는 것일까? 헬리코박터가 점액층을 뚫고 점막에 침투하면 이를 인식한 위점막 세포들이 면역 세포에게 침입자가 있음을 알린다. 신호를 받은 면역 세포들이 위점막으로 모여들어 헬리코박터와 대치하게 되는 과정에서 염증 반응이 일어나게 되는데, 이 대치 상태가 지속되면 만성 위염으로 번지게 된다. 또한 헬리코박터가 우레아제를 통해 만들어내는 암모니아 역시 위점막에 악영향을 미친다. 암모니아 자체가 단백질을 녹이는 강알칼리성의 물질이라 점막세포를 구성하는 단백질을 망가뜨릴 뿐 아니라, 암모니아로 인해 중성화된 점액층 사이로 위산이 침투해 위점막 세포를 파괴한다. 이것이 심해지면 위점막 세포가 파괴되어 위벽에 구멍이 뚫리는 위궤양이 발생한다. 또한 헬리코박터가 오랫동안 위장에 기생하다 보면 그 주변은 만성적인 염증 반응에 시달릴 수밖에 없게 되는데 이러한 스트레스 상황이 지속되면 세포에 돌연변이가 일어나 암으로 발생할 가능성이 높아진다. 학자들의 추측으로는 위암의 약 90%가 만성위염에서 발생된 것이라 하니 헬리코박터는 결코 가볍게 볼 수 있는 세균이 아니다.

하지만 헬리코박터가 있다고 무조건 걱정할 일은 아니다. 사실 우리나라의 경우, 국민 3명 중 2명은 위장 속에 헬리코박터를 가지고 있을 정도로 보균율이 높은 편이다. 이는 음식을 큰 그릇에 담아 함께 먹는 우리나라 고유의 식습관으로 인해 헬리코박터의 전파가 용이하기 때문이다. 하지만 대다수의 사람들은 헬리코박터를 지니고 있음에도 불구하고 별다른 이상 없이 살아간다. 이런 이유로 해서 헬리코박터가 위장 질환을 일으키는 진정한 원인이 맞는지에 대한 의심도 있었다. 하지만 만성 위염이나 소화기 궤양 환자의 60~80%에서 헬리코박터가 발견되며, 항생제를 이용해 헬리코박터를 제균하면 질환이 치료되며 재발율도 낮다■는 점에서 헬리코박터와 위장질환의 인과 관계는 타당성이 있는 것으로 보고 있다. 즉, 헬리코박터에 감염되었다고 해서 모두 위장질환을 일으키는 것은 아니지만, 위장 질환 환자의 상당수는 헬리코박터의 제균으로 인해 치료되므로 이들을 세서할 필요가 있다는 것이다. 이는 위장 질환을 일으키는 배경에는 타고난 체질과 식습관, 스트레스■ 등 다양한 요소들이 복합적으로 존재하며, 헬리코박터는 이런 조건들과 모두 결합했을 때 위장 질환을 일으키는 방아쇠의 역할을 하는 것이다.

전통적인 위장질환 치료법인 제산제를 이용하면 90% 이상에게서 다시 위장 질환이 재발되지만, 항생제를 이용해 헬리코박터를 제거한 경우 재발율은 5% 이하로 알려져 있다.

말스트레스는 위장 질환의 근본적 원인은 아니지만, 위장 질환을 악화시키는 요인이 될 수는 있다. 일반적으로 스트레스를 받으면 부교감신경이 자극되는데, 부교감신경의 자극은 위산의 분비를 촉진시킨다. 따라서 스트레스 상황에 지속적으로 노출되게 되면 부교감신경의 작용으로 인해 위산의 분비가 늘어나게 되고, 이것이 위점막을 과도하게 자극해 위장 질환을 악화시키는 것이다.

이처럼 헬리코박터의 존재 및 생활사 규명은 그간 이유 없이 지속되었던 만성 위염과 소화성 궤양의 통증으로부터 많은 이들을 해방시켰고, 위암의 발생 원인 중 하나를 차단함으로써 많은 이들의 생명을 구하는 역할을 해왔다. 10명 중 1명은 일생동안 한 번 이상은 소화성 궤양에 시달리며, 위암은 암 중에서도 특히 발생률이 높은 암이라는 것을 참고한다면 헬리코박터의 정체를 확인한 일은 알프레드 노벨이 유언장에서 천명한 '인류에 큰 공헌을 한 사람'이라는 조건을 충분히 만족시키는 일이라 아니할 수 없다. 2005년 노벨상 수상위원회가 마셜과 워런을 수상자로 선정하며 그들의 공을 치하했던 것은 이런 이유에서였다.

제22장

바이러스 발견을 둘러싼 최대의 음모론

몽타니에, 바레시누시 그리고 추어하우젠, 에이즈 바이러스의 발견

1983년 1월 3일, 프랑스의 한 병원에서는 특이한 폐렴 증상을 보이는 한 환자의 림프절과 혈액을 채취해 파스퇴르 연구소에 원인을 밝혀달라고 요청했다. 환자의 개인 정보를 보호하기 위해, 채취한 샘플에는 환자의 이름 대신 '브루(Bru)'라는 별칭을 붙였다. 브루의 샘플을 배양하던 연구진들은 2주 후 그 샘플에서 '역전사 효소(Reeverse Transcip tase)'가 기능하고 있음을 찾아냈다. 역전사 효소의 활성이 관측된다는 것은 샘플이 레트로바이러스(retrovirus)에 의해 감염되어 있다는 것을 의미했다. 이제 레트로바이러스의 정체를 규명할 차례였다. 연구자들은 최근 들어 유행하고 있는 이 수상하고도 위험한 원인에 바짝 다가서고 있음을 본능적으로 감지했다.

성소수자들을 침범하는 무서운 질병의 등장

1981년 봄, 캘리포니아대학교에 이상한 증상을 보이는 30대 남자가 입원했다. 피골이 상접할 정도로 쇠약해진 남자는 아주 희귀한 종류의 폐렴을 앓고 있었다. 이 폐렴이 드문 이유는 원인이 되는 폐렴균의 감염력이 매우 낮아 면역력이 거의 없는 신생아나 면역 억제제를 맞는 환자들 정도만 겨우 감염되기 때문이었다. 따라서 쇠약해지긴 했어도 면역 억제제를 사용하지 않는 성인 남성이 이 병에 걸렸다는 사실 자체가 이상한 일이었다. 이상한 현상의 이유는 곧 밝혀졌다. 혈액 검사 결과 그는 면역력이 매우 떨어져 있었고, 특히 면역 세포 중 하나인 T세포의 수는 거의 바닥을 치고 있었다. 면역력의 극심한 저하로 인해 감염력이 극히 낮은 폐렴균의 침입조차도 이겨내지 못했던 것이다. 하지만 이상한 현상은 그에게서만 끝난 것이 아니었다. 몇 달 새 캘리포니아에서 4명, 뉴욕에서 26명의 비슷한 증상을 보이는 환자들이 발견되었다. 이들은 모두 이전에는 별다른 질병을 앓거나 약을 복용한 적이 없는 건강한 성인 남성들이었고, 면역력의 극심한 저하로 희귀한 질병들을 앓고 있었으며, 모두가 동성애자 혹은 양성애자들이었다.

성적 소수자들에게만 발생하는 희귀한 질환은 곧 독수리 같은 언론의 눈에 포착되었다. 신문과 방송에서는 연일 '동성애자와 관련된 면역결핍증, 즉 그리드(Gay-Related Immune Deficiency, GRID)가 발생하였다고 보도했으며, 일각에서는 성적 일탈로 인한 천벌이라는 선정적인 추측까지 덧붙여졌다. 하지만 미국의 CDC(Centers for Disease Control, 질병통제예방국)의 조사가 이어지자, 남성 동성애자뿐 아니라 발병자의 여성 배우자, 혈우병 환자, 마약 중독자 등 중에서도 같은 증상에 시달리는 사람들이 발견되었다. 연구자들은 환자의 특징을 바탕으로 이 질병은 성적 접촉이나 혈액을 통해 감염되는 '새로운 질병'임을 직감했다. 발병자의 여성 배우자는 환자와의 성적 접촉을 통해, 혈우병 환자와 마약 중독자는 각각 병원체로 오염된 혈액제제와 오염된 주사기를 통해 전염되었기 때문이었다. 많은 연구자들의 관심은 새로운 병원체의 정체에 쏠렸다.

사실 이 병이 처음 지구상에 나타났던 것은 1980년대가 아니라 그보다 훨씬 전인 1950년대부터였다. 훗날 연구에서 1950년대 채취했던 혈액 샘플 속에서 이 병을 앓았던 사람의 것이 발견되었으며, 1960년대 아프리카에서는 카포시 육종(Kaposi's sacoma)에 걸린 사람들이 갑자기 증가했다는 보고도 있었다. 현대 의학자들은 이 병이 20세기 초중반에 지구상에 처음 나타났지만, 1980년대 들어 갑자기 환자수가 급격히 늘어나면서 세상에 알려진 것으로 추측하고 있다. 이 병에 대해 연구했던 사람들은 처음부터 병원체가 세균이 아니라 바이러스의 일종일 것이라 생각했다. 환자의 몸에서 별다른 세균이 발견되지 않은 데다가 혈우병 환자가 사용하는 혈액제제는 세균을 거르는 제균 필터로 걸

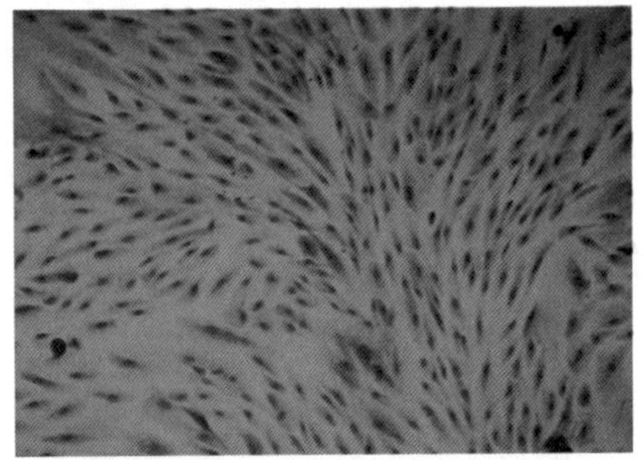

카포시 육종 1872년 헝가리 피부과 의사 모리츠 카포시(Moritz Kaposi)가 처음 명명한 악성 종양의 일종이다. 피부에 자주색 반점 형태의 종양이 나타나는데, 흔히 에이즈의 합병증으로 많이 나타난다.

러서 만들어지기 때문에 그것이 세균으로 오염될 가능성은 거의 없었기 때문이었다. 학자들은 이 새로운 질병에 선정적이고 차별적인 느낌을 주는 그리드(GRID)라는 이름 대신에, 에이즈(AIDS, Acquired Immune Deficiency Syndrome, 후천성면역결핍증후군)이라는 새 이름을 붙여주고 원인 바이러스를 찾는 데 몰두하기 시작했다.

새로운 바이러스 발견에 뛰어들다

에이즈는 처음 진단 당시부터 흥미를 불러일으키는 질환이었다. 그래서 에이즈를 일으키는 원인 바이러스인 HIV를 발견하기 위해 많은 연구자들이 뛰어 들었고, 최초의 발견자 타이틀을 두고 연구자 개인뿐 아니라 미국과 프랑스 정부 사이에서도 신경전이 벌어진 바 있다. 이에 노벨상 수상위원회는 2008년 노벨상 시상대에 미국의 로버트 갤로(Robert Gallo, 1937~) 대신 프랑스의 뤼크 몽타니에(Luc Montagnier, 1932~)와 프랑수아즈 바레시누시(Françoise Barré-Sinoussi, 1947~)를 올리며 이들 사이에 일어났던 최초 소유권 다툼을 정리한 바 있다. 도대체 HIV와 이들 연구자들 사이엔 어떤 일이 있었던 것일까?

1932년 프랑스 샤블리 지방에서 태어난 몽타니에는 1948년 푸아티에대학교 의대에 입학했다. 몽타니에가 의학자의 길을 걷게 된 데에는 어린 시절 겪었던 끔찍한 사고가 결정적이었다. 어린 시절, 트럭에 치이는 커다란 교통사고를 당했는데 혼수상태에 빠졌다가 간신히 목숨을 건졌던 것이다. 당시의 기억은 어린 몽타니에에게 의학에 대한 동경을 갖게 만들었다. 처음에는 그저 자신처럼 의학적 도움이 필요한 사람들을 돕겠다는 막연한 꿈으로 의학 연구를 시작했던 몽타니에는 의대 졸업 후 1955년 파리대학교의 퀴리 연구소에서 조수로 일하면서 바이러스 연구의 매력에 빠져들게 되었다. 이후 바이러스 연구자로써의 경력을 착실히 쌓아가던 몽타니에는 1972년 프랑스 최고의 생물학 연구소인 파스퇴르연구소에 부임해 바이러스의 일종인 레트로바이러스와 항바이러스 기능을 하는 인터페론을 연구하게 되었다. 1980년대 초, 프랑스 내 가장 저명한 바이러스 학자 중 한 사람이 된 몽타니에에게 병원에서 의뢰가 들어왔다. 드문 종류의 악성림프종(혈액암의 일종)을 앓고 있는 환자의 병인(病因)을 밝혀달라는 것이었다. 그 환자는 동성애 남성이었고, 악성림프종 역시 에이즈의 합병증 중 하나였기에 그의 관심은 에이즈를 일으키는 원인으로 모아졌다. 그 즈음 몽타니에는 에이즈의 원인이 바이러스, 그중에서도 레트로바이러스일 것으로 추측했다.

레트로바이러스란 DNA가 아니라 RNA를 유전물질로 가지는 RNA 바이러스의 일종이다. 바이러스는 DNA를 유전물질로 가지는 DNA 바이러스와 RNA를 유전물질로 가지는 RNA 바이러스 두 종류가 존재한다. 바이러스는 스스로 증식하지 못하고, 숙주 세포에 침투한 뒤 그 DNA 속으로 끼어들어가 마치 원래 있었던 DNA인 양 복제되어 증식하고, 숙주 세포의 단백질 합성 시스템을 이용해 자신에게 필요한 단백질을 만들며 살아간다. 바이러스가 기생하는 모든 숙주 세포들은 유전물질로 DNA를 가지므로 DNA 바이러스들은 그대로 숙주의 DNA에 끼어들어가는 것이 가능하지만, RNA 바이러스의 경우 RNA를 DNA로 전환시키는 과정이 필요하다. 이 과정을 '역전사'라 한다. 보통 세포 내에서 일어나는 '전사' 과정이 DNA를 기준으로 RNA를 합성하는 것인데, 이 과정이 거꾸로(reverse) 일어난다 하여 역전사란 이름이 붙었다. 흔히 많은 바이러스들이 숙주 세포를 죽이는 것과는 달리 역전사를 하며 살아가는 레트로바이러스는 숙주 세포 속에 단단히 숨어 숙주를 죽이지 않고 이용만 하기 때문에 면역계가 이들을 잘 인식하지 못해 만성 감염과 숙주 세포의 유전자 변형으로 인한 암의 원인이 되곤 한다. 에이즈를 일으키는 HIV와 C형 간염을 일으키는 hapatitis C(C형 간염바이러스), 백혈병을 일으키는 HTLV-1(인체 T세포 백혈병 바이러스 1형) 등이 대표적인 레트로바이러스이다.

1983년, 몽타니에는 에이즈 증상을 보이는 환자의 림프절에서 샘플을 채취한 뒤 배양하여 역전사 효소가 검출되는지를 관찰하고자 했다. 역전사 효소란 레트로바이러스를 비롯한 RNA 바이러스가 역전사를 하기 위해 꼭 필요한 효소이며, 이것이 없으면 역전사를 할 수 없기 때문에 모든 RNA 바이러스는 반드시 역전사 효소를 지닌다. 크기 1~25mm의 작은 구슬 모양의 림프절은 면역 세포인 림프구들이 모여 있는 곳으로 몸 전체에 약 500여 개가 퍼져 있는데, 주로 겨드랑이, 사타구니, 목, 가슴, 배 등에 집중되어 있다. 감기에 걸렸을 때 종종 겨드랑이나 목 근처가 붓고 열이 나는 것은 이 부위에 많이 모여 있는 림프절들이 바이러스와 대항하여 싸우기 위해

활성화되기 때문이다. 몽타니에는 에이즈 환자들을 면밀히 분석해 본 결과, 이들에게 공통적으로 심각한 면역력의 저하와 특히나 림프구의 일종인 T세포가 급격히 저하된 것으로 미루어 이들 바이러스가 림프구, 그중에서도 T세포를 공격하는 종류의 바이러스임이 분명해 보였다. 미지의 바이러스가 림프구인 T세포를 공격한다면 림프구들이 모여 있는 림프절에는 다른 신체 조직에 비해 바이러스가 많이 모여 있을 터여서 검출이 용이할 것으로 여겼던 것이다.

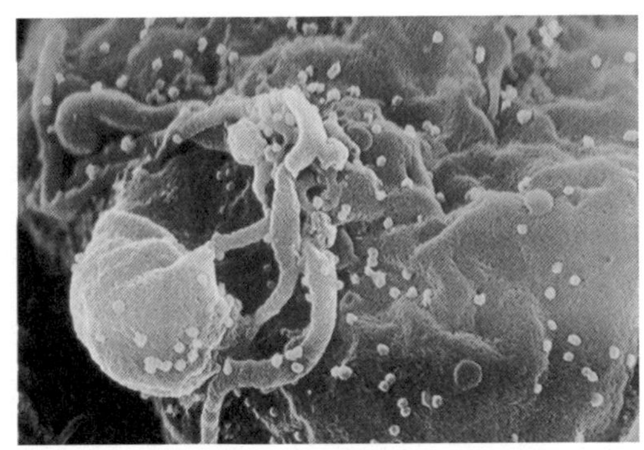
배양 림프구에 침입하는 HIV-1 아체(budding)를 전자 현미경으로 촬영한 사진. 녹색 부분이 HIV-1 아체이다. ©Centers for Disease Control and Prevention

로버트 갤로

몽타니에는 환자의 림프절 추출물을 배양하여 동료 연구자인 바레시누시에게 역전사 효소 검출을 부탁했다. 바레시누시는 배양액 속에서 성공적으로 역전사 효소를 찾아냈고, 곧이어 레트로바이러스의 존재를 확인했으며, 이 바이러스가 인간의 T세포를 감염시킨다는 것까지 확인했다. 이제 남은 것은 이 새로운 바이러스가 정말로 에이즈를 일으키는 원인인지를 밝히는 일이었다. 하지만 문제가 있었다. 이미 3년 전인 1980년, 미국의 바이러스학자 로버트 갤로가 T세포를 감염시키는 바이러스인 HTLV-1의 존재를 확인한 바 있었기에, 몽타니에-바레시누시 팀이 발견한 바이러스가 HTLV-1인지 아닌지를 규명할 필요가 있었다. 갤로는 에이즈의 원인이 바이러스이며, 그중에서도 레트로바이러스일 것이라 예측한 최초의 인물이었다. 몽타니에 역시 갤로의 예측에 동의하고 있었기에 일련의 실험들을 진행한 것이었다. 몽타니에-바레시누시 팀은 갤로 팀과 서로 협력 관계를 유지하고 있었기에 이들은 갤로 팀에게서 HTLV-1와 결합하는 항체를 얻어 자신들이 발견한 바이러스에 처리해 보았다. 만약 이 바이러스가 HTLV-1라면 항체와 결합할 것이고, 아니라면 결합하지 않을 것이기 때문이었다. 실험 결과, 새로운 바이러스는 항체와 결합하지 않았다. 게다가 둘 다 T세포를 감염시키는 것은 동일하지만 HTLV-1가 T세포를 암세포로 변형시켜 무한증식시키는 것과 달리 새로운 바이러스는 T세포를 죽이는 킬러 역할을 하는 것도 관찰되었다. 전자현미경으로 찍은 바이러스의 모습도 HTLV-1라기보다는 렌티바이러스(Lentivirus)에 가까웠다. 렌티바이러스란 라틴어로 '늦다'는 뜻을 지닌 lentus에서 유래된 말로 감염 이후 질병이 발현되기까지 시간이 많이 걸리는 바이러스라는 뜻이었다. 훗날 밝혀진 바에 의하면 실제로 HIV는 렌티바이러스의 일종으로 감염 이후 약 3~12년의 잠복기를 거친 뒤에야 발병하는 매우 '느린' 바이러스였다고 한다. 어쨌든 이러한 차이로 인해 몽타니에-바레시누시는 자신들이 발견한 바이러스가 갤로가 발견한 HTLV-1과 확연히 다른 종류이며 T세포를 공격하는 신종 전염병의 원인이 되는 바이러스라 결론내리고, 이에 LAV(림프절종 관련 바이러스, Lymphadenopathy-Associated Virus)라는 이름을 붙여주었다. 훗날 이 바이러스는 에이즈를 일으키는 바이러스로 증명되었으며, 이름도 HIV(인체면역결핍바이러스, Human Immunodeficiency virus)로 바뀌게 된다.

프랑스의 몽타니에-바레시누시가 LAV의 정체를 밝혀내고 있던 1983년, 미국의 갤로 역시 환자의 혈액에서 에이즈의 원인이 되는 바이러스를 찾아내어 이에 HTLV-3라는 이름을 붙여주었다고 발표했다. 또한 갤로는 이 바이러스의 감염 여부를 손쉽게 알 수 있는 혈액 검사법도 찾아내 특허까지 등록했다. 이 소식을 보고받은 미국 정부와 언론은 "갤로 박사가 에이즈 병원체를 찾아냈다"고 대서특필했으며, 갤로는 순식간에 전 세계의 이목을 끄는 유명 연구자로 떠올랐다. 몽타니에-바레시누시가 발견한 LAV와 갤로가 이름붙인 HTLV-3는 모두 에이즈를 일으키는 HIV였다. 그렇다면 누가 최초의 HIV 발견자일까?

과학의 역사에서 살펴보면 비슷한 시기에 우연히도 서로 다른 과학자가 거의 동일한 연구를 수행하는 경우가 많다. 예를 들어 뉴턴과 라이프니츠는 거의 동시에 미적분학을 고안했고, 다윈과 월리스는 비슷한 시기에 진화론의 개념을 깨달았다. 하지만 이들은 각각의 이론들을 구체화하기 전까지는 서로 연구적인 교류가 없던 관계였으므로 이들의 연구는 우연한 시기에 동시 발생했다고 보는 것이 타당하다. 처음에는 몽타니에-바레시누시와 갤로의 바이러스 연구 역시 이와 비슷한 우연의 소산으로 보였다. 하지만 각 팀에서 발견한 에이즈 원인 바이러스의 유전자 염기서열이 공개되자, 의혹의 씨앗들이 자라기 시작했다. 몽타니에-바레시누시가 발표한 바이러스의 유전자 염기 서열과 갤로 팀이 발견한 바이러스의 유전자 염기 서열이 완전히 일치했던 것이다.

어찌 보면 둘 다 HIV를 발견했으므로 양쪽이 발표한 유전자 염기 서열이 일치하는 것은 당연한 일처럼 보인다. 하지만 HIV 바이러스의 경우, 유전자가 일치된다는 것은 그 바이러스가 같은 종이기 때문이 아니라 그 둘이 하나의 바이러스라는 뜻이 되므로 문제의 소지가 될 수 있다. HIV처럼 RNA를 유전물질로 하는 바이러스는 돌연변이가 매우 빠르게 일어난다. RNA는 DNA에 비해 매우 불안정하기 때문에 돌연변이가 훨씬 빠르게 일어나기 때문이다. RNA 바이러스인 HIV 역시 마찬가지여서 심지어 HIV는 감염원이 같아도 감염자 각각의 유전자 염기 서열이 다를 정도로 유전적 변이가 심하다. 즉 A라는 사람이 B와 C에게 에이즈를 전염시킨 경우라 해도 B와 C에게서 채취한 HIV의 유전자 염기 서열은 각각 조금씩 다르다는 것이다. HIV는 그만큼 돌연변이가 자주 일어나서, HIV 유전자 염기 서열이 얼마나 차이가 나는지를 통해 HIV가 누구한테서 옮겨졌는지 전염 관계도를 그릴 수 있을 정도다. 이처럼 돌연변이가 빠르게 일어나는 HIV의 특성상 유전자 염기서열이 완전히 일치한다는 것은 애초에 그 HIV가 동일한 샘플이었다는 뜻이 된다.

당시 동일하게 레트로바이러스에 대한 연구에 있어 미국의 갤로와 프랑스의 몽타니에-바레시누시는 경쟁을 펼침과 동시에 서로 협력관계를 유지하고 있었다. 이에 이들은 종종 연구 결과뿐 아니라 시료, 즉 바이러스들도 서로 나누어주곤 하는 일이 자주 있었다. 앞서 이야기했듯이 몽타니에가 LAV 발견 시 사용했던 항체도 갤로 측에서 제공한 것이었다. 조사 결과, 갤로가 발견했다는 HTLV-3는 몽타니에가 발견한 LAV와 동일한 것으로 밝혀졌다. 몽타니에는 에이즈 환자에게서 새로운 바이러스를 발견하여 이에 LAV란 이름을 붙여준 뒤, 동일한 연구를 하는 다른 연구팀들에게 이 바이러스를 샘플로 나눠주었는데, 갤로의 연구실도 그중 하나였다. 문제는 갤로가 악의적으로 LAV를 이용했는지, 아니면 실험 중에 우연히 이 바이러스가 섞여 들어갔는지였다. 오랜 동안의 양측은 각국의 정부까지 나서 지루한 '최초' 공방을 벌였다. 극단으로 치달았던 둘 사이의 대립은 결국 갤로가 발견했다는 HTLV-3는 몽타니에가 제공한 LAV였음을 인정하고, 이는 의도적인 것이 아니라 우연한 실수로 인한 결과였음을 받아들이고, 몽타니에 측과 갤로가 서로의 업적을 인정하고 둘이 공동으로 HIV 발견에 대한 자료들을 공통으로 집필해 발표하기로 결정하며 어느 정도 진정되었다.

날카롭게 대립하던 양측이 극적인 타협에 도달한 데에는 소크 박사의 힘이 컸다. 양측 사이에 대립이 격화되자 조나스 소크(Jonas Salk, 1914~1995) 박사가 중재자로 나섰다. 소크 박사는 1953년 소아마비 백신을 만들어 수많은 생명을 구해낸 인물이었다. 소크 박사가 처음 소아마비 백신을 만들었을 때, 수많은 제약회사들이 그에게 러브콜을 보냈다. 그들은 소크 박사에게 자신이 개발한 소아마비 백신에 대한 특허를 획득하여 이를 자신의 회사에 넘기라고 유혹했다. 만약 그가 백신에 특허를 내어 이 특허를 특정 제약회사에 넘긴다면 소아마비 백신은 그 제약회사만 독점 생산이 가능하므로 각각의 회사들은 엄청난 특허권료를 내걸고 소크 박사를 자기네 편으로 끌어들이려고 안간힘을 썼다.

하지만 소크 박사는 눈이 번쩍 떠질 만큼의 엄청난 돈에도 유혹당하지 않고 끝내 소아마비 백신에 대한 특허를 취득하지 않았다. 특허권자가 없는 의약품은 누구나 생산해서 판매할 수 있기 때문에 제약회사들 사이에 경쟁이 붙어 싼 값에 대량생산이 가능하다.

당시 소아마비는 미국 내에서만 해도 연간 5만 명의 환자가 발생할 정도로 흔한 질병이었다. 소크 박사는 백신의 특허로 인해 자신이 벌어들일 이익보다, 특허 포기로 인해 구해낼 수 있는 5만 명의 인생에 더 큰 의미를 부여했던 것이다. 소크 박사의 특허 포기로 소아마비 백신은 빠른 시간 내에 시장에 널리 퍼지기 시작했고, 그로부터 채 반세기도 지나지 않아 소아마비는 전 세계에서 거의 자취를 감추었다. 이처럼 소크 박사는 연구자 개인의 이익이나 유명세보다는 그 연구로 인해 혜택을 받을 수 있는 다수의 대중들을 더 중요하게 생각했던 인물이었기에, 몽타니에

2008년 노벨생리학상 수상자. 왼쪽부터 뤼크 몽타니에, 프랑수아즈 바레시누시, 하라트 추어 하우젠(Harald zur Hausen).

와 갤로를 설득할 수 있었다. 그는 양측이 HIV를 둘러싸고 소유권 다툼과 진단법에 대한 특허 다툼을 벌인다면 HIV 진단법과 치료법 개발은 이 다툼이 결론이 날 때까지 미뤄질 것이며, 그 시간 동안 수많은 사람들이 HIV로 인해 고통받을 것이라 설득했다. 소크 박사의 이러한 설득에 양측은 그간의 서운했던 마음을 접고 서로를 공동 연구자이자 동료로 인정하는 것으로 마무리 될 수 있었다. 물론 연구자 개인들의 이러한 대타협에도 불구하고, 이들이 속한 나라의 정부 사이에서는 여전히 대립의 골은 남아 있었지만 말이다. 그리고 이러한 앙금은 2008년 노벨상 수상위원회가 프랑스의 손을 들어주었고, 갤로 등이 이를 수긍하면서 일단락되었다.

HIV 감염자는 모두 에이즈 환자인가?

이제 에이즈를 일으키는 바이러스는 LAV도 HTLV-3도 아닌 HIV라는 정식 명칭을 가지게 되었다. HIV가 언제 처음 인간에게 감염되었는지 그 기원이 어딘지에 대해서는 여전히 의견이 분분하지만, 가장 사실에 가까울 것으로 부합되는 가설은 아프리카 원숭이 기원설이다. 아프리카 대륙에서 자생하는 푸른원숭이가 지닌 SIV(Simian Immunodeficiency Virus)가 인간에게 유입되면서 돌연변이를 일으켜 HIV가 되었다고 하는 것이다. 실제 에이즈는 아프리카 대륙에서 가장 널리 퍼져 있으며, 서양에서는 주로 남성 동성애자, 혈우병 환자, 마약 중독자 등 특정 부류에 집중되어 에이즈가 발생했던 것과는 달리 아프리카 대륙에서는 남녀노소를 가리지 않고 집단 발병하기 때문에 적어도 HIV의 기원이 아프리카인 것은 확실해보인다. 연구자들은 오랫동안 아프리카 지역의 풍토병이었던 에이즈가 세계화의 물결을 타고 전 세계로 확산되면서 서구에 알려진 것으로 여기고 있다.

앞서 말했듯이 HIV는 레트로바이러스이므로 감염되면, 환자의 T세포로 숨어들어가 역전사 효소를 이용해 숙주 세포인 T세포 속에서 자신의 유전물질을 만들어낸다. 이렇게 T세포 안에서 복제된 HIV는 일단은 있는 듯 없는 듯 지내다가 적당한 시기가 되면 T세포를 파괴하고 쏟아져 나와 주변의 다른 T세포들로 들어가 개체수를 불린다. 일반적으로 바이러스가 몸에 유입되면 T세포를 비롯한 면역 세포들이 이를 인식하고 물리친다. 하지만 HIV의 경우 T세포 속으로 숨어들어 평소에는 자신을 전혀 드러내지 않기 때문에 면역계의 감시망을 피할 수 있다. T세포 속에 숨은 HIV는 그 어떤 면역 세포도 감지할 수 없기 때문이다. 따라서 HIV는 일단 감염된 후, 면역 기능에 의해 저절로 낫는 경우는 기대할 수 없다. 게다가 이들이 숙주 세포로 삼는 T세포 자체가 면역 세포이기에 HIV가 증식하는 과정에서 T세포는 점점 파괴된다. 이로 인해 감염된 환자는 질병이 진행될수록 면역력이 극도로 떨어지게 되고 결국 HIV 자체가 아니라, 지나치게 약화된 면역력으로 인해 폐렴을 비롯한 다른 합병증으로 사망하게 되는 것이다.

일단 HIV에 감염되면 HIV를 몸 안에서 없애는 것은 불가능하기에 초기 '현대판 흑사병'이라는 별명으로 불리곤 했었다. 흑사병(黑死病)이란 설치류에게서 옮겨지는 예르시니아 페스티스(Yersinia Pestis)라는 원인균에 의해 발병하는 질환으로 인류 역사에 기록된 최악의 전염병으로 꼽힌다. 14세기 흑사병의 대유행 시기에는 유럽 지역에서만 7,500만에서 2억 명가량이 사망한 것으로 추정되는데, 이는 당시 인구의 1/4~1/2에 이르는 엄청난 규모였다. 에이즈는 초기 발견 당시에는 별다른 치료법이 없었고 감염원을 제대로 파악하지 못해 감염의 확산 속도도 빨랐기 때문에 현대판 흑사병으로 불리며 전 세계를 공포로 몰아넣었다. 하지만 뒤이어 알려진 사실에 의하면 생각만큼 HIV는 '강한' 바이러스는 아니었다는 사실이 전 세계를 몰아친 패닉을 조금 진정시켜 주었다. 사실 HIV는 바이러스 중에서 가장 감염력이 낮은 편에 속한다. HIV는 일단 인간의 조직을 떠나면 거의 그 즉시 파괴되기 때문에, 환자와 같은 공간에서 생활하거나 악수 정도의 가벼운 신체 접촉을 해도 전염되지 않는다. HIV는 혈액과 성적인 접촉 등의 직접적인 체액 교환이 있는 경우에만 전염된다. 초기 감별된 에이즈 환자가 주로 남성 동성애자, 혈우병환자, 마약중독자 등 특정 층에만 한정되었던 것도 이런 이유 때문이었다. 남성 동성애자들은 일반적이지 않은 성적 접촉으로 인해 이 과정에서 작은 상처를 입을 가능성이 높았기 때문이었으며, 혈우병 환자들은 정기적인 수혈 및 혈액 제제를 사용해서 감염자의 혈액을 수혈받을 가능성이 높았기 때문이었고, 마약 중독자의 경우 소독되지 않은 주사기를 여러번 사용하면서 환자의 혈액으로 오염된 주사기를 이용하는 경우가 생겼기 때문이었다. HIV가 성적 접촉이나 혈액 주입으로 전염될 수 있다는 사실이 알려지면서, 콘돔의 사용을 장려하고 헌혈 시 HIV 검사를 필수화하며 일회용 주사기를 이용하는 것을 장려하면서 에이즈의 확산은 어느 정도 진정되었다. 또한 동시에 HIV 억제에 효과를 보이는 다양한 약물들이 개발되면서 에이즈가 현대판 흑사병으로 진행되는 최악의 시나리오는 피할 수 있었다.

하지만 최악의 시나리오는 피했다 하더라도 이미 HIV는 전 세계에 널리 퍼져 있다. 이는 HIV의 낮은 감염력에 비하면 특이할 만한 현상이다. HIV는 바이러스의 생존에는 도움이 되지 않는 낮은 감염력을 긴 잠복기를 이용해 극복한 케이스이다. HIV는 감염 이후 에이즈 증상이 나타날 때까지 짧으면 3년 길게는 10년 이상의 잠복기를 거치므로 이 기간 동안 자신이 HIV에 감염된 사실을 모르고 콘돔 없이 성관계를 맺거나 헌혈을 하는 등의 행동을 하기 때문이다. 따라서 1980년대 초 처음 에이즈가 알려진 이래, 2008년 기준으로 전 세계 HIV 감염자는 약 3500만 명 정도로 확산되어 있다. 그나마 다행인 것은 HIV에 대응하는 인류의 활동도 30년 전에 비해 많은 진보를 보였다는 것이다. 물론 현재까지 알려진 약물 중에 에이즈를 퇴치하는 특효약은 없다. 하지만 HIV의 활동을 억제하는 다양한 항바이러스제들은 20여 종 이상 개발되었기에 HIV에 감염되었더라도 상당 기간을 무증상 보균자 상태로 살아갈 수 있다.

현재 나와 있는 항바이러스제제는 레트로바이러스가 가진 역전사 효소를 억제하는 역전사 효소 억제제 종류와 HIV가 가지는 단백질 분해 효소를 억제하는 단백질 분해 효소 억제제 종류들이 있다. 이들은 단독으로 사용할 때보다는 몇 가지를 섞어 사용하는 고활성 항레트로바이러스 요법(highly active anti-retroviral therapy, HAART), 일명 칵테일 요법을 사용할 경우 훨씬 효과가 좋다고 알려져 있다. 칵테일 요법을 적절히 사용할 경우, 상당히 오랜 기간 동안 에이즈 발병을 억제할 수 있다. 즉 HIV에 감염은 되었더라도 에이즈 환자로 진행되지는 않을 수도 있다는 것이다. 실제로 미국 LA 레이커스의 전설적 포인트 가드였던 매직 존슨(Earvin Magic Johnson Jr. 1959~)의 경우, 1991년 HIV에 감염된 것으로 알려졌으나 적절한 칵테일 요법을 사용해 현재까지 23년째 에이즈 발병을 억제하며 생존하고 있을 정도다. 따라서 최근에는 HIV에 감염된 이후 에이즈로 발현되지 않은 'HIV 보균자'와 실제 에이즈로 진행되어 발병한 '에이즈 환자'를 구별하여 대응하고 있다.

항바이러스제제가 일정 수준 이상의 효과를 보이게 되자, 문제는 과학적인 것에서 경제적인 것으로 넘어갔다. 칵테일 요법의 1년 치료비는 평균 1만 2,000달러 이상이다. 그러나 전 세계 에이즈 감염인 중 약 70% 정도가 아프리카 지역에 집중된 현실에서 '비싼' 칵테일 요법은 한계를 지닌다. 아프리카, 특히 사하라 사막 이남 지역의 경우 에이즈는 '현대판 흑사병'이라는 위력적인 별칭이 어색하지 않다. 짐바브웨나 보츠와나의 경우 전체 인구의 1/4이, 남아공의 경우 약 500만 명이 에이즈에 걸린 것으로 추정되며, 케냐의 경우 "에이즈 때문에 국가 존립이 흔들린다"고 발표할 정도였다. 따라서 이들 국가에서는 에이즈가 심각한 국력 감소와

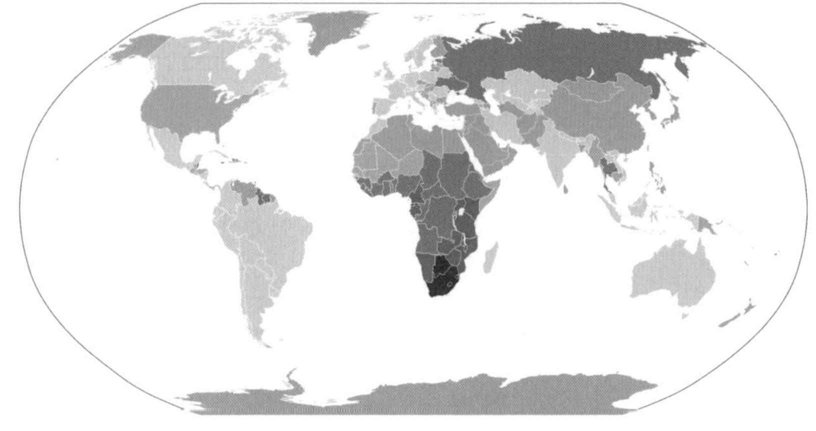

전 세계 HIV보균자와 AIDS 환자 분포도, 2009. 출처: UNAIDS.

국가 경제저하에 막대한 영향력을 미치고 있으나, 값비싼 항바이러스제제로 인해 제대로 된 치료를 받는 이들은 극히 드문 것이 문제이다.

이런 문제로 인해 노벨상 수상자인 몽타니에 등은 최근 치료용 백신의 개발에 박차를 가하고 있다. 변이가 워낙 심한 HIV의 특성상 예방용 백신을 만들어내는 것은 불가능하지만, 잠복기가 길기 때문에 HIV에 감염되었을 때 그가 감염된 HIV의 유전자 정보를 파악해 에이즈로 이행되지 않도록 억제하는 치료용 백신의 개발은 가능한 것으로 점쳐지고 있다. 칵테일 요법의 경우, 평생토록 약을 복용해야 하기 때문에 치료비가 많이 들어가지만 치료용 백신의 경우 3회 접종으로 평생 발병을 억제하는 것이 가능하기 때문에 경제적 부담이 훨씬 덜한 것이 큰 장점으로 꼽히고 있다.

제23장

암을 일으키는 '꼬리'를 발견하다

엘리자베스 블랙번과 텔로미어 이야기

"어, 이상하네?"

1984년 캘리포니아대학교의 한 실험실, 올해 처음 이 연구실에 들어온 젊은 대학원생 하나가 이상한 실험결과에 고개를 갸웃거리고 있었다. 그녀는 이제 막 실험을 배우기 시작한 햇병아리 연구자로 세포 추출물에 특정한 DNA 조각을 넣은 뒤 발생하는 변화를 보는 실험을 하고 있는 중이었다. 일반적으로 세포 추출물 속에 DNA 조각을 넣는 경우, 이들은 세포 내 들어 있는 DNA 분해 효소의 작용으로 잘게 조각나는 경우가 대부분이었다. 그런데 이번엔 이상했다. 그녀가 첨가한 DNA 조각들은 조각나기는커녕 오히려 양이 더 늘어나 있었다. 처음에는 자신이 실수를 했다고 믿었을 정도였다. 하지만 그녀는 분명 정확한 양을 측정해서 넣었고 실수는 없었다. 그렇다면 오히려 마치 자가 증식이라도 하는 양 늘어난 DNA 조각들은 무슨 의미가 있을까? 그녀가 넣은 DNA 조각이 무슨 특별한 존재라도 되는 것일까?

당시 그녀는 자신이 얼마나 위대한 발견을 했는지 알지 못했다. 하지만 이 실험은 그녀를 25년 후, 노벨상 수상대에 올리게 하는 방아쇠가 된 실험이었다. 23살, 갓 대학을 졸업한 새내기 대학원생에게 멀고멀게만 느껴지던 노벨상을 향한 발걸음이 시작된 순간이었다. 그녀는 이 실험에서 암세포의 특성을 나타내는 효소인 텔로머레이스(telomerase)의 그림자를 슬쩍 엿보았던 것이다.

10명 중 3명을 데려가는 죽음의 사자

통계청에서 발표한 '2011년 사망원인통계'에 따르면, 2011년 한 해 동안 우리나라에서 사망한 사람들은 총 25만 7,396명이며, 이 중 7만 1,579명이 악성 신생물, 즉 암으로 사망한 것으로 조사되었다. 이는 전체 사망자의 27.8% 해당하는 수치다. 암은 지난 1983년 처음으로 한국인의 사망원인 1위로 조사된 이래 한 번도 그 순위가 내려간 적이 없으며, 해마다 그 비율도 점점 더 높아지고 있는 실정이다. 암은 이제 10명 중 3명을 저세상으로 인도하는 죽음의 사자로 자리 잡고 있으며, 별다른 이변이 없는 한 앞으로도 이런 추이는 계속될 것으로 보인다. 이는 비단 우리나라만의 문제가 아니다. 세계 주요 국가에서 암으로 인한 사망은 사망 원인 중 꽤 높은 순위를 차지하고 있다. 노벨상의 개설 취지가 '인류에게 이바지한 인물을 기리기 위함'임을 고려해 볼 때 수많은

2009년 노벨생리의학상 수상자들. 왼쪽부터 캐럴 그라이더, 엘리자베스 블랙번, 잭 조스택.

생명을 앗아가는 암에 대해 결정적인 정보를 제시한 이는 노벨상 수상대에 오를 가치가 있을 것이다. 엘리자베스 블랙번(Elizabeth Blackburn, 1948~)과 캐럴 그라이더(Carol Greider, 1961~), 잭 쇼스택(Jack Szostak, 1952~)의 2009년의 노벨상 수상은 바로 이런 취지에 따른 결정이었다.

사실 노벨상은 이전에도 암에 대한 관심을 지속적으로 표현한 바 있다. 2009년 수상 이전에도 노벨상은 여러 번 암 연구자들을 수상자로 지목한 바 있다. 1926년 요하네스 피비게르(Johannes Fibiger, 1867~1928, '암 연구에 공헌'으로 수상), 1966년 찰스 허긴스(Charles Huggins, 1901~1997)와 프랜시스 라우스(Francis Rous, 1879~1970, 암의 원인과 치료에 대한 연구), 1989년 마이클 비숍(Michael Bishop, 1936~)과 해럴드 바머스(Harold Varmus, 1939~, 암 유발 유전자 연구), 2008년의 하랄트 추어하우젠(1936~, 자궁경부암의 발병과 관련된 인간유두종바이러스를 발견한 경로를 발견함) 등을 꾸준히 치하해왔다. 하지만 2009년의 수상자들은 암세포가 형성되는 가장 근본적인 이유를 제시했다는 점에서 수상자로 지목되기에 충분했다.

암, 사람들의 관심을 끌다

사실 암이 사람들의 눈에 띈 것은 꽤 오래전의 일이었다. 암의 영어 이름인 cancer는 그리스어 karkinos에서 유래되었으며, 이는 의학의 아버지인 히포크라테스가 명명했다고 알려져 있다. karkinos는 게(Crab)를 의미하는 말로, 암이 주변 조직에 침투한 모습이 게를 닮았다 하여 붙여진 이름이었다. 고대 이집트에서 발견된 기원전에 제작된 파피루스 문서에서도 '여성의 유방에서 발견되는 차갑고 딱딱한 종괴는 치료가 극히 어렵다'라는 말이 쓰여 있어 당시 사람들도 유방암에 대해 알고 있었음을 알 수 있다. 하지만 암이 어떤 경로로 발병하는지에 대해서는 거의 알지 못했고, 암은 더 많은 사망자를 내고 더 전염성이 강한 다른 병들에 묻혀 많은 연구가 지속되지는 못했다.

암이 처음으로 연구자의 본격적인 관심을 끈 것은 18세기의 일이었다. 당시 영국의 의사였던 퍼시벌 포트(Percival Pott, 1714~1788)는 굴뚝 청소부들 사이에 유행하는 암에 대해 관심을 가지고 있었다. 당시 영국에서는 난방용 연료로 석탄을 이용하는 가정이 늘어나면서 난방이 원활하게 이루어지도록 주기적으로 벽난로의 굴뚝을 청소하는 굴뚝청소부들도 늘어나고 있었다. 굴뚝청소부들은 좁은 굴뚝을 통과해야 하기 때문에 체구가 작은, 즉 어린 빈민가 소년들이 자주 뛰어드는 직업이었다. 그래서 당시 영국 거리에서는 검댕이 묻은 지저분한 옷을 입고 솔을 든 야윈 체격의 소년들을 흔히 볼 수 있었다고 한다. 포트의 관심을 끈 것은 다른 계층의 사람들에는 매우 드물게 나타나는 음낭암이 굴뚝청소부들에게는 자주 발견된다는 사실이었다. 특히나 다른 암 환자들이 대개는 중년을 넘긴 나이가 되어서야 암에 걸리는 것과는 달리 굴뚝청소부들은 20~30대의 젊은 나이에 암에 걸리고 있었다. 굴뚝청소부와 음낭암이라는 독특한 연관성에 포트는 이들이 주로 접하는 석탄 그을음 속에 암을 유발하는 물질이 들어 있을 것으로 추측했다. 이들은 직업상 그을음에 자주 노출될 수밖에 없었는데, 그중에서도 유독 피부가 얇은 음낭 부위로 암 유발 물질이 유입되어 암이 발생하였다는 가설을 세운 것이었다. 당시 포트는 암의 발병 원인을 정확히 밝혀내지는 못했지만, 훗날 그을음 속에 암 유발 물질이 포함되어 있을 것이라는 그의 가설은 정확했음이 밝혀졌다. 굴뚝 청소부들을 젊은 나이에 암으로 숨지게 했던 것은 그을음 속에 포함되어

어린 굴뚝청소부의 모습.

있는 '벤조피렌'이라는 화학물질이었다.

벤조피렌의 존재가 알려지자 과학자들은 체내에서 암을 유발할 수 있는 다양한 물질들을 조사하기 시작했는데, 뒤이어 석면, 타르, 비소, 벤젠, 아플라톡신, 다이옥신 등 다양한 화학물질들이 암 유발 물질, 즉 '발암 물질'의 목록에 추가되었다. 암은 다양한 원인에 의해서 일어났다. 때로는 암은 방사선에 의해 유발되기도 했다. 20세기 초, 방사선 동위 원소인 라듐이 포함된 페인트를 사용하던 여공들에게서 집단으로 암이 일어난 사건을 계기로 하여 방사선이 암을 일으킬 수 있다는 사실이 알려졌다. 발암 물질과 방사선, 이 밖에도 암을 일으키는 요인은 더 있었다. 어떤 종류의 암은 바이러스 감염(인간 유두종 바이러스(자궁경부암), B형 & C형 간염바이러스(간암), 인체 T세포 백혈병 바이러스(인체T세포 백혈병) 등)에 의해 발생되기도 하고, 유전적 요인(특정 종류의 유방암과 대장암 등)에 의해 일어나기도 하며, 지나친 자외선 노출은 피부암의 원인이 되기도 한다. 이처럼 암을 일으키는 요인은 매우 다양하다. 하지만 이들이 체내에서 암을 일으키는 원리는 모두 같다. 이들은 모두 DNA를 손상시켜 돌연변이를 일으키는 물질이며, 돌연변이 암세포가 만들어지면 암이 시작되는 것이다.

염색체 말단은 무슨 역할을 할까

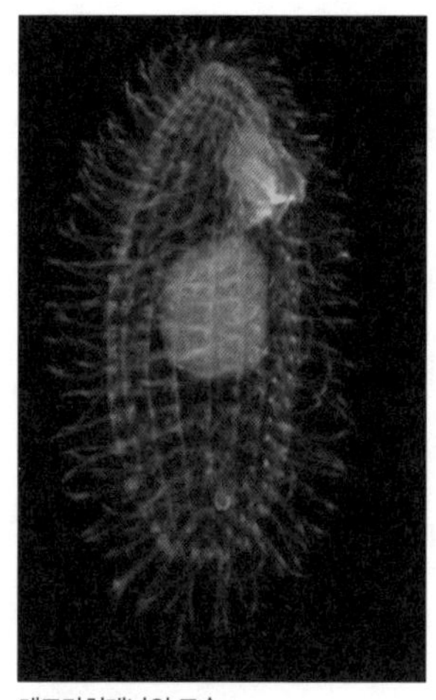
테트라히메나의 모습

정상 세포가 암세포로 변모하는 근본 기작을 밝혀 2009년 노벨상 시상대에 오른 3명의 연구자 중 하나인 엘리자베스 블랙번은 오스트레일리아의 호바트 지역에서 의사의 딸로 태어났다. 오스트레일리아의 멜버른대학교에서 학사와 석사 학위를 받은 블랙번은 이후 영국의 케임브리지대학교로 유학하여 1975년 분자생물학으로 박사 학위를 받았다. 학위를 딴 이후 블랙번은 다시 활동 무대를 미국으로 옮겨 예일대학교의 조지프 갈 연구소에서 박사 후 과정을 밟게 된다. 젊은 연구자였던 블랙번은 이곳에서 그녀의 연구 일생에 중요한 역할을 할 만남을 가지게 된다. 그것은 테트라히메나(Tetrahymena)와의 만남이었다. 테트라히메나란 물속에 사는 원생동물의 일종으로 몸길이가 약 40~160μm에 불과한 단세포 생물이다. 테트라히메나는 인위적인 번식이 쉽고 유전적으로도 안정해서 현재는 유전학과 분자생물학 연구에서 자주 사용되는 실험동물이지만, 블랙번이 처음 테트라히메나를 접했던 당시에는 아직은 낯선 생명체였다. 블랙번은 먼저 테트라히메나의 유전적 특성을 연구하기 시작했다. 그러던 중, 그녀는 테트라히메나의 염색체 끝에서 특이한 패턴이 나타난다는 사실을 발견했다. 테트라히메나의 염색체 말단에서는 CCCCAA라는 염기서열이 반복적으로 나타났다. 순간, 그녀는 이러한 동일 패턴의 염기쌍 반복이 생명의 비밀을 푸는 데 중요한 열쇠가 될 것임을 직감했다.

염색체에는 생명체의 몸을 구성하는 단백질을 만드는 정보, 즉 유전자 정보가 들어 있다. 하지만 염색체가 모두 유전자로 꽉 차 있는 것은 아니다. 사실 염색체 상에서 유전자가 차지하는 비율은 전체의 3% 정도에 불과하다. 나머지 97%는 유전자 기능을 하지 않는 부위들로 채워져 있다. 특히나 염색체의 양 끝 부분, 즉 염색체 말단 부위에는 유전자가 위치하지 않는다. 하지만 유전자가 없다고 해서 이 부위가 의미가 없는 것은 아니었다. 도약 유전자의 존재를 밝혀 1983년 노벨 생리의학상을 받은 바바라 매클린톡은 1930년대 염색체를 관찰하다가 말단 부위가 제거된 염색체는 DNA 복제를 하지 못해 세포 분열이 제대로 이루어지지 못한다는 것을 관찰한다. 역시 1930년대 초파리를 통해 유전학 연구를 하던 헤르만 뮐러는 염색체의 말단 부분이 심하게 손상되면 세포가 생존하지 못한다는 사실을 발견하고, 이 부위를 텔로미어(telomere)라고 부를 것을 제안했다. 텔로미어란 그리스어로 '끝'을 의미하는 단어인 telos와 '부분'을 의미하는 meros의 합성어로 말 그대로 '끝부분'이란 뜻의 단어였다. 염색체에서 텔로미어 부분이 제거되면 염색체는 제대로 복제되지 못했다. 하지만 텔로미어가 왜 존재해야 하는지, 그리고 어떤 기작에 의해서 DNA 복제를 조절하는 것인지는 모르는 상태로 시간은 흘러갔다.

텔로미어의 존재 의미가 다시 수면 위로 떠오른 것은 20세기 중반 이후였다. 1961년 레너드 헤이플릭은 인간의 섬유아세포를 분열시키는 실험을 통해, 아무리 이상적인 세포 분열 조건을 맞추어 주어도 세포가 일정 횟수 이상 분열을 한 뒤에는 더 이상 분열하지 못하고 사멸하는 현상을 관찰하였다. 세포의 기원에 따라서 더 이상 분열하지 못하고 사멸하는 분열 횟수가 정해져 있었다. 이렇게 세포가 특정 횟수 이상 분열하지 못하고 사멸하는 현상을 '헤이플릭 분열한계'라고 하는데, 정상적인 세포라면 모두 일정한 횟수의 헤이플릭 분열한계를 지니고 있다.

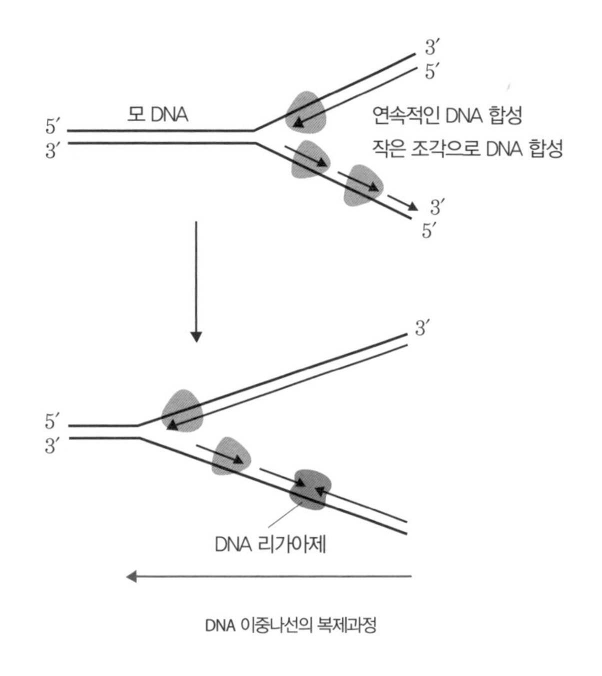

DNA 이중나선의 복제과정

세포가 헤이플릭 한계를 지닐 수밖에 없는 이유는 DNA의 이중나선 구조를 밝힌 제임스 왓슨에 의해 제시되었다. 1972년 그는 세포 분열시 DNA가 완벽히 복제되지 않으며, DNA는 세포가 분열할 때마다 조금씩 짧아진다는 사실을 제시했다. 이런 현상이 일어나는 이유는 DNA가 지닌 방향성 탓이었다. DNA는 세포 분열시 이중나선이 풀리면서 각각의 사슬을 주형으로 하여 거기에 상보적인 새로운 사슬이 만들어지는 방식으로 복제된다. 새로운 DNA 사슬을 만드는 DNA중합효소는 방향성이 있어서 5′→3′ 방향으로 DNA 사슬을 만드는 데는 문제가 없지만, 반대 방향인 3′→5′ 쪽으로는 DNA 사슬을 만들지 못한다. 따라서 할 수 없이 반대 방향의 DNA 사슬은 이중나선이 조금씩 풀릴 때마다 5′→3′ 방향으로 짧은 사슬들을 여러 개 만들어 이를 하나로 이어서 복제하는 복잡한 과정을 거쳐야만 한다. 그런데 이런 식으로 반대 방향으로 DNA 조각들을 복제하다 보면 DNA가 다 풀리는 순간의 마지막 부분은 채 복제하지 못한 채 DNA 합성이 끝나게 된다. 따라서 세포들은 한 번 분열할 때마다 염색체의 가장 마지막 부위를 잃어버리게 되는데, 세포분열이 반복될 때마다 염색체 말단 부위는 점점 짧아지게 된다. 이를 왓슨은 말단 복제 문제(end-replication problem)라 말했다. 세포가 분열할 때마다 염색체 끝 부분이 점점 짧아지게 된다면, 우리는 이 부위에 존재하는 유전자를 잃을 것이다. 따라서 정상적인 기능을 할 수 없을테고, 세포는 더 이상 분열하지 못하고 죽게 될 것이다. 하지만 헤이플릭 한계에 도달해 사멸하는 세포라 해도 유전자의 전체 기능에는 문제가 없었다. 도대체 염색체 끝 부위에는 무슨 비밀이 숨겨져 있는 것일까?

스승과 제자, 최고의 콤비를 이루다

1978년 미국 캘리포니아대학교의 분자생물학과에 자리를 잡은 블랙번은 본격적으로 테트라히메나의 염색체 말단 부분에 대한 연구를 하게 되었다. 그녀는 테트라히메나의 DNA 염기 서열 분석을 통해 염색체 말단 부위에 CCCCAA라는 염기가 반복적으로 배열된다는 사실을 알고 있었다. 반복 횟수는 개체마다 달랐지만 모든 살아 있는 테트라히메나는 이 염기서열을 지니고 있었다. 이 염기서열은 테트라히메나의 텔로미어였다. 테트라히메나의 텔로미어를 연구하던 1980년, 블랙번은 자신처럼 염색체 말단 부위에 관심을 가진 또 다른 연구자를 만나게 된다. 캐나다 출신으로 하버드 의대 암 연구소에서 일하는 잭 조스택이었다.

블랙번과 공동 연구를 시작한 조스택은 블랙번이 발견한 테트라히메나의 텔로미어의 역할을 찾아냈다. 일반적으로 생물체들은 체내에 다른 생명체의 DNA가 들어오면 유전 정보가 혼동되는 것을 막고자 이를 조각낸다. 예를 들어 효모에 테트라히드라의 DNA 가닥을 넣어주면 효모는 이를 잘게 조각내 버린다. 그런데 테트라히드라의 DNA 가닥 양 끝에 텔로미어를 붙여서 넣어주면 효모는 이를 조각내지 못한다. 이를 통해 텔로미어는 DNA를 안정화시키고 지켜주는 보호캡 역할을 한다는 사실을 알아내게 된다. 또한 이들은 효모에서도 역시 동일한 염기서열이 반복되는 텔로미어 구조를 찾아낸다. 심지어 효모의 텔로미어는 테트라히메나의 텔로미어와 염기서열까지 거의 흡사했다. 텔로미어는 테트라히메나만의 특이한 구조가 아니라 거의 모든 생명체에서 DNA를 보호하기 위해 존재하는 부위라는 강한 확신이 들었다.

그러던 중 1984년, 훗날 또 한명의 노벨상 수상자가 될 젊은 연구자가 블랙번의 제자로 실험실에 들어오게 된다. 그녀의 이름은 캐럴 그라이더, 1961년 생인 그라이더는 당시 겨우 스물세 살에 불과했지만, 그녀는 바로 그해 훗날 노벨상 수상의 기초가 되는 중요한 발견을 해내게 된다. 시작은 평범했다. 그라이더는 블랙번의 지도하에 테트라히메나의 텔로미어를 인공적으로 합성해 이를 세포를 분쇄해서 얻은 세포 추출물에 섞어 보았다. 그런데 이상한 일이 일어났다. 얼마간의 시간이 지난 후, 세포 추출물을 살펴보니 텔로미어의 양이 늘어나 있었다. 아주 잠깐 처음에 텔로미어를 첨가할 때 농도를 잘못 계산했나 싶었지만, 그런 것은 아니었다. 반복된 실험에서도 동일한 결과가 나왔기 때문이다. 마치 마술같았지만, 마술은 분명 아닐 터였다. 텔로미어가 처음에 넣어 준 양보다 늘어났다면 답은 한 가지뿐이었다. 그건 텔로미어가 새로이 합성되었다는 뜻이며, 이는 세포 추출물 속에 다시 말해서 세포 속에는 텔로미어를 합성할 수 있는 효소가 들어 있다는 뜻이 된다. 이 사실에 고무된 블랙번과 그라이더는 수년 동안 텔로미어를 합성하는 효소를 찾기 위해 공을 들였고, 결국 1987년 마침내 그들은 단백질과 RNA로 이루어진 텔로미어 복제효소인 텔로머레이즈(telomerase)를 찾아내는데 성공한다.

진시황이 그토록 찾아 헤매던 것

사람을 비롯해 모든 진핵세포(세포에 핵이 존재하는 세포)로 이루어진 생명체들은 모두 텔로미어를 가진다. 이 텔로미어는 6~8개의 특정한 염기 서열이 수백, 혹은 수천 개가 반복되어 이루어지는데, 텔로미어는 DNA를 안정화시키고 보호하는 역할을 수행한다. 마치 손 끝에 손톱이 있어서 손끝 피부를 보호하는 것처럼 DNA로 이루어진 염색체 끝에는 텔로미어가 존재해 염색체를 안정시켜주고 유전자가 손상을 입는 것을 막아준다. 세포가 분열될 때마다 말단 복제 문제로 인해 텔로미어의 길이는 점점 짧아지는데, 텔로미어 자체에는 유전자가 포함되어 있지 않으므로 유전 정보는 손상되지 않는다. 하지만 분열을 거듭해 텔로미어의 길이가 일정 수준 이하로 짧아져 유전 정보의 손상이 염려되는 시기에 도달하면, 세포는 더 이상 분열하지 않는 상태로 머무르거나 (이러한 현상을 세포의 '노화'라고 부른다) 혹은 더 이상의 생명 활동을 정지하고 사멸하게 된다. 신체를 구성하는 대부분의 세포들은 이러한 과정을 따른다. 앞서 언급한 헤이플릭 한계는 이 때문에 일어나는 현상이었다. 하지만 예외도 존재한다. 세포 중에는 분열을 거듭해도 텔로미어가 짧아지지 않아서 다른 세포들보다 더 많이 분열이 가능한 세포가 있다. 줄기 세포와 생식 세포가 그들이다. 줄기 세포와 생식 세포는 다른 세포로 분화하거나 혹은 후손을 남기는 역할을 하는 세포이므로 보통의 세포들에 비해 더 많이 분열해야 하고 더 정확한 DNA 배열을 유지해야 한다. 따라서 이들 세포에서는 세포 분열시마다 짧아지는 텔로미어를 보충해서 다시 자라나게 하는 효소인 텔로머레이스가 활성화되어 있기 마련이다.

하지만 여기서 의문이 생긴다. 인간의 염색체 속에는 텔로머레이스를 만드는 유전자가 포함되어 있다. 하지만 왜 이 텔로머레이즈가 줄기 세포와 생식 세포에서만 활성을 나타나고, 다른 세포에서는 기능을 하지 않는 것일까? 만약 텔로머레이스가 다른 세포에서도 활성을 나타낸다면 세포들은 계속해서 분열이 가능할 테고, 세포가 노화되는 일은 없을 것이다. 이미 헤이플릭의 실험을 통해 같은 섬유아세포라 하더라도 어린 아기 시절에 채취한 섬유아세포는 70회 정도 분열하지만, 노인에게서 채취한 섬유아세포는 20회 정도만 분열한 뒤 사멸함이 알려져 있었다. 이는 노인의 세포에서는 텔로미어의 길이가 짧아져 있기 때문에 일어나는 현상이다. 만약 텔로미어가 원래의 길이를 계속 유지할 수 있다면, 노인에게서 채취한 세포도 얼마든지 더 분열할 수 있을 것이고, 그렇다면 인간이 가장 두려워하는 것인 노화와 죽음의 공포에서 해방될 수 있을지도 모를 터였다. 어쩌면 우리는 진시황이 그토록 바랐던 불로불사(不老不死)의 비밀을 밝혀낸 것인지도 몰랐다. 곧이어 디스케라토시스 콘제니타(dyskeratosis congenital)라는 희귀한 조로증(早老症)이 텔로미어의 이상으로 인해 발생한다는 사실이 알려지면서 이 기대는 더욱 커졌다. 하지만 이 두근두근한 기대가 실망으로 바뀌는 데는 그리 오랜 시간이 필요하지 않았다. 보통의 체세포에서 텔로머레이스가 활성화되는 순간, 세포는 기대와는 달리 무시무시한 죽음의 사자로 바뀌었기 때문이다.

텔로머레이스, 죽음의 사자가 되다

일반적으로 신체를 구성하는 모든 세포의 염색체 속에 텔로머레이스를 만들 수 있는 유전자가 존재하지만, 대개의 경우 이 유전자는 비활성화 상태로 존재한다. 사람이 지닌 23종류의 염색체 중, 17번 염색체에 존재하는 p53이라는 유전자는 텔로머레이스의 활성을 막는 강력한 억제자다. p53은 염색체를 안정시켜서 돌연변이가 형성되는 것을 막는 유전자로, 암의 억제 인자로 작용하기 때문이다. 그런데 일정 농도 이상의 화학물질이나 방사선 등, DNA 구조를 파괴할 수 있는 물질이 유입되게 되면 이로 인해 돌연변이가 생겨날 수 있다. 그중에서는 p53의 활성은 떨어진 대신, 텔로머레이스의 활성은 증대되는 돌연변이도 생겨날 수 있는데, 이들은 불멸(immortal)의 존재가 되어 끊임없이 분열을 거듭하게 된다. 그리고 우리는 이러한 세포들을 일컬어 암세포라고 부른다. 하나의 세포가 주어진 죽음의 운명에서 벗어나 불멸의 존재가 되는 순간, 오히려 전체 개체를 죽이는 치명적인 암세포로 변모하는 것이다. 각각의 세포가 영원성을 얻으면 그 세포가 구성하고 있는 개체 자체는 오히려 죽음이 앞당겨진다는 것은 지독한 아이러니다.

블랙번과 그라이더, 조스택의 연구로 인해 암세포가 지닌 결정적인 특징이 드러났다. 암세포란 텔로머레이스의 활성으로 인해 텔로미어가 짧아지지 않아 노화와 죽음의 사슬에서 비켜선 세포란 것이었다. 이로 인해 이들은 인류에게 암을 치료할 수 있는 결정적이고도 가장 자연스러운 방법을 제시했다. 모든 암세포들을 텔로머레이스가 활성화 되어 있다, 텔로머레이스가 비활성화된다면 암세포들도 보통의 세포와 마찬가지로 텔로미어의 길이가 줄어들면서 헤이플릭 한계를 벗어날 수 없기에 사멸의 길로 들어설 것이다. 만약 텔로머레이스를 억제할 수 있는 약물이 개발된다면, 고통스럽고 힘든 수술이나 항암 치료 대신 단지 시간을 두고 기다리는 것만으로도 암세포가 저절로 사멸해서 사라지는 놀라운 기적을 경험할 수 있을지도 모른다.

앞서 말했듯이 텔로머레이스가 신체를 구성하는 '모든' 세포에서 비활성화 되어 있는 것은 아니기에 물론 텔로머레이스의 활성을 억제하는 것은 또다른 부작용을 가져올 가능성도 있다. 하지만 텔로머레이스 활성은 암세포를 규정짓는 가장 큰 특징이기에 이를 암에 대한 공격 포인트로 삼는 것은 효율적인 전략이 될 수 있다. 수많은 사람들을 죽음으로 이끄는 암을 공격할 효과적인 공격 지점을 찾아냈다는 것, 그것이 그들이 노벨상의 영광을 누릴 충분한 이유인 것이다.

제24장

모든 부모에게 생명의 축복을!

로버트 에드워즈와 시험관 아기

1978년 7월 25일 영국의 올드햄 종합병원 산부인과 수술실. 만삭의 임산부가 제왕절개 수술을 받고 있었다. 일상적인 수술실 광경이 지나갔고, 드디어 엄마의 자궁 밖으로 아이가 꺼내졌다. 일순 모든 사람들은 숨을 죽이고 아이에게 모든 시선을 집중했다. 이제 막 세상과 마주한 아기는 잠시 숨을 고르는가 싶더니 반가운 첫울음을 터트렸다. 순간, 수술실 안에서는 기쁨과 놀라움, 그리고 자부심이 배인 탄성들이 쏟아져 나왔다. 갓난아이의 첫울음은 세상과 마주하는 최초의 행위라는 특별한 축복이 부여된다. 하지만 이 아기의 첫울음은 그 축복 위에 또 다른 희망의 몸짓이 더해져 있었다. 이 아이는 세상 수많은 난임 부부들에게 희망의 메시지를 온몸으로 전하는 기쁨의 전령사였기 때문이다.

흔히 아이는 사랑의 결실로 불린다. 신체 건강한 두 남녀가 만나 사랑을 하게 되면 그 결실로 아이라는 새 생명이 잉태되기 마련이므로.

하지만 모든 일에 예외는 있는 법이어서 세상에는 간절히 사랑하고 애절히 원하면서도 아이를 갖지 못해서 슬퍼하는 이들도 많다. 생명 탄생에 대한 생물학적 지식이 부족하던 시절에는 아이는 '하늘이 점지해주는 것'이라 여겼기에, 오지 않는 아이를 하염없이 기다리기만 할 뿐이었다. 하지만 21세기를 사는 예비 부모들은 아이를 기다리는 시간이 길어지면 의사를 찾아간다. 현대의 산부인과 의사는 이제 임산부를 돌보고 아이를 받아주는 일에 더해 그 옛날 황새들이 하던 일(아이를 물어다주는 일)까지도 충실히 수행하고 있기 때문이다. 그리고 이들에게 황새의 역할을 넘겨주는데 결정적인 역할을 한 이가 바로 로버트 에드워즈(Robert G. Edwards, 1925~2013)였다. 그리고 에드워즈는 그 공으로 2010년 노벨 생리의학상의 주인공이 되었다.

군인에서 과학자로, 삶의 방향을 수정하다

전 세계 수많은 난임부부들에게 희망을 안겨주는 역할로 노벨상을 수상한 영국의 생리학자 로버트 에드워즈는 1925년 영국의 맨체스터 지방에서 태어났다. 일반적으로 많은 노벨 과학상 수상자들이 어린 시절부터 과학자의 꿈을 키우고 공부를 시작했던 것과는 달리, 에드워즈가 처음 선택한 삶의 방향은 군인이었다. 열아홉 살에 영국군에 입대한 에드워즈는 4년간의 군복무 생활을 마친 뒤, 스물네 살이던 1949년이 되어서야 대학에 다니기 시작했다. 그가 어떤 이유로 군인에서 과학자로 삶의 방향을 전환하기로 마음먹었는지 알 수 없지만, 그의 이런 결심은 훗날 그의 인생뿐 아니라 전 세계 많은 난임 부부들의 삶도 변화시키는 결정적 계기로 작동하게 된다. 웨일즈대학교를 거쳐 에든버러대학교 대학원에 진학한 에드워즈는 1957년 동물생리학 분야로 박사 학위를 취득한다. 그의 박사 학위 주제는 쥐의 불임과 인공적인 번식 방법에 대한 연구였다. 이후 케임브리지대학교에서 교수로 재직하던 에드워즈는 1968년부터 패트릭 스텝토(Patrick Steptoe, 1913~1988) 박사와 함께 향후 노벨상 수상의 근거가 될 공동 연구를 시작하게 된다.

패트릭 스텝토(좌)와 로버트 에드워즈, 1979. ©Getty Images.

당시 영국의 올드햄종합병원에서 산부인과 의사로 근무하고 있던 스텝토는 아이가 생기지 않아 고민하던 많은 부부들을 접하고 이들을 도울 방법을 고민하고 있었다. 특히나 그의 관심사는 나팔관이 막혀서 아이를 가질 수 없는 여성들이었다. 일반적으로 인간의 수정은 자궁과 난소를 잇는 가느다란 관인 나팔관에서 이루어진다. 여성의 몸속으로 들어간 정자가 자궁을 거슬러 나팔관까지 올라가 난자를 만나 수정란을 형성하기 때문이다. 나팔관은 이처럼 난자를 자궁으로 이동시키는 통로일 뿐 아니라, 수정이 이루어지는 중요한 장소다. 그런데 나팔관은 매우 가늘기 때문에 난관 주위의 염증이나 자궁내막증 등으로 인해 막히는 경우가 종종 발생한다. 나팔관이 막히면 난자의 이동 경로가 막히기 때문에 수정이 일어날 수 없어 자연적인 임신은 불가능해진다. 한 번 막힌 나팔관은 저절로 뚫리지 않으며 매우 가늘어서 수술로도 복원하기가 극히 어렵기 때문에 나팔관 폐쇄증을 지닌 여성은 난소와 자궁에는 아무런 이상이 없어도 아이를 가질 수 없는 고통에 시달리게 된다. 이런 여성들의 처지에 안타까움을 느끼던 중, 스텝토는 에드워즈가 생쥐의 체외에서 수정란을 만들고 이를 다시 암컷 생쥐의 자궁 속으로 이식해 착상시키는 데 성공했다는 소식을 접하게 된다. 순간 그의 머릿속에 한 줄기 섬광이 지나갔다. 에드워즈가 생쥐에게서 성공한 기술, 이를 인간에게 적용시키면 어떨까?

체외 수정술을 발전시키다

그렇게 해서 산부인과 의사인 스텝토와 동물의 수정과 출산에 관련된 생리적 기작에 대해 전문가였던 에드워즈가 만나 공동 연구를 시작하게 된다. 이들의 목표는 나팔관 폐쇄증을 가진 여성의 임신이었다. 난자를 만드는 난소와 아이를 키우는 자궁에는 이상이 없지만, 나팔관이 막혀 아이를 가질 수 없는 여성들을 임신시키는 것이었다. 이를 위해 필요한 것은 체외 수정술(In Visto Fertilization-embryo transter, IVF)을 확립시키는 것이었다.

임신이 잘 되지 않는 경우에 시도하는 시술들을 통틀어 보조 생식술이라고 한다. 생식 기능을 보조하는 기술이라는 의미다. 현재 사용되고 있는 보조 생식술에는 인공 수정과 체외 수정, 2가지 방법이 있다. 인공 수정이란 정자를 성관계가 아닌 다른 방법을 이용해 여성의 자궁 깊숙이 직접 넣어주어 수정이 좀 더 쉽게 일어나도록 유도하는 것이고, 체외 수정이란 난자와 정자를 모두 채취하여 체외에서 수정시킨 뒤, 수정이 일어난 수정란이나 배아를 자궁에 이식하는 방법이다. 다시 말해 난자와 정자가 만나는 곳이 엄마의 몸속이면 인공 수정, 몸 밖의 시험관이면 체외 수정으로 구분된다.

역사적으로 살펴보면 인공수정은 200년이 넘는 역사를 가진 오래된 방법이었다. 특히나 또한 동물을 대상으로 하는 초보적인 형태의 인공 수정의 역사는 이보다도 더 이전으로 거슬러 올라간다. 옛사람들도 유전의 원리를 알지 못했지만, 좋은 형질을 가진 동물들을 교배시키면 역시 좋은 형질을 가진 새끼가 태어난다는 것을 경험적으로 알고 있었기에 오래전부터 이를 이용하여 품종 개량을 시도했다. 여기서 사람들이 주목한 것은 수컷의 정액이었다. 당시에는 정액 속에 무엇이 들어 있는지는 정확히 알지 못했지만, 수컷의 정액을 받아 암컷의 자궁 속에 넣어주기만 하면 굳이 짝짓기를 하지 않아도 새끼가 태어난다는 사실이 사람들 사이에 알려져 있었다. 그래서 이미 14세기 아라비아에서는 암말의 질 속에 솜을 넣어두고 수말과 짝짓기를 시켰다가, 이 솜을 꺼내 다른 암말의 질 속에 넣어 수정을 유도하는 초보적인 형태의 인공수정

방법이 사용되었을 정도로 인공수정은 오랜 역사를 가지고 있었다.

인간 역시 생물학적으로는 동물들과 크게 다르지 않은 몸을 지니고 있기에, 동물에게서 이용된 인공적인 임신 유도 방식이 사람에게도 적용될 가능성은 충분히 있었다. 특히나 1677년 네덜란드의 안톤 판 레이우엔훅(Antonie van Leeuwenhoek, 1632~1723)이 자신이 만든 현미경을 통해 처음 정액 속에 든 정자의 존재를 관찰한 뒤, 올챙이처럼 생긴 정자 속에 아주 작은 인간이 들어 있을 것이고, 이 '정자 인간'이 여성의 자궁 속으로 들어가 아이로 자라난다는 믿음이 사람들 사이에 널리 퍼져 있었다. 정자 속에 인간의 씨앗이 들어 있다면, 이는 성관계를 하지 않더라도 정자를 자궁 속으로 넣어주기만 하면 임신이 가능할 것이라는 믿음을 가지게 만들었다. 실제로 이에 착안하여 1790년대 영국의 존 헌터는 질의 이상으로 인해 정상적인 성교가 불가능한 부인에게 남편의 정자를 인위적으로 주입하는 초보적인 인공 수정을 실시했다는 기록이 남아 있다. 또한 1953년 셔먼(Shemen)이 인간의 정자 역시 동물의 것과 마찬가지로 동결 후에도 생식력이 보존되는 것을 밝혀낸 이후 인공 수정은 급속도로 퍼지기 시작했다. 1963년 국제유전학자회의는 냉동 정자를 통해 정상아의 출산이 가능함을 공표했고, 이때부터 정액을 냉동하여 보관하는 정자 은행이 설립되고 인공 수정도 보편화되기 시작했다.

인공 수정 역시 보조 생식술의 한 방법이기는 하지만, 정자의 이동거리를 줄여줄 뿐 이후의 수정 과정이 모두 여성의 몸속에서 일어나기 때문에 나팔관 폐쇄증을 가진 여성에게서는 소용이 없는 방법이었다. 이들이 임신할 수 있는 유일한 방법은 나팔관의 기능, 즉 난자와 정자가 만나 수정이 이루어지고 수정란이 이동하는 통로의 역할을 외부에서 대신해줄 수밖에 없었다. 그러기 위해서는 난자와 정자를 몸 밖으로 꺼내어 체외에서 수정시키고, 이렇게 만들어진 수정란을 다시 자궁 안으로 넣어주는 체외 수정의 방법이 필요했다. 하지만 몸 안에서 일어나는 수정 과정을 몸 밖에서 인위적으로 일어나게 하기 위해서는 여성의 배란에 관여하는 호르몬들의 조율과 수정시의 화학적 변화, 수정란의 초기 발생을 위한 다양한 조건들에 대한 지식들이 모두 갖춰져야만 한다. 따라서 스텝토와 에드워즈의 도전은 처음부터 그다지 만만하지 않은 도전이었다.

배란을 둘러싼 호르몬의 오케스트라

먼저 이들이 주목한 것은 여성의 배란 시스템에 대한 이해였다. 일반적으로 남성은 사춘기 이후에는 지속적으로 정자를 만들어내지만, 여성의 경우 생리 주기당 단 1개의 난자만을 만들어낼 뿐이다. 이때 난자의 배란은 절묘한 균형의 묘미를 무엇인지를 깨닫게 한다. 배란이 정상적으로 되기 위해서는 다양한 호르몬들이 필요한 시기에, 정확히 필요한 만큼만 분비되어야 하기 때문이다. 배란과 관계된 대표적인 호르몬은 난포자극호르몬(FSH), 황체형성호르몬(LH), 에스트로겐(estrogen), 프로게스테론(Progesteron)이라는 4가지다. 이들의 분비량에 따라 난자가 성숙되어 배란되고, 임신에 대비하여 자궁 내막이 부풀어 오르며, 임신이 아닌 경우 자궁 내막이 탈락하여 월경이 나타난다.

가장 먼저 분비되는 것은 FSH다. FSH는 뇌하수체에서 분비되는데, 혈액을 타고 난소로 내려가 난소가 가진 난포들을 자극하는 역할을 한다. 난포란 어린 난자를 싸고 있는 일종의 주머니로, 난소 속에는 이런 난포들이 가득 들어 있다. FSH의 자극을 받으면 난소는 가지고 있던 여러 개의 난포들 중에 딱 하나만을 골라 성숙시킨다. 선택된 난포

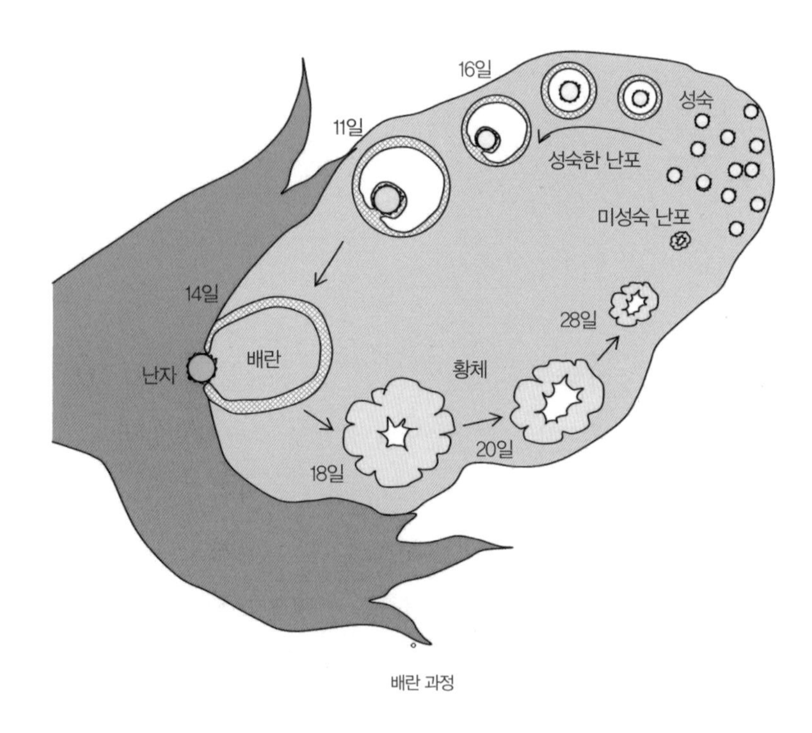

배란 과정

는 자라나서 배란을 위해 난소 표면으로 서서히 옮겨가는데 그래서 배란기가 다가오면 난소 표면이 불룩해지는 현상이 나타나게 된다. 난포 속에 든 어린 난자는 마치 인간의 아이가 양수 속에 둥둥 떠 있듯이 난포가 분비하는 난포액에 담겨 있다. 난포액은 난자가 마르지 않게 하고 난자를 성장시키는 일종의 영양액이다. 난포 속에서 난포액의 도움을 받아 성장을 마친 난자는 마치 어린 새가 알을 깨고 태어나듯, 그간 키워주고 보호해주었던 난포를 뚫고 나와 나팔관 속으로 정자를 만나러 떠나게 된다. 이것이 바로 배란이다. 하지만 난자가 떠났다고 해서 난포의 역할이 끝나는 건 아니다. 난자가 떠나고 쭈그러진 난포는 황체형성호르몬(LH)의 자극을 받아 노란색의 황체(黃體, corpus luteum)로 변모한다. 이 황체는 황체 호르몬(프로게스테론, progesterone)이라는 호르몬을 분비하여 배란 이후 일어날 사건, 즉 수정에 대비해 여성의 몸을 변화시킨다. 황체가 분비하는 프로게스테론은 자궁벽을 두텁고 부드럽게 만들어서 수정란이 자궁벽에 달라붙기 쉽도록 만들어주고, 달라붙은 수정란이 떨어지지 않도록 자궁 근육의 수축을 억제하는 임신 보조 호르몬이기 때문이다.

일반적으로 황체는 프로게스테론을 배란 이후 약 10일 정도 계속 분비한다. 배란 이후 수정이 된 수정란이 나팔관을 지나 자궁으로 내려가 자궁벽에 착상하는 데까지는 약 일주일에서 열흘 정도 걸리기 때문이다. 이 시간이 지나면 황체는 임신의 성공 여부에 따라 다른 행보를 보인다. 만약 수정란이 자궁벽에 착상하여 임신이 되면 그 신호를 감지하여 계속해서 프로게스테론을 분비하지만, 수정란이 자궁벽에 착상했다는 신호가 오지 않으면 프로게스테론의 분비량을 줄이는 것이다. 프로게스테론의 작용으로 한껏 부풀어 올랐던 자궁 내막은 프로게스테론이 감소되면 더 이상 버티지 못하고 우수수 쏟아져 내리게 되는데, 그것이 바로 월경이다. 이렇게 월경을 통해 자궁 내막을 한 번 교체한 뒤에는 다시 처음부터 배란 주기가 시작된다.

산부인과 의사와 동물 생식학 전문가의 만남

체외 수정을 통해 임신을 하기 위해서는 여성의 난자를 성숙한 상태에서 몸 밖으로 꺼내어 정자와 만나게 한 뒤, 이렇게 만들어진 수정란을 여성의 자궁 속으로 집어넣어 임신을 유도하고 유지시켜야 한다. 스텝토와 에드워즈가 손을 잡은 것은 1968년이었다. 스텝토는 사람의 임신 과정에 대한 이해가 있었고, 에드워즈는 생쥐를 이용해 실제로 체외수정을 성공시킨 경험이 있었다. 에드워즈의 기술을 사람에게 적용하는 일만 남았다. 하지만 이 작업은 생각만큼 쉽지 않았다. 특정한 시기에만 성숙되어 배란되는 난자를 채취하는 것은 쉬운 일이 아니었고, 요행히 난자를 채취하여 수정란을 만들었다고 하여도 문제는 여전히 남았다. 생쥐를 이용한 실험에서 체외 수정시킨 수정란을 이용해 임신을 시키면 정상적인 임신 기간을 채우지 못하고 조기 유산되는 경우가 빈번히 일어났기 때문이었다. 이는 체외 수정의 경우, 임신을 유지시키는 호르몬의 분비가 원활하지 못하는 등 신체가 임신을 인식하지 못했기 때문에 일어나는 현상이었다. 이 문제에 대한 해결의 실마리가 감지된 것은 1972년이었다. 이 시기 에드워즈는 인공적으로 합성된 호르몬들을 이용해 체외수정된 수정란들을 생쥐에게 임신시키고 임신 기간을 무사히 거쳐 정상적으로 출산시키는 데 성공했던 것이다. 이제 남은 것은 인간 여성의 몸에서 이 과정을 재현시키는 일이었다. 이들의 실험적 시도에 처음으로 응한 용기 있는 여성은 레슬리 브라운이라고 하는 젊은 여성이었다. 아이를 간절히 원했던 레슬리는 나팔관이 막혀 임신이 불가능하다는 선고를 받고 절망에 빠져 있던 중 스텝토와 에드워즈를 만나게 되었고, 기꺼이 최초의 체외 수정 시술자가 되었다.

로버트 에드워즈, 레슬리 브라운, 루이스 브라운과 그녀의 아들 캐머런. ©AFP

1976년부터 스텝토와 에드워즈의 실험에 합류한 레슬리 브라운은 몇 번의 시도 끝에 임신에 성공하고 드디어 1978년 7월 25일, 건강한 딸 루이스 브라운을 낳으면서 세계 최초의 시험관 아기의 부모가 되었다. 이후 레슬리는 둘째 딸 나탈리도 시험관 아기 시술을 통해 얻어 두 아이의 행복한 부모가 된다. 과거였다면 평생 아이를 낳을 수 없었던 레슬리에게 시험관 아기 시술, 즉 체외 수정술은 건강한 두 딸의 어머니로 살 수 있게 하는 기적을 선물했던 것이다.

이후 이 기적과도 같은 기술은 전 세계로 널리 퍼져나갔고, 생식기술감시국제위원회(ICMART)는 2012년 현재 체외 수정법을 이용해 태어난 아이의 수가 500만 명을 넘어섰음을 공식 발표했다. 소위 '시험관 아기'가 500만을 넘었다는 이야기로, 이는 자연 임신으로는 태어날 수 없었던 500만의 생명이 현재 지구상에 살아 숨 쉰다는 이야기다. 이에 2010년 노벨상 위원회는 에드워즈를 그해 노벨 생리의학상 수상자로 지목했다. (에드워즈와 공동 수상자의 자격을 충분히 가졌던 스텝토는 이미 1988년 작고하여 수상자 반열에 오르지 못했다.) 그의 노벨상 수상에는 자연의 힘만으로는 존재할 수 없었던 500만의 숨결이 지니는 묵직함이 담겨 있는 것이었다.

제25장

줄기 세포의 발견

존 거던과 야마나카 신야, 유도만능줄기세포 개발

1960년대 초반, 영국 옥스퍼드대학의 실험실. 젊은 연구자의 눈은 아까부터 한곳에 고정되어 있었다. 그가 마치 더없이 사랑스러운 연인처럼 바라보고 있는 것은 지금 막 부화되고 있는 개구리의 알이었다. 연약하고 작은 올챙이가 이제 막 자신을 둘러싸고 있던 알 껍질을 뚫고 나오려 하고 있었다. 이 올챙이의 이름은 아프리카 발톱개구리, 수십 년 전부터 초파리와 더불어 실험실에서 흔히 쓰이는 실험동물이었기에 올챙이의 부화 자체가 신기할 리는 없었다. 하지만 이 한 마리는 매우 특별했다. 지금 막 알 껍질을 벗어나려는 올챙이는 아프리카 발톱 개구리가 지구상에 첫선을 보인 이후, 암컷의 난자와 수컷의 정자가 수정되는 방법으로 만들어지지 않은 유일한 개체였다. 이 올챙이는 개구리의 난자에 체세포의 핵을 이식하는 과정, 즉 역분화 과정을 통해

산란 중인 아프리카 발톱개구리 암컷(왼쪽)과 수컷(오른쪽).

태어나는 세상에서 유일무이한 존재였다.

지난 2012년, 노벨상 수상위원회는 노벨생리의학상 수상자로 영국 케임브리지대학의 존 거던 경(Sir John Bertrand Gurdon, 1933~)과 일본 교토대의 야마나카 신야[山中 伸弥, 1962~] 교수를 선정했다. 세계 최초로 역분화 발생이 가능함을 증명했고, 세포 역분화를 이용해 유도만능 줄기세포를 만들어낸 공로였다.

문학 소년이 생물학 연구자가 되기까지

세간에서는 존 거던 경을 과학자로 얻을 수 있는 모든 것을 얻은 사람이라고 평한다. 그는 영국 왕실로부터 기사 작위를 수여받은 인물이며, 살아 생전에 이미 자신의 이름을 딴 연구소가 세워지는 것을 보았으며, 결국 노벨상까지 수상했기 때문이다. 하지만 그의 십대 시절, 앞으로 그가 이토록 위대한 과학자가 될 것을 예측한 사람은 많지 않았을 것이다. 어린 시절, 그는 명문 고등학교인 이튼스쿨에 입학했으나, 그의 성적은 동급생 250명 중 최하위였고, 특히나 과학 과목의 점수는 바닥이었다. 그의 과학 점수는 선생님에게 '네가 과학을 공부하는 것은 시간 낭비'라는 말을 들을 정도로 최악이었다. 그래서인지 그가 옥스퍼드 대학에 처음 진학했을 때 그의 전공은 과학 분야가 아니라 고전문학이었다. 하지만 옥스퍼드로의 진학은 그의 인생을 바꾸는 계기가 된다. 그곳에서 우연히 생물학에 관심을 가지게 된 그는 결국 전공을 생물학으로 바꾸고 열정적으로 매달리기 시작한다. 남들보다 한참 늦게 시작해서일까, 그는 어린아이처럼 지치지 않는 호기심과 열정으로 일에 매달렸다. 남들에게는 식상한 것도 그에게는 신기하고 새로웠다. 그중에서도 그의 눈길을 사로잡은 것은 생물체의 발생 기작이었다. 난자와 정자로 만들어진 단 1개의 수정란에서 만들어지는 복잡하고 거대한 생명체. 그 과정은 마치 마법 같았고, 그는 그 마력에 빠져들었다.

그가 연구를 시작하던 1950년대는 왓슨과 크릭에 의해 DNA의 이중나선 구조가 밝혀지면서 유전물질의 정체가 DNA로 정립된 시기였다. 하지만 아직도 해결해야 할 의문은 많았다. 그중 하나가 생명체를 구성하는 모든 세포가 모두 같은 유전 정보를 가지는지였다. 이는 하나의 개체를 구성하는 세포들이라 하더라도 그 모양과 기능이 전혀 다르다는데서 시작된 의문이었다. 세포의 특성을 결정하는 것이 유전자라면, 이렇게 서로 다른 특성을 보이는 세포들이 같은 유전자를 가지고 있을 이유는 없어 보였다. 이들은 어쩌면 발생 과정에서 수정란이 가지고 있던 전체 유전자 중에서 일부만 가지고 분화했을지도 모를 일이었다. 그렇게 되면 하나의 수정란에서 분화된 세포들이 모두 다른 특성을 가지고 있는 것도 쉽게 이해된다. 일례로 햇빛은 무색이지만 이를 프리즘에 통과시켜 보면 무지개색으로 나뉘어진다. 수정란을 햇빛으로, 프리즘을 통과하며 갈라진 각 색상들을 서로 다른 세포들로 대응시켜 보면, 수정란 속에는 모든 유전 정보들이 다 들어 있지만, 발생 과정에서 이를 적절히 나눠가져 서로 다른 세포들로 분화한다고 생각할 수도 있다. 하지만 과연 그럴까.

이 가설의 옳은지는 체세포 핵치환을 통한 역분화 실험으로 증명할 수 있다. 예를 들자면 핵을 빼낸 난자에 근육세포(어떤 세포든 체세포면 상관없다)에서 추출한 핵을 집어넣어 발생시켰을 때, 이 난자가 개체 전체를 발생시키지 못하고 근육세포만을 만들어낸다면 증명된다는 것이다. 거든 경은 아프리카 발톱개구리를 이용해 이 가설을 실험해보기로 했다. 뒷발에 3개의 발톱을 가지고 있는 아프리카 발톱개구리는 발생학 시간에 흔히 쓰이는 실험동물이다. 개구리는 척추동물인 양서류에 속하므로 계통적으로 인간에 가깝고, 체외수정을 하므로 난자와 정자를 따로 보관했다가 원할 때 처리하여 발생시키기가 용이하며, 한꺼번에 많은 개체를 발생시킬 수 있는 데다가 알 껍질이 투명하여 발생 과정을 관찰하기가 편리하기 때문이었다. 하지만 아프리카 발톱개구리도 단점은 있었다. 그건 산란 시기를 맞추기가 어렵다는 것이었다. 이 개구리는 1년에 딱 한 번만 산란하기 때문에 이 시기를 놓치면 한 해 연구를 고스란히 날릴 수 있다는 것이 문제였다. 하지만 이 문제는 1940년대 들어 해결된다. 우연히 한 연구자가 아프리카 발톱개구리에게 임신한 여성의 소변을 주입하면 번식기에 상관없이 산란을 유도할 수 있다는 사실을 알아낸 것이다. 임신한 여성의 소변 속에 들어있던 고나도트로핀(Gonadotrpopin)이 아프리카 발톱개구리의 생식선을 자극해 산란을 유도했던 것이다. 이 사실이 알려지자 곧 정제된 고나도트로핀이 생산되었고 연구자들은 이를 이용해 항상 원하는 때에 원하는 만큼의 알을 얻을 수 있게 되면서 연구는 활기를 띄기 시작했다.

거던 경 역시 마찬가지의 방법을 통해 아프리카 발톱개구리의 알, 즉 개구리의 난자를 얻은 뒤 가느다란 피펫을 이용해 핵을 제거했다. 처음에는 이 난자에 수정되고 4세포기에 들어선 배아 세포, 즉 미분화된 세포에서 추출한 핵을 이식시켜보았다. 이는 핵치환을 한 난자도 정상적으로 발생이 되는지의 여부를 알기 위함이었다. 핵치환 된 난자는 정상 난자와 마찬가지로 발생을 시작했고, 무사히 올챙이가 태어났다. 자신감이 붙은 거던 경은 이번에는 분화가 끝난 개구리의 장(腸) 세포에서 떼어낸 핵을 이식해보았다. 과연 이 난자는 어떻게 발생을 할 것일까, 장세포만 만들어질 것일까, 아니 그 전에 난자가 생존해 발생하기는 할까. 그런데 개구리의 장세포를 이식한 알은 놀랍게도 보통의 수정란과 동일한 발생과정을 거치더니 보통과 다를 바 없는 올챙이의 탄생으로 이어졌다. 비록 그 기원은 생식세포가 아니라 체세포였지만, 발생 과정이 동일하다는 것은 비록 분화가 끝난 체세포일지라도 원래 수정란이 지니고 있던 모든 유전 정보를 여전히 가지고 있다는 뜻이었다. 생물체의 몸 전체를 이루는 세포들은 비록 그 모습과 기능은 달라도 가지고 있는 유전 정보는 동일하며, 그 정보는 DNA 형태로 핵 속에 들어 있음■이 명실공히 증명되는 순간이었다. 이 연구 결과는 1962년 논문으로 발표되었는데, 이 논문은 50년 후 그가 노벨상 시상대에 오르는 바탕이 되었다.

■ 1997년, 전 세계에 충격을 주었던 복제양 돌리의 탄생도 거슬러 올라가면 1962년에 발표된 존 거던 경의 논문에서 시작되었고, 그 기작도 동일하다. 다만 포유동물의 경우, 개구리에 비해 그 성공률이 매우 낮게 나타나며, 아직까지 인간의 경우는 성공하지 못했다. 2000년대 초반 발표된 우리나라의 황우석 교수의 사람 체세포 핵치환을 통한 복제 배아 연구는 조작된 것임이 밝혀져 스캔들을 일으켰으며, 올해 5월에 발표된 미국 연구진의 복제 배아 성공 소식도 조작 가능성이 제기되어 현재 확인에 들어간 상태로 알려져 있다.

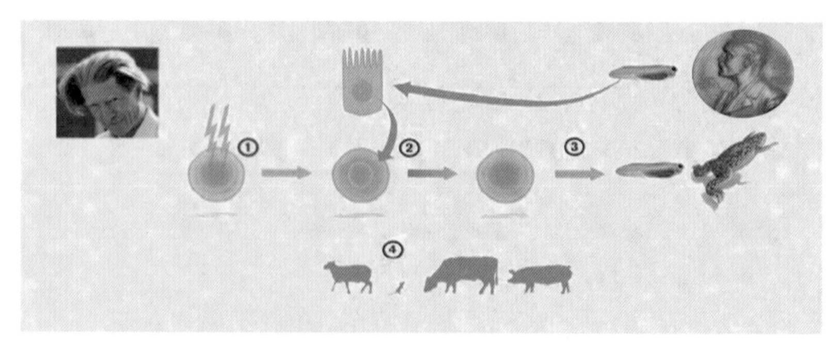

존 거던 경이 성공했던 개구리 체세포 핵치환을 통한 역분화 과정
① 개구리의 알(난자)에서 핵을 제거한 뒤,
② 올챙이의 장세포에서 추출한 핵을 탈핵시킨 알에 주입하고 전기 충격을 가하고,
③ 정상적인 올챙이를 거쳐 개구리로 발생됨을 관찰한다.
④ 이 기작은 훗날 소와 돼지, 양 등의 포유동물에도 적용되어 체세포 핵치환을 통해 복제 동물을 만들어내는 것이 가능함이 증명되었다.

실패는 성공의 어머니

2012년의 노벨상 수상대에는 노년의 존 거던 경과 함께 비교적 젊은 동양인 과학자가 어깨를 나란히 했다. 바로 일본 교토대의 야마나카 신야 교수였다. 그는 거던 경이 체세포 핵이식을 통해 개구리 복제에 성공한 1962년에 태어났다. 만약 그의 일생이 그의 뜻대로만 풀렸다면 그는 전혀 다른 삶을 살았으리라. 1987년, 25세의 나이로 고베대 의학부를 졸업한 그는 정형외과의로써의 삶을 시작한다. 하지만 그의 인생에 뜻밖의 고비가 찾아온다. 의대 졸업 후 국립 오사카병원 정형외과에서 수련의로 일하게 된 야마타카는 그 곳에서 자신이 정형외과의가 되기에는 '저주받은 손'을 지녔다는 사실을 깨닫게 된 것이다. 그는 남들은 20분이면 끝내는 간단한 수술도 2시간씩 걸릴만큼 수술에 서툴렀다. 의사가, 그 것도 메스를 들어야 하는 외과의가 수술에 서투르다는 것은 마치 화가가 그림을 못 그리는 것과 마찬가지였다. 그의 수술 실력이 얼마나 형편없었는지 정형외과의로 일하던 당시 그는 동료들로부터 '자마[邪魔]나카', 즉 '걸림돌 야마나카'라는 수근거림을 들어야 할 정도였다.

얼마간의 방황 끝에 결국 그는 환자를 진료하고 치료하는 의사에서 기초의학을 연구하는 연구자의 삶으로 방향 전환을 하게 된다. 1993년, 31세의 나이에 미국 유학길에 오른 야마나카는 캘리포니아 대학 글래드스턴 연구소에서 유전자에 대한 연구를 시작한 뒤, 마흔두 살이 된 2004년에 이르러서야 비로소 교토대에 자리를 잡게 된다. 하지만 겨우 2년 뒤 그는 전세계를 깜짝 놀라게 만든 실험에 성공하게 된다. 바로 생쥐의 피부세포를 역분화시켜 줄기세포를 만들어내는 데 성공한 것이었다.

이미 40여년 전 거든 경의 실험을 통해 한 개체를 구성하는 세포들은 모두 동일한 유전정보를 지니고 있으며, 분화가 끝난 세포라 할지라도 난자에 주입하면 역분화를 일으켜 발생시킨다는 것을 알고 있었다. 1997년 있었던 윌머트의 복제양 '돌리'의 경우도 개구리가 아닌 포유동물인 양에서 성공했다는 것일 뿐 기본 원리나 기작은 거든 경의 실험과 동일했다. 거든 경의 개구리 복제가 생물학적으로 '분화가 끝난 세포도 모든 유전정보를 가지고 있기에 조건만 갖춰진다면 새로운 개체로 역분화가 가능하다'라는 생물학적 의의가 강하다면, 포유동물인 돌리의 경우 거기에 의학적인 가능성이 더해졌다. 사람 역시 포유동물의 일종이기에 양의 복제가 가능하다면 사람이 불가능할 이유는 없어 보이기 때문이었다. 이런 가능성에 대한 기대는 양에 이어 소, 생쥐, 개 등 다양한 포유동물들이 무리없이 복제가 가능하다는 사실이 알려지면서 더욱 커지기 시작했다.

세포를 역분화시켜 발생시키게 되면 이렇게 발생된 개체는 원래 핵을 제공했던 세포의 유전정보를 고스란히 물려받게 된다. 일반적인 발생 과정에서 난자와 정자가 수정되면서 절반의 유전자가 섞이는 것과는 달리, 핵치환에 의한 역분화 발생은 하나의 개체의 유전정보가 고스란히 다른 개체에 전달된다. 즉, 개체 복제가 가능한 것이었다. 이론상으로는 하나의 개체에서 수없이 많은 똑같은 클론을 만들어내는 것이 가능했다. 하지만 사람에게 있어 또 하나의 쌍둥이 개체는 유전정보만이 동일할 뿐, '같은 사람'은 아니기에 그 파장은 생각하는 것만큼 크지 않았다. 절대 다수의 사람들의 관심은 복제된 개체 배아가 아니라, 그 복제 배아가 만들어내는 배아줄기세포에 모아졌다.

사람의 몸을 구성하는 200여 종에 달하는 세포들은 모두 하나의 수정란에서부터 시작되었다. 이는 수정란은 200가지가 넘는 세포로 변신할 수 있는 가능성을 지녔다는 말이 된다. 이렇게 하나의 세포가 다른 세포로 변모하는 것을 '세포 분화'라고 하며, 다른 세포로 분화할 수 있는 가능성을 지닌 세포를 줄기세포(stem cell)이라고 한다. 특히나 발생 초기 배아가 가지는 세포들은 어떤 세포로든 분화할 수 있는 가능성을 지닌 만능 줄기세포의 특성을 지닌다. 사람들이 주목한 것은 배아가 가진 만능 줄기세포였다. 일반적으로 배아 발생 중 특정 시기까지는 모든 세포들이 만능 분화 능력을 가지지만, 시간이 지날수록 세포가 위치한 자리나 인접한 세포와 주고받는 신호에 의해 운명이 결정되면서 분화가 이루어지고 일단 한번 분화된 세포는 다시 줄기세포로 되돌아가지 않는다(자연적으로는 그렇다. 거든 경의 실험은 이것이 불가능한 것이 아니라, 자연 상태에서는 억제되어 있다는 것을 보여준 실험이었다). 배아줄기세포가 특정 신호에 의해 특정 세포로 분화된다면, 그 '신호'를 파악할 수만 있다면 배아에서 추출한 줄기세포에 적절한 처리를 하여 원하는 세포로 분열을 유도하는 것이 가능하다는 말이다. 아직은 이론적인 가능성일 뿐이지만, 이를 둘러싼 비밀이 밝혀진다면 인류는 전혀 다른 삶을 살게 될 수도 있었다. 만약 배아줄기세포를 자유자재로 분화시킬 수 있다면, 인류의 오랜 골칫거리였던 질병과 노화 문제가 일시에 해결되기 때문이다. 예를 들어 간암에 걸려 간이 망가졌다면 나의 체세포에서 핵을 빼내 난자에 이식하고, 여기서 만들어지는 배아줄기세포에 적절한 처리를 하여 간세포를 만들어 배양한 뒤, 암에 걸린 간 대신 내 몸에 이식하면 된다. 이 때 이식받은 간은 처음부터 내 몸의 체세포에서 유래된 것이기에 면역학적 거부반응도 전혀 없을 것이고, 배양되는 과정에서 건강한 세포만을 골라내 배양했을 것이기에 더 건강하고 깨끗한 간일 것이다. 이런 방식으로 인간은 병이 들거나 노화되어 기능이 떨어진 장기나 조직들을 새 것으로 갈아끼우며 영원불멸의 삶을 누리는 것이 가능해질 수도 있기에 체세포 핵이식을 통한 배아 복제는 많은 이들의 이목을 끌었다.

그러나 이 방식을 이용해 줄기세포를 만들어내는 것은 결정적인 문제가 있다. 그것은 기술적인 문제가 아니라 윤리적 문제였다. 이런 방식으로 줄기세포를 얻기 위해서는 반드시 배아를 먼저 만들어야 하고, 줄기세포를 얻기 위해서는 이 배아를 파괴해야만 했다. 앞서 거든 경의 실험에서 보듯 일반적인 수정 방식으로 만들어지든 핵치환을 통해 역분화시키든 동일한 올챙이가 태어났다는 것으로 미루어보건대, 만약 이런 방식을 통해 복제 배아를 만든다면 그 배아 역시 하나의 인간으로 자라날 가능성을 충분히 지닌 '인간'이라는 말이 된다. 동서고금 어느 문화권에서도 살인(殺人)은 최고의 범죄였다. 그런데 배아줄기세포를 얻기 위해서는 배아를 파괴해야 하고, 파괴된 배아는 죽고 만다. 그렇다면 이는 하나의 생명을 살리기 위해서(혹은 하나의 생명이 삶을 연장하기 위해서) 다른 생명을 파괴해야만 한다는 윤리적 문제에 부딪치게 된다. 따라서 복제 배아를 이용한 배아줄기세포 문제는 기술적인 문제보다는 윤리적인 딜레마■에 부딪쳐 큰 혼란에 휩싸이게 된다.

■ 물론 인간의 경우, 다른 동물들에 비해 복제 배아의 성공률이 매우 낮으며 아직까지도 복제 배아가 확실히 존재하는지의 여부가 불투명한 상태이므로 기술적 문제가 없다고 할 수는 없지만, 그래도 기술적 문제의 경우 해결 가능성이 높은데 반해 윤리적 딜레마는 말 그대로 딜레마에 빠진 답보 상태다.

윤리적 문제를 비켜나다

많은 사람들이 배아 복제를 둘러싼 윤리적 문제로 인해 이 연구를 허용해야 할 것이냐, 막아야 할 것이냐를 두고 치열하게 힘겨루기를 하는 사이, 타협점을 찾는 사람들도 생겨났다. 대표적인 것이 성체줄기세포 연구였다. 대부분의 세포들은 발생 과정에서 분화 능력을 잃어버리게 되지만, 몇몇 세포들은 성인이 되어서도 여전히 분화능력을 유지하곤 한다. 이런 세포들을 성체줄기세포라고 하는데, 대표적인 것이 골수에 존재하는 세포들이다. 골수에서는 다양한 혈액세포들이 만들어지는데, 예를 들어 적혈구의 경우 수명이 6개월에 불과해 골수세포는 평생에 걸려 계속해서 적혈구로 분화되는 능력을 유지하기 때문에 이를 적절히 이용하면 굳이 배아를 만들고 파괴하는 험난한 과정을 겪지 않아도 자신에게 꼭 맞는 세포들을 만들어낼 수 있기에 사람들의 관심을 끌었다. 하지만 성체줄기세포는 결정적인 단점이 있었다. 바로 성체줄기세포는 이미 배아에서 몇 단계를 거쳐 분화된 세포이기에 몇몇 세포로 분화할 수는 있지만, 배아줄기세포처럼 모든 세포로 분화될 수는 없다는 것이 문제였다. 즉, 성체줄기세포를 이용할 경우, 얻을 수 없는 세포들의 빈 자리가 꽤 많다는 것이었다. 결국 이런 문제로 인해 사람들 사이에서는 '윤리적 문제가 있기는 하지만 현실적으로 어쩔 수 없기에' 배아 줄기세포 연구를 허용해야 한다는 의견이 힘을 얻고 있었다.

그러던 중, 야마나카 교수가 2006년에 『셀(Cell)』에 발표한 논문은 새로운 전환점이 되었다. 그는 생각했다. 배아줄기세포든 분화가 끝난 성인의 체세포든 같은 수정란으로부터 유래된 세포라면 모든 세포는 동일한 유전정보를 가지고 있다. 그런데 같은 유전정보를 가지고 있음에도 어떤 세포는 분화가 가능하고, 어떤 세포는 분화되지 않는다는 것은 유전자의 발현 차이에 있다고 생각한 것이다. 그는 방대한 데이터베이스와 기존 연구 결과들을 토대로 줄기세포에서는 활발하게 기능하지만, 분화된 세포에서는 기능하지 않는 것으로 알려진 유전자들의 목록을 추려냈다. 수 만개의 유전자들 중에서 24개의 후보 유전자들을 골라냈다. 이제 남은 것은 이들이 진짜 일반 세포를 줄기세포로 변화시켜 줄 수 있는 마법의 가루로 기능하느냐를 증명하는 것이었다. 이를 위해 야마나카 교수는 분화가 끝난 체세포-그는 생쥐의 피부세포를 선택했다-를 배양한 뒤, 여기에 후보 유전자들을 하나씩 혹은 여러 개를 조합을 만들어 유입시킨 뒤 평범한 피부세포가 과연 줄기세포로 변모하는지를 관찰하는 다소 무모한 실험을 시작했다.

이 분야에 대한 연구는 전혀 없었기에 어떤 유전자를 집어넣어야 줄기세포로 변모할지, 하나를 넣어야 할지, 24개를 몽땅 다 넣어야 할지, 혹은 그중에서 몇 개만 넣어도 될지 알수 없었고, 심지어는 이렇게 다 넣는다고 해도 정말 체세포가 줄기세포로 변모할지조차 알 수 없는 상태였다. 사실 이 전에도 그와 비슷한 생각을 한 사람이 없었던 것은 아니었다. 하지만 이를 증명하기 위한 실험의 방대함은 어지간한 의지를 가지지 않고서는 엄두를 못 내게 만들었다. 예를 들어 20가지의 유전자를 1개씩만 실험한다고 해도 20번 반복실험을 해야 하는데, 2개, 3개, 4개 등등 각각의 숫자만큼 조합하는 경우의 수를 모두 따지면 엄청난 반복실험을 해야 하기 때문이다. 하지만 그는 2년이 채 못 되는 시간 만에 체세포를 줄기세포로 변모시키는 역할을 하는 결정적인 유전자가 4개이며, 그 정체는 각각 Oct3/4, Sox2, c-Myc, Klf4 라는 유전자라는 사실을 밝혀내기에 이른다. 어떻게 이렇게 빠른 시간 내 실험을 마칠 수 있었을까?

이번에도 키포인트는 발상의 전환이었다. 처음에는 그도 24개의 유전자들을 1개씩 넣어서 줄기세포로 변모하는지 관찰했다. 하지만 결과는 모두 실패였다. 이 경우 많은 이들이 다음 단계로 2개씩 짝지어 넣는 방법을 선택하지만, 그의 연구팀은 정반대로 24개의 유전자를 몽땅 넣어서 결과를 관찰했다. 그랬더니 놀랍게도 피부세포가 분화능력을 지니는 줄기세포로 역분화되는 것이 관찰되었다. 그는 일말의 자신감을 얻었다. 하나씩 넣었을 때는 안 되었지만, 24개를 모두 넣었을 때는 되었다는 것은 일단 후보 유전자 24개 중에 줄기세포로 역분화시키는 유전자가 들어 있다는 뜻이었다. 또한, 관련된 유전자가 여러개 있고 이들이 모두 존재할 때만 줄기세포로 역분화된다는 것을 유추할 수 있었다. 그는 이번에는 24개의 후보 유전자에서 각각 1개씩을 뺀 23개의 유전자 조합을 이용해 다시 한 번 역분화를 시도했다. 그랬더니 Oct3/4, Sox2, c-Myc, Klf4의 4개의 유전자가 빠진 조합에서는 역분화가 제대로 이루어지지 않는 것이 관찰되었고, 몇 번의 실험 끝에 이 4

개의 유전자만으로 골라서 유입시키자 생쥐의 피부세포가 줄기세포로 변모한다는 사실을 알아냈다. 그는 이런 방식으로 해서 최초로 인공적으로 유도만능줄기세포(induced pluripotent stem cell, iPS cell)■을 만들어내는 데 성공했다. 이 방법을 이용하면 자신의 피부에서 몇 개의 세포만을 떼어내어 정제된 4종의 유전자를 유입하는 비교적 간단한 방법으로 줄기세포를 만들어낼 수 있다. 자신의 세포를 이용하니 면역학적인 문제는 없을 것이고, 배아를 만들지 않으니 윤리적인 문제도 발생하지 않는다. 아직 모든 문제가 해결된 것은 아니지만, 유도만능줄기세포는 성체줄기세포에 비해 그 활용 범위도 넓어서 차세대 줄기세포 연구의 핵심으로 각광받고 있다.

■ 유도만능줄기세포의 경우, 유전정보의 재프로그래밍이 일어난 형태로 이후 발생 과정에서 돌연변이가 생겨날 가능성이 높게 제기되었다.

아직 해결해야 할 문제가 많지만, 2010년대 이후 줄기세포를 이용한 기도(氣道) 복원 수술의 성공 소식 등이 알려지면서 줄기세포의 의학적 적용은 점점 더 그 폭을 넓혀가고 있다. 20세기 인류를 구원한 '마법의 탄환'이 페니실린을 비롯한 항생제였다면, 21세기 인류의 삶을 바꿀 '불로초'는 줄기세포가 될지도 모른다. 2012년의 노벨생리의학상의 주인공들은 21세기 인류에게 새로운 삶의 방향을 제시한 이들이라는 점에서 충분한 자격을 지닌다.

아차, 수상자를 잘못 골랐네?

: 노벨상 최대의 실수, 진짜 대신 가짜를 고르다. 요하네스 피비게르(Johannes Fibiger, 1867~1928)와 야마기와 가츠사부로(Yamagiwa Katsusaburo, 1863~1930)

1926년, 노벨생리의학상 수상 위원회는 덴마크의 생리학자 요하네스 피비게르(Johannes Fibiger, 1867~1928)를 제 26회 노벨생리의학상 수상자로 선정했다. 그의 수상 이유는 '최초로 인공적으로 암을 유도'한 공로였다. 1907년, 결핵 연구를 하던 피비게르는 결핵에 걸린 실험 동물을 해부하는 과정에서 3마리의 생쥐가 위암에 걸렸다는 사실을 발견한다. 암은 전염병이 아니기 때문에 한꺼번에 3마리에게서, 그것도 동일한 부위에 암이 생겼다는 사실은 암을 유발한 공통인자가 있을 것으로 추론할 수 있다. 만약 그 공통인자가 무엇인지 알 수 있다면, 이를 이용해 암을 예방하는 것도 가능할 수 있다.

피비게르는 생쥐의 위암 조직을 샅샅이 뒤져 공통 인자가 있는지 살펴보기 시작했다. 그의 레이더망에 걸린 것은 공길로네마 네오플라스티쿰(Gongylonema neoplasticum)이라는 이름의 기생충이었다. 위암에 걸린 3마리의 생쥐의 몸에서 공통적으로 발견된 기생충이므로, 암과 무관할 것 같지 않았다. 공길로네마 네오플라스티쿰은 바퀴벌레를 중간숙주로 삼아 살아가는 기생충이었으므로, 피비게르는 이 기생충에 감염된 바퀴벌레를 생쥐에게 먹이로 주면서 위암이 발생하는지를 관찰했다. 1,000마리 이상의 생쥐들을 관찰한 결과, 드디어 그는 기생충에 감염된 바퀴벌레를 먹은 생쥐의 식도와 위 주변에서 종양이 생긴 생쥐들을 찾아냈다.

기생충이 위암을 일으킨다는 내용을 담은 그의 논문은 발표 즉시 엄청난 주목을 받았다. 암이 특정한 외부 요인이 원인이 되어 일어나는 질병임을 알아냈다는 것은 곧 '효과적으로 암을 예방할 수 있는 방법'을 찾아냈음을 뜻할 수 있기 때문이다. 따라서 이 연구가 가지는 의학적 가능성은 매우 컸기 때문에 그가 1926년 노벨상 수상자로 지정된 것은 그 당시에는 매우 당연한 일이었다. 하지만 문제는 수상 이후에 불거졌다. 피비게르의 연구 결과에 감명받은 사람들 중 일부가 같은 실험을 시도했지만, 이들은 생쥐에게서 위암을 유도하지 못했기 때문이었다. 처음 한두 번은 실수라 생각할 수 있었다. 하지만 아무리 실험을 반복해도 결과는 나오지 않았다. 피비게르를 제외하고는 아무도 동일한 결과를 재현할 수 없다는 사실이 알려지자 학계는 술렁이기 시작했다. 과학적 법칙은 '보편적 현상'이라는 점을 중시한다. 어떤 연구가 보편적이지 않다면, 이는 결과를 잘못 해석했거나 고의적 사기일 가능성이 다분했다. 어느 쪽이라 해도 연구 결과를 발표한 과학자에겐 치명적이다. 전자의 경우, 어설픈 과학자라는 놀림을 감수해야 하고, 후자인 경우에는 악질적 사기꾼으로 처벌받을 수도 있다. 이런 논란에 대해 피비게르는 사망하는 시점까지 단호한 태도로 자신을 변호했지만, 후속 실험을 통해 밝혀진 바로는 공길로네마 네오플라스티쿰은 위암의 직접적인 원인이 아니었다. 사실 실험실 생쥐에게서 위암이 발생한 것은 생쥐의 먹이 중에 비타민 A가 부족했기 때문이었다. 당시에는 아직 비타민의 역할에 대한 정의가 확실하지 않던 시절이라 이런 경우가 종종 있었다(홉킨스 경과 에이크만이 '비타민의 발견'으로 인해 노벨상을 탄 건 1930년이었다, 관련 항목 참조).

비록 피비게르의 실험은 잘못된 것으로 판명되었지만, 실제로 특정한 물질이 원인이 되어 암을 일으킨다는 '발암물질설' 자체가 잘못된 것은 아니었다. 이미 1775년 영국의 의사 퍼시벌 포트에 의해 굴뚝 청소부들은 검댕과의 잦은 접촉으로 음낭암에 잘 걸린다는 연구 결과를 발표한 바 있었다. 이에 흥미를 가진 일본 홋카이도대학의 야마기와 교수는 1915년, 콜타르(coal tar)* 를 토끼의 귀에 100여 일 동안 꾸준히 발라서 피부암을 유발시키는 데 성공했는데, 이것이 바로 화학물질에 의한 발암 여부를 증명한 최초의 실험이었다. 따라서 '발암물질에 의한 발암 기전 확인'이란 항목으로 노벨상을 받을 자격은 오히려 야마기와 교수가 갖추고 있었다. 하지만 그는 피비게르에 밀려 노벨상을 받지 못했고, 결국 수상자의 대열에 오르지 못했다고 한다.

콜타르 석탄을 고온에서 건류할 때 얻어지는 검고 끈적한 물질. 수분과 미생물의 침입을 차단하는 기능으로 인해 목재의 방부제로 많이 이용되었다.

히틀러, 당신을 지지합니다

; 히틀러에 동조한 과학자, 율리우스 바그너-야우레크(Julius Wagner-Jauregg, 1857~1940)

오스트리아의 정신의학자이자 신경학자였던 율리우스 바그너-야우레크의 관심사는 진행성 마비와 마비성 치매를 치료하는 데 효과적인 방법을 찾아내는 일이었다. 매독균에 감염되고 치료하지 않은 채 10년 이상이 지나면 매독균이 뇌를 침범하여 매독성 수막염이 생기는데, 이 과정에서 팔다리나 방광과 직장 등에 진행적으로 마비가 일어나고, 이와 겸해서 이해력, 기억력, 판단력이 저하되고 인격이 변화하며 도덕적 가치 판단을 상실하는 마비성 치매가 나타난다. 빈대학교 의대 졸업 후 빈대학교 병원 정신과에서 근무하던 바그너-야우레크는 우연히 이러한 증상을 가진 환자들이 고열이 나는 병을 앓고 나면 오히려 증상이 좋아지는 현상을 목격하고는 진행성 마비와 마비성 치매를 치료하는데 어쩌면 고열이 도움이 될지도 모른다는 생각을 하게 된다. 즉 적으로 적을 물리치는 이이제이(以夷制夷)의 원리에 기인한 발상이었다.

당시 바그너-야우레크는 환자에게 인위적으로 고열을 내기 위한 수단으로 말라리아를 선택했다. 당시에는 키니네를 통해 말라리아를 치료하는 방법이 널리 알려져 있었기에 일단 증세가 호전되고 난 뒤 고열을 일으키는 원인을 제거하기 용이하다는 판단에서였다. 결과는 놀라웠다. 인위적으로 말라리아에 걸리게 하자, 환자의 약 30~50%에서 현저한 호전 효과가 나타났던 것이다. 환자들의 사지 마비는 진행이 중단되었고, 잃었던 이해력과 판단력을 되찾아 정상적 활동이 가능해졌다. 이에 특정 정신질환을 고열을 통한 열쇼크로 치료하는 방법이 널리 퍼져 나갔고 이들 중 상당수가 기존에는 불가능했던 여생을 덤으로 얻을 수 있었다. 그리고 그 공로로 인해 바그너야우레크는 1927년 노벨 생리의학상의 주인공이 되었다.

하지만 현재 그의 이름을 기억하는 사람은 많지 않다. 일단 학문적으로도 그는 더 이상 거론되지 않는다. 그가 찾아낸 발열요법은 그 후 매독균에 효과적으로 작용하는 항생물질의 개발과 다양한 신경학적 약물들의 개발로 인해 현재는 거의 쓰이지 않는다. 그보다 더 큰 이유는 그의 이후 행적에 있다. 그는 정신과 의사였음에도 불구하고 정신질환자들에 대한 편견을 가지고 있었던 것으로 보인다. 1939년 바그너-야우레크는 독일 나치당에 가입했고, 정신질환자와 범죄자, 사회적 부적응자 등에 대해 강제적 불임수술과 학살을 자행한 히틀러의 우생학 정책의 적극적인 지지자로 활동했다. 노벨상 수상자이자 당대의 저명한 정신의학자였던 그의 이름은 나치당의 반인륜적인 우생학적 정책에 정당성을 부여하게 된다. 그가 미친 영향은 매우 커서 1년 뒤인 1940년 그가 사망했을 때는 "그의 유전학이 없었다면 나치의 이념은 더 이상 존재할 수 없다"라고 칭송하는 보도가 나올 정도였다. 그의 발열 요법으로 새 인생을 얻은 사람의 수와 나치에 대한 그의 동조로 고통을 받은 사람의 수가 얼마나 되는지는 정확히 알 수 없지만, 바우너-야우레크는 '인류에게 가장 큰 공헌을 한 사람'에게 주어진다는 노벨상 수상자로써는 어울리지 않는 길을 걸었음에는 틀림없다는 사실이 씁쓸한 여운을 남긴다.

간이 필요해, 피가 뚝뚝 떨어지는 신선한 간이!

: 생간 식이요법으로 노벨상을 탄 과학자, 조지 휘플(George H. Whipple, 1878~1976), 조지 마이넛(George Richards Minot, 1885~1950), 윌리엄 머피(William Parry Murphy, 1892~1987)

동물의 신선한 간을 먹는 생간 식이요법으로 노벨상을 받은 사람이 있다고 한다면, 마치 엽기적인 농담을 듣는 듯한 느낌이 들지도 모른다. 간은 우리 몸에서 가장 재생이 잘 되는 조직이다. 전체의 절반 이상을 잃어도 나머지가 다시 전체를 재생하는 것이 가능해 살아 있는 사람이 자신의 간을 일부 떼어서 타인에게 이식하는 것도 가능하다. 그렇게 잘라낸 나머지가 다시 원래대로 재생되기 때문이다. 그래서인지 유독 옛 전설 속에서는 간을 노리는 이야기가 자주 등장한다. 프로메테우스는 제우스에게 반항한 죄로 매일같이 독수리에게 간을 뜯어먹히는 형벌을 받았으며, 구미호는 신선한 새 간을 먹지 않으면 살지 못하는 것으로 여겼을 정도로. 하지만 이런 전설과는 달리 실제로 하루에 230g의 생간을 섭취해야 한다는 생간 식이요법으로 노벨상까지 받은 인물들이 있다. 도대체 간을 먹는 것과 노벨상이 어떤 관계가 있을까?

사실 생간 식이요법이 등장하게 된 배경에는 악성빈혈이 있다. 빈혈(貧血, anemia)이란 말 그대로 체내에 혈액, 그중에서도 적혈구를 구성하는 헤모글로빈의 농도가 낮아진 상태를 말한다. 적혈구는 산소를 운반하는 역할을 하기 때문에 이것이 부족해지면 산소 운반 능력이 떨어져 피부가 창백해지고 손발이 차가워지며 어지럼증과 극도의 피로를 느끼게 된다. 20세기 초반, 빈혈 특히나 악성빈혈은 그 원인도 치료법도 알 수 없는 무서운 질환이었다. 악성빈혈은 주로 북유럽 백인들에게 많이 나타나는데 당시에는 유럽에서만 연간 악성빈혈로 6,000명 이상이 사망할 정도였다. 그러던 중 1912년, 당시 미국 존스홉킨스대학 교수였던 휘플은 개를 이용한 동물 실험 중에 과다출혈로 빈혈을 일으킨 개에게 생간을 먹이면 증상이 호전된다는 사실을 발견하게 된다. 이 사실을 바탕으로 피터 벤트브리검 병원의 의사였던 마이넛과 머피는 1926년, 하루에 약 230g의 생간을 먹으면 악성빈혈이 극적으로 호전된다는 사실을 찾아내면서 악성빈혈에 대한 생간 식이요법을 확립한다. 이 방법은 다소 엽기적인 느낌이 들기는 해도 치료 효과는 좋아서 상당수의 악성빈혈 환자들이 건강을 되찾게 되었기에, 1934년 노벨상 위원회는 이들의 공로를 인정해 노벨상 수상자로 선정한다.

사실 당시 세 사람은 동물의 생간이 어떤 기작으로 인해 악성빈혈을 낫게 하는지는 정확히 알지 못했다. 그 이유가 확실히 밝혀진 것은 1948년 두 명의 화학자 칼 폴커스(Karl Folkers, 1906~1997)와 알렉산더 토드(Alexander Todd, 1907~1997)가 간에서 비타민 B12를 찾아낸 이후였다. 비타민 B12가 부족하면 골수에서 비정상적인 적혈구를 생성하게 되어 악성빈혈이 발생한다. 비타민 B12는 동물의 간에 다량으로 들어 있기 때문에 악성빈혈을 가진 사람들이 생간을 먹게 되면 증상이 호전되는 것이었다. 현재는 비타민 자체를 농축하여 투여하는 방법으로 악성빈혈을 치료하고 있기에 더 이상 악성빈혈 환자에게 생간 식이요법을 처방하지는 않고 있다. 하지만 질병의 원인을 알 수 없던 시절, 효과적인 치료법을 개발해 많은 환자의 생명을 구한 것으로도 노벨상 수여의 가치는 충분하다.

얼음송곳으로 뇌를 찌르자, 퍽퍽퍽!

: 전두엽 절제술을 고안한 안토니오 에가스 모니스(Antonio Egas Moniz, 1874~1955)

만약 누군가가 눈꺼풀을 통해 뇌로 얼음송곳을 집어넣은 뒤, 이를 마구 휘저어 뇌를 파괴했다고 가정하자. 그는 도대체 어떤 사람이고, 왜 이런 일을 했을까?

아마도 이 질문에, 그는 잔인한 살인마이며, 가장 엽기적이고도 고통스러운 방식으로 살인을 하기 위해 이런 방법을 고안해냈을 것이라고 답할지도 모르겠다. 하지만 아니다. 이런 방법을 고안하여 시행한 사람은 정식으로 교육받은 의사였으며, 이는 특정 질환을 치료하기 위해 공식적으로 인정된 치료법이었다. 도대체 무슨 일이 일어난 것일까?

1930년대, 포르투갈의 리스본대학교의 신경생리학 교수로 재직 중이던 에가스 모니스는 정신질환자들을 치료하는 방법을 찾고자 골몰했던 열성적인 의학자였다. 그러던 중 모니스는 1935년에 미국 예일대학에서 침팬지를 상대로 행해졌던 뇌수술 실험에 관심을 가지게 된다. 카일 제이콥슨(Carlyle Jacobsen)과 존 풀턴(John Fulton)이라는 두 과학자가 난폭하고 거칠어 행동을 통제할 수 없었던 침팬지들에게서 뇌의 전두엽 부분을 일부 잘라냈더니 이들이 얌전하고 통제가능하게 변했다는 것이었다. 물론 이 침팬지들은 겉으로 보기에는 별다른 이상이 없어 보였다. 모니스는 이 방법을 인간에게 적용해도 비슷한 결과가 나올 것이라 여겼다. 정신병에 대한 이해가 극히 미미하던 시절, 정신질환자들은 사회적으로 큰 문제거리로 여겨졌다. 특히나 광기에 차서 난폭한 행동을 조절하지 못하는 정신질환자들로 인해 사회가 피해를 보고 있다고 여겼기에 이들을 통제하는 방법으로 고열 요법, 전기 충격, 냉수욕 등 거의 고문에 가까운 치료법들이 당연하게 받아들여지던 시기였다. 하지만 그 어떤 것도 결정적으로 정신질환자들의 행동을 완전히 통제할 수 없었다.

모니스는 침팬지에게 행해졌던 전두엽 절제술이 인간에게도 도움이 될 것이라 여기고는 이를 실행에 옮겼다. 그는 환자의 관자놀이에 작은 구멍을 뚫고 알코올을 부어 뇌세포를 파괴하거나 구멍 사이로 가느다란 메스를 집어넣어 전두엽 부근의 신경세포들의 연결을 잘라낸 것이었다. 이를 전두엽 절제술(Frontal Lobotomy)라고 한다. 방법의 잔혹함과는 달리 수술 결과는 기대 이상으로 좋았다. 난폭하고 분노를 주체하지 못해 날뛰던 환자가 얌전하고 조용해져 정신병원에서 퇴원해 집으로 돌아갈 수 있었던 것이다. 곧 이 방법은 정신질환을 치료할 수 있는 새롭고 효과 좋은 수술법으로 각광받으며 의사들 사이에 급격히 퍼져나갔다.

전두엽 절제술의 성공기가 포르투갈을 넘어 미국에 알려지자, 미국의 정신과 의사였던 월터 프리먼 2세(Walter Jackson Freeman II, 1895~1972)와 제임스 와츠(James Watts, 1904~1994)는 좀더 손쉬운 전두엽절제술법을 발명해냈다. 이는 눈꺼풀을 들추고 그 틈으로 날카로운 얼음송곳을 밀어넣은 뒤, 이를 마구 휘저어 전두엽을 파괴하는 방법이었다. 모니스의 방법이든 프리먼의 방법이든 인간의 전두엽을 파괴하는 것은 동일했고, 그 효과 역시 동일했다. 시술 전후에 나타나는 환자의 극적인 반응에 격양된 사람들은 줄줄이 수술대에 환자를 올렸고, 미국에서만 줄잡아 3만에서 4만에 달하는 사람들이 전두엽 절제술을 받았다. 그 중에는 미국 대통령 존 F. 케네디의 동생인 로즈메리 케네디나 겨우 열두 살 밖에 안 된 어린 소년 하워드 덜리도 있었다. 아무리 난폭했던 환자라도 수술 이후에는 얌전하고 통제 가능하게 되니 그 놀라운 효과에 대한 감탄은 결국 모니스를 1949년 노벨상 시상대에 오르게 만들었다.

하지만 초기에는 정신질환 치료에 효과가 있다고 생각되었던 전두엽 절제술은 시간이 지날수록 문제가 나타나기 시작했다. 환자들은 얌전해진 것이 아니라 무기력해진 것이었으며, 조용해진 것이 아니라 삶에 대한 의지가 사라졌기 때문에 그저 말없이 숨만 쉬고 있을 뿐이라는 사실이 뒤늦게 알려졌다. 그들은 '수술 이후 영혼이 파괴된 것' 같다고 말했다. 환자들의 정신질환은 치료된 것이 아니라, 증상조차 나타날 수 없을 정도로 뇌가 망가진 것이었다. 결국 이 전두엽절제술은 그 효과보다는 해악이 더 크다고 생각되어 1960년대 이후로는 더 이상 시도하지 않는 수술이 되었다. 그리고 모니스 역시 환자들의 영혼을 구원한 것이 아니라, 그들의 자아를 파괴한 의사로 사람들의 기억 속에 남게 되었다.

자기 심장을 스스로 들여다본 의사

: 스스로 심장에 도관을 밀어넣은 의사 베르너 포르스만(Werner Forssmann, 1904~1979)

1929년의 어느 날, 베를린대학교 의과대학에 근무하던 스물다섯 살의 젊은 레지던트 베르너 포르스만은 난생 처음 보는 이상한 모습으로 X선 촬영대 앞에 섰다. 그의 팔꿈치 정맥에는 가느다란 도관이 꽂혀 있었다. 그는 지금 막 자신의 팔꿈치 정맥을 통해 도관을 무려 65cm나 밀어넣은 참이었다. 그의 팔꿈치 안으로 들어간 도관은 정맥을 따라 팔을 타고 어깨를 지나서 심장까지 들어가 있었다. 마치 거짓말 같은 일이었다. 살아 있는 사람의 심장 속에 도관을 밀어넣어 직접적으로 심장의 움직임을 관찰할 수 있다니.

사실 그가 이 무모한 계획을 세운 건 1년 전이었다. 1년 전, 포르스만은 우연히 옛날 논문더미들 중에서 흥미로운 논문을 발견했다. 에티엔 마리(Etienne J. Mary)라는 프랑스사람이 쓴 논문으로 1860년, 최초로 말의 혈관을 통해 심장까지 관을 넣어서 심장의 박동과 압력을 직접적으로 관찰했다는 것이었다. 그리고 실험이 끝난 뒤에도 말의 건강에는 이상이 없었다는 이야기도 실려 있었다. 이 이야기는 젊고 의욕에 찬 의사 포르스만에게서 무모하지만 중요한 실험의 실마리를 얻게 했다. 그는 사람에게도 같은 실험이 가능하리라 생각했다. 하지만 문제는 누가 그 실험을 하겠느냐는 것이다. 사지의 정맥을 통해 도관을 넣어 심장까지 도달하려면 적어도 수십 cm 이상의 도관을 밀어넣어야 한다. 아무리 도관이 가느다랗다고 하더라도 혈관 안으로 이물질이 들어가는데, 그것도 수십 센티미터나 들어가는데 고통이 안 따를 리 없었고, 설사 고통을 참아낸다 하더라도 도관이 심장에 도달했을 때 어떤 문제가 생길지 아무도 알 수 없는 일이었다. 다양한 궁리를 하던 포르스만은 결국 스스로가 이 무모한 실험의 최초 자원자가 되기로 마음먹었다. 그리고 그는 이 실험을 성공시켰고, 그 결과를 논문으로 발표해 일약 유명인사가 되었다. 현재 많은 심장에 이상이 있는 사람들이 고통스럽고 회복기간도 긴 개흉 수술 대신 넓적다리의 정맥에 카테터를 삽입하는 간편한 시술을 받을 수 있는 건 바로 무모하리만치 용감했던 포르스만의 자원 덕분이었다.

하지만 20대의 열정으로 의학사에서 중요한 수술법을 찾아냈던 포르스만의 이후 행보는 평탄하지 않았다. 위험한 실험을 허락도 없이 실시한 포르스만의 용기는 의학적 선구자의 패기와 희생이 아니라, 초보 의사의 무모한 치기로 받아들여졌고, 당시의 권위적이고 경직된 의학계에서 자리를 잡지 못하고 헤매던 포르스만은 결국 병원에서 해고당하고 말았다. 아직 수련이 덜 끝난 젊은 의사가 할 수 있는 것은 별로 없었기에, 결국 포르스만은 연구에 대한 열정도 접고, 전공을 흉부학과에서 비뇨기과로 바꾼 뒤 지방으로 내려가 평범한 의사로서의 삶을 살았다고 한다.

하지만 그가 찾아낸 귀중한 결과를 모두가 모른 체한 것만은 아니었다. 포르스만의 논문은 바다 건너 미국 뉴욕에 살던 의사 디킨슨 리처드와 앙드레 쿠르낭의 마음을 뒤흔들었다. 그들은 이 논문을 바탕으로 연구를 시작해 직접적으로 심장에 카테터를 삽입해 그 때까지는 미지의 영역이었던 심장의 비밀(심장 내 혈액의 산소 및 이산화탄소 농도, 혈액의 산성도, 심장의 박동에 따른 혈액의 움직임 등)을 알아내었고, 이는 심장 질환을 진단하고 치료하는 데 있어 가장 기본 정보가 되었다. 하지만 이들은 자신들의 연구에 실마리를 제공했던 포르스만을 잊지 않았고, 결국 이들 셋은 1956년 나란히 노벨 생리의학상의 주인공이 될 수 있었다.

때로는 최초의 실험은 무모한 열정에 의해 비롯되기도 하고, 최초의 성공은 인정을 받지 못하고 사라진 듯 보일 수도 있다. 하지만 그 것이 진정으로 사람들을 위한 열정의 결과물이라면 언젠가는 꼭 세상의 응원을 얻게 될 날이 올 것이다.

거리의 아이가 노벨상 수상자가 되다

: 전쟁의 아픔을 딛고 성공한 과학자 마이로 카페키(Mario Capecchi, 1937~)

현대 생물학 실험실에서 생쥐는 인간의 다양한 유전질환 연구에 대해 일차적 모델을 제시하는 귀중한 존재다. 그 중에서도 유전질환 연구에 쓰이는 생쥐는 발생 초기 단계에 특정한 유전자를 인위적으로 집어넣어(knock-in) 해당 유전자의 과발현 상태를 측정하거나, 혹은 인위적으로 특정 유전자를 제거(knock-out)한 뒤, 사라진 형질을 통해 그 유전자의 기능을 밝혀내는 역할을 담당하는 데 주요한 역할을 담당하고 있다. 현재 전 세계 실험실에서는 다양한 유전자 과발현 쥐(knock-in mouse)나 유전자 차단 쥐(knock-out mouse)를 이용해 다양한 유전질환 실험을 하고 있다. 그리고 실제로 이 모델을 이용해 몇몇 유전질환의 원인을 밝히고 그 대응책을 찾아내기도 했다. 그리고 이것이 가능하게 만들어 노벨상의 주인공이 된 3명의 수상자들 중에는 영화 속에서나 나올 만한 인생 역전을 겪은 이가 있다. 바로 마리오 카페키.

지금에야 마리오 카페키는 미국 유타대학교의 교수이며 노벨상 수상자로 널리 알려진 저명인사이지만, 그의 유년 시절은 결코 평탄하지 않았다. 카페키는 1937년 이탈리아 베로나에서 공군 장교였던 아버지와 시인이었던 어머니 사이에서 태어났다. 이들은 정식 결혼을 하지 않았기에 카페키는 어머니와 단둘이 어린 시절을 보냈다. 그런데 곧이어 제2차세계 대전이 터졌고 전쟁의 비극은 그를 덮쳤다. 1941년, 이탈리아 북부 시골에 살던 카페키의 집에 독일군이 들이닥쳤다. 이유는 그의 어머니가 파시즘에 반대하는 선전물을 돌렸다는 것이었다. 결국 카페키의 어머니는 정치범 수용소로 끌려갔다. 수용소로 끌려가기 전 어머니의 부탁으로 그들이 살던 집과 전 재산을 맡는 대신 어린 카페키를 돌봐주기로 약속했던 이웃은 어머니가 끌려가자마자 재산만을 차지한 채 카페키를 돌보지 않았고, 결국 카페키는 다섯 살의 어린 나이에 홀로 거리에 버려지게 되었다. 훗날 카페키는 당시를 '살아남기 위해 매일 먹는 것에만 사로잡혀 있던 시절'이라고 회상했을 정도로 그는 어린나이에 처절한 생존 투쟁을 겪어야 했다. 전쟁 통에 부모를 잃은 어린아이들은 거리에 넘쳐났고, 그 아이들을 돌봐주거나 따뜻하게 대해주는 사람은 드물었다. 어린 카페키는 굶주린 배를 움켜쥐고 또래 부랑아들과 무리를 지어 다니며 먹을 것을 훔쳐 먹고 거리에서 잠을 자다가 병에 걸리게 되었고, 감옥보다 못한 부랑자 수용소에 수용되게 된다. 그에게 희망이 찾아온 건 어머니와 헤어진 지 6년만인 1947년이었다. 1945년 독일과 이탈리아가 패망하자 정치범 수용소에서 풀려난 어머니가 무려 1년 반이나 전국을 돌아다니며 수소문한 끝에 결국 카페키를 찾아낸 것이었다.

극적인 상봉을 이룬 모자는 결국 이탈리아에서는 삶의 희망을 발견하지 못한 채 미국으로 이민길에 오른다. 당시 미국에는 어머니의 남동생들, 즉 카페키의 외삼촌들이 살고 있었기에 그들에게 몸을 의탁한 것이다. 당시 카페키는 열한 살이었지만 그때까지 교육이란 것을 받아본 적이 없어서 연필을 쥐는 법조차 몰랐다. 하지만 부모님 대신 따뜻한 사랑을 주었던 삼촌과 숙모 부부(카페키의 어머니는 이후 감옥에서 겪은 일에 대한 트라우마에서 벗어나지 못해 평생 그 후유증에 시달렸다고 한다), 그리고 아이의 불행한 처지를 이해하며 아이가 조금씩 따라올 수 있도록 기다려준 선생님의 도움으로 서서히 안정을 찾아갔다. 이후 그는 DNA 이중나선 구조를 밝혀내어 노벨상을 수상한 제임스 왓슨의 제자가 되어 1967년 하버드에서 박사학위를 받았고, 결국에는 스승의 뒤를 이어 노벨상 수상자의 반열에 오르는 위대한 업적을 이루어냈다. 삶의 나락 끝에서 모든 역경을 이겨낸 소년의 끈기가 결국 결실을 이룬 것이었다.

참고문헌

노벨상에 대하여

야자와사이언스연구소, 박선영 옮김, 『교양인을 위한 노벨상 강의-생리의학편』, 김영사, 2011

노벨재단 편저, 유영숙, 권오승, 한선규 공역, 『당신에게 노발상을 수여합니다-생리의학상』, 바다출판, 2014

한국생물과학협회, 『영광의 얼굴들』, 아카데미서적, 2007

아그네타 레비노비츠 · 닐스 린예르츠 공편, 이충호 등 역, 『노벨상, 그 100년의 역사』, 가람기획, 2002

바바 렌세이, 정성호 옮김, 『노벨상 100년』, 문학사상, 2003

예병일,『현대의학, 그 위대한 도전의 역사』, 사이언스북스, 2004

피터 도어티, 류운 옮김, 『노벨상 가이드』, 알마, 2008

황상익, 『인물로 보는 의학의 역사』, 여문각, 2004

예병일, 『인류를 구한 항균제들』, 살림, 2007

레토 슈나이더, 이정모 옮김, 『매드 사이언스 북』, 뿌리와 이파리, 2008

줄리 펜스터, 이경식 옮김, 『의학사의 이단자들』, 휴먼&북스, 2004

황상익, 『역사 속의 의인(醫人)들』, 서울대학교 출판부, 2004

하인리히 찬클, 전동열 · 이미선 옮김, 『과학사의 유쾌한 반란』, 아침이슬, 2006

매리언 켄들, 이성호 · 최돈찬 공역, 『세포전쟁』, 궁리, 2004

과학동아 편집부, 『내 생명의 설계도, DNA』, 과학동아북스, 2013

김유일 외, 『치료용 백신』, 기술산업정보 분석, 2003

박지욱, 〈박지욱의 진료실의 고고학자〉, 「청년의사」, http://www.docdocdoc.co.kr

노벨 재단 http://www.nobelprize.org/alfred_nobel/

브리태니커 노벨상 수상자 http://preview.britannica.co.kr/spotlights/nobel/

교육부 노벨상 교육자료 http://www.kdjpeace.com/

한국과학문화 진흥회 http://www.nobel.or.kr/

생물학연구정보센터(BRIC)의 핫이슈 노벨상 코너 http://bric.postech.ac.kr

한국어 위키백과 노벨생리의학상 인물 페이지

예병일 교수의 노벨상 뒤집어보기 http://yeh.pe.kr

각종 질병에 대한 정보 – 질병관리본부 http://www.cdc.go.kr/

암에 대한 정보 – 국가암정보센터 http://www.cancer.go.kr/
생명공학연구센터 바이오인 www.bioin.or.kr
한국바이오안전성정보센터 http://www.biosafety.or.kr/
즐거운 과학세상 사이언스올 과학박물관 http://www.scienceall.com
국가기술정보센터 미리안 과학기술모니터링 http://mirian.kisti.re.kr/main.jsp

제1장

「디프테리아」, 질병관리본부 발간 문서
이종호, 〈마법의 탄환을 쫓아서(6)–지석영과 에밀 베링〉, 「사이언스타임즈」, 2005
김옥주, 「디프테리아에 대한 근대의학적 개념의 형성 과정」, 『의사학 제7권 2호』, 1998
백경동, 「The Evolution and Value of Diphtheria Vaccine」, 『한국생물공학회지 26권 6호』, 2011
〈백신 안전 사용을 위한 핸드북〉, 「식품의약품안전청 바이오생약국」, 2009

제2장

서민, 『서민의 기생충 열전』, 을유문화사, 2013
이상욱, 〈모기와 말라리아〉, 『과학기술의 철학적 이해』, 제5판, 2011
여인석, 「학질에서 말라리아로 : 한국 근대 말라리아의 역사(1876–1945)」, 『의사학 제20권 1호』, 2011
이종호, 〈마법의 탄환을 쫓아서(8), 로널드 로스〉, 「사이언스타임즈」, 2006
〈끝나지 않은 전쟁, 말라리아〉, 「내셔널 지오그래픽」, 2007년 7월
「원충 감염증」, 질병관리본부 발간 문서

제3장

다니엘 토도스, 최돈찬 옮김, 『생리학의 아버지 파블로프』, 바다출판, 2006
김효석, 「러시아의 첫번째 노벨상 수상자 이반 파블로프」, 한러CIS과학기술협력센터 http://www.korustec.or.kr/
김옥주, 「파블로프의 조건반사 이론의 형성과정」, 『의사학 1권 1호』, 1992
서동오 외, 「공포의 생성과 소멸:파블로프 공포 조건화의 뇌회로를 중심으로」, 한국심리학회지 18권 1호, 2006
위키피디아 사이트 – 꼬마 앨버트 실험(Little Albert experiment) www.wikipedia.org

제4장

예병일, 〈로버트 코흐, 결핵균을 발견하다〉, 「보건세계 48권 2호」, 2001

예병일,「로베르트 코흐 다시 보기-결핵의 역사와 그의 생애」, http://vonex.tistory.com/1260

이종호, 「마법의 탄환을 좇아서(4), 로베르트 코흐와 파스퇴르」, 사이언스타임즈, 2005

〈세계 결핵의 날과 로버트 코흐〉, 「대한결핵협회, 보건세계 46권 3호」, 1999

「결핵」, 질병관리본부 발간 문서

결핵정보 대한 결핵협회 https://www.knta.or.kr/

제5장

왕연중, 「프레드릭의 인슐린 발명」, 한국발병진흥학회 발명 이야기 코너

송병기, 〈노벨생리의학상 뒷얘기〉, 「메디칼업저버」, 2002

박지욱, 〈박지욱의 진료실의 고고학자, 당뇨병 치료법과 뒷얘기들〉, 「청년의사」, 2013

이성규, 〈92마리째 개의 췌장에서 얻은 인슐린〉, 「사이언스타임즈」, 2007

대한당뇨병학회 당뇨병 자료 http://www.diabetes.or.kr/

제6장

이효근, 〈에이크만이 밝혀낸 비밀〉, 「과학동아」, 2007년 10월호

김형근, 〈쌀겨에서 위대한 영감을 얻다〉, 「사이언스타임즈」, 2014

윤덕노, 〈레몬주스 한 잔이 영국 해군 구했다〉, 「국방일보」, 2014

이상욱, 〈과학지식은 발견인가, 발명인가〉, 「철학으로 보는 과학」, 한국과학기술단체총연합회

안형준, 「관찰의 이론적재성에 대한 인지과학적 고찰」, 서울대학교 석사논문, 2006

각기병 정보, 대한민국의학정보센터

비타민 결핍증, 메드시티 비타민 정보 http://www.medcity.com

제7장

권석운, 『란트슈타이너가 들려주는 혈액형 이야기』, 자음과모음, 2005

정준영, 「피의 인종주의와 식민지 의학」, 『의사학 21권 3호』, 2012

김상연, 〈혈액형 성격학, 과학적 근거 없다〉, 「과학동아」, 2004년 12월호

황상익, 〈혈액형 발견한 외과의학의 구세주〉, 「과학동아」, 1998년 10월호
최용균, 〈ABO식 혈액형분류법을 발견한 카를 란트슈타이너〉, 「건강소식 34권 6호」, 2010
〈페루의 원주민들은 O형이 100%? 세계 각국의 ABO식 혈액형 분포도〉, 조선닷컴 인포그래픽스

제8장

마틴 브룩스, 이충호 옮김, 『초파리』, 갈매나무, 2013
송성수, 〈초파리로 유전의 비밀을 밝히다, 토머스 모건〉, 「기계저널 48권 2호」, 2008
김재성, 박준갑, 최조임, 〈인간 유전체의 축소판: 초파리 게놈〉, 「바이마이」, 2001
이성규, 〈돌연변이 초파리가 밝혀낸 유전자의 실체〉, 「사이언스타임즈」, 2007
〈초파리 거대 염색체〉http://labmed.hallym.ac.kr/cytogenetics/chrom-mamal.htm
〈초파리 거대 염색체 관찰〉http://amborella.net/2011-GeneralBiologyLab/12.pdf

제9장

페터 크뢰닝, 이동준 옮김, 『오류와 우연의 과학사』, 이마고, 2005
황상익, 〈제12회 1945년 노벨 생리 · 의학상, 플레밍 · 플로리 · 체인-기적의 특효약 페니실린〉, 「과학동아」, 199년 4월호
송성수, 〈우연은 준비된 사람에게만 주어진다-알렉산더 플레밍〉, 「기계저널 48호 9권」, 2008
동아사이언스 편집부, 〈뛰는 세균 위에 나는 항생제 박테리아가 뿔났다〉, 「과학동아」, 2008년 9월호
최용균, 〈항생제 시대의 태동, 페니실린 - 우연한 기회에 20세기 최고의 발견을 한 플레밍〉, 「건강소식 34권 8호」, 2010
박지욱, 「의사들, 손씻기를 시작하다」, 「청년의사」, 2013
송영구, 〈항생제 개발의 역사 및 현황〉, 「Infect. Chemother 44권 4호」, 2012
송재훈, 〈항생제 내성의 국내 현황 및 대책〉, 「대한내과학회지 77권 2호」, 2009
항생제 정보, 국민건강보험 항생제 정보, http://hi.nhic.or.kr
〈The discovery and development of Penicillin〉, http://botit.botany.wisc.edu/toms_fungi/nov2003.html

제10장

레이첼 카슨, 김은령 옮김, 『침묵의 봄』, 에코리브르, 2011

새런 맥그레인, 이충호 옮김, 『화학의 프로메테우스』, 가람기획, 2002

이성규, 〈축복과 재앙, DDT의 두 얼굴〉, 「사이언스타임즈」, 2007

임경순, 「레이첼 카슨의 『침묵의 봄』(1962) 출현의 역사적 배경 및 그 영향」, 『의사학 5권 2호』, 1996

〈먹이사슬과 생물농축〉, http://airlab.wkhc.ac.kr/acidrain/envdb/ham4/4-26.htm

임경순, 〈살충제의 개발과 그 남용 문제〉 http://science.postech.ac.kr/hs/C35/C35S003.html

월드워치, 〈말라리아 대책에 DDT부활론〉, http://koreacpa.org

김명진, 〈합성살충제와 레이첼 카슨의 『침묵의 봄』〉, http://walker71.com.ne.kr/OK05_pesticide.htm

제11장

제임스 왓슨, 하두봉 옮김, 『이중나선』, 전파과학사, 2000

매트 리들리, 김명남 옮김, 『프랜시스 크릭』, 을유문화사, 2011

브렌다 매독스, 나도선 · 진우기 공역, 『로절린드 프랭클린과 DNA, 양문, 2004

최승규, 〈생물_센트럴도그마와 DNA구조〉, 「과학동아」, 2010년 1월호

황중환, 〈생명의 신비를 푼 20세기의 신화:-프랜시스 크릭〉, 「과학동아」, 2004년 9월호

〈불운의 여성 과학자, 로절린드 프랭클린〉, 「과학과 기술 32권 11호」, 한국과학기술단체총연합회, 1999

제12장

조지프 르두, 강봉균 옮김, 『시냅스와 자아』, 동녘사이언스, 2005

예병일, 〈신경생리학에서 이온의 역할을 밝혀내어 전기생리학이 탄생하다〉, http://yeh.pe.kr

박찬웅, 「뇌연구의 발자취」, http://www.aistudy.com

〈오징어와 노벨상 이야기〉, 한종혜-닥터 한의 뇌과학 이야기, http://bsrc.kaist.ac.kr

〈최철희 교수의 세포생물학〉 http://blog.naver.com/cchoi4321

「신경조직」, http://biology.kangwon.ac.kr/bbs/uploadfile/data_01/1252895644_0.pdf 문서의

「신경계(뉴런, 탈분극, 흥분의 전도, 흥분의 전달, 중추신경, 말초신경)」, http://cfile219.uf.daum.net/attach/1952DA054C89BD1363BFB5 문서의 HTML

제13장

칼 짐머, 이한음 옮김, 『바이러스 행성』, 위즈덤하우스, 2013

에른스트 페터 피셔 · 캐롤 립슨 공저, 백영미 옮김, 『과학의 파우스트』, 사이언스북스, 2001

김우재, 〈생명의 기본입자 박테리오파지〉, 「과학과 기술 510호」, 2011

우정현, 〈슈퍼박테리아를 향한 인류의 반격〉, 「사이언스타임즈」, 2007-12-17

〈박테리오파지의 공격 및 침입의 세부〉, KISTI 글로벌 동향 브리핑(GTB)

〈바이러스학 총론〉, http://home.inje.ac.kr/~lecture/virology/virolindex.htm

〈Basic Life Cycle Of A T4 Bacteriophage〉, 유튜브닷컴

〈DNA가 유전물질임을 알게 해준 실험〉, 유투브닷컴

제14장

콘라트 로렌츠, 김천혜 옮김, 『솔로몬의 반지』, 사이언스북스, 2000

클라우스 타슈버 · 베네딕트 푀거 공저, 안인희 옮김, 『콘라트 로렌츠』, 사이언스북스 , 2006

비투스 드뢰셔, 이영희 옮김, 『휴머니즘의 동물학』, 이마고, 2003

최재천, 〈동물행동학의 역사와 연구 주제들〉, 「한국동물행동학 뉴스레터」, 1996

박시룡, 〈동물 행동학에서 본 '꿀벌의 춤'〉, 「한국양봉학회지 10권 2호」, 1995

황중환, 〈동물과 함께 새로운 학문을 개척하다 - 콘라트 로렌츠〉, 「과학동아」, 2004년 3월호

제15장

오딜 로베르, 심영섭 옮김, 『유전자 복제와 GMO』, 현실문화연구, 2011

〈DNA 재조합과 생명공학〉, http://cms.kut.ac.kr/common/downLoad.action?siteId=emc&fileSeq=14821

〈'핫이슈' 유전자조작식품 (Genetically Modified Organism; GMO)〉, http://bric.postech.ac.kr

유전자 재조합에 대한 다양한 정보들, 한국바이오안전성연구센터 www.biosafety.or.kr

〈DNA Replication Animation - Super EASY〉, 유튜브닷컴

〈유전자조작과정〉, 유튜브닷컴

〈형질전환 생쥐 만들기〉, 유튜브닷컴

第16장

이블린 폭스 켈러, 김재희 옮김, 『생명의 느낌』, 양문, 2001
서금영, 〈옥수수와 평생을 함께 한 유전학자, 바바라 매클린톡〉, 「과학향기」, 2006
〈유전자의 발현과 조절〉, http://kimwootae.com.ne.kr/mb/mb-generegulation.htm
〈염색체 이상〉, http://archive.today/nSmP
〈이동 유전자 – Transposon〉, http://kimwootae.com.ne.kr/generalbiology/transposon.htm
〈Transposon Shifting Genome〉, 유튜브닷컴

第17장

니콜라스 틸니, 김명철 옮김, 『트랜스플란트』, 청년의사, 2009
주호노, 〈장기이식의 역사와 현황〉, 「사이언스타임즈」, 2005
김명희, 〈인체장기이식〉, http://bprlib.kr/_attech/uploadFiles/patent/a8_2.pdf
〈인체장기 만드는 3D 프린트용 바이오 잉크 개발〉, 「연합뉴스」, 2014
질병관리본부 장기이식관리센터 www.konos.go.kr
사랑의 장기기증운동 본부 www.donor.or.kr
〈Hugh Herr: The new bionics that let us run, climb and dance〉, 유튜브닷컴
〈동물바이오신약장기개발사업단_이종장기이식과 면역거부반응〉, 유튜브닷컴

第18장

크리스티아네 뉘슬라인폴하르트, 김기은 옮김,『살아 있는 유전자』, 이치, 2006
마틴 브룩스, 이충호 옮김, 『초파리』, 갈매나무, 2013
김우재, 〈유전학자 일손 덜어준 고마운 '우렁각시' 염색체〉, 「사이언스온」, 2010
〈초파리의 축형성 유전학〉, http://202.20.99.17/~jjkim/Lecture/Embryol/Dev_Drosophila/Drosophila3.htm
〈배발생-호미오 박스(homeobox)〉, http://kimwootae.com.ne.kr/generalbiology/homeobox.htm
〈Embryonic Development〉, http://kimwootae.com.ne.kr/generalbiology/embryology.htm

제19장

김기홍, 『광우병 논쟁』, 해나무, 2009

김상윤 외, 〈사람에게서 발생하는 프리온 질환들〉, 대한의사협회지, 2010

강석기, 〈1982년 스탠리 프루시너 교수의 단백질 감염 인자 제안 – 인간광우병 공포 누그러뜨린 프리온 발견〉, 「과학동아」, 2008년 6월호

김종성, 〈광우병 및 프리온 질환〉, 「녹십자의보」, 2003

김지경 외, 〈프리온 질병 치료 연구 현황 및 국내 프리온 저해 연구〉, 「질병관리본부 면역병리센터 보고서」

크로이츠펠트–야콥병– 질병관리본부

〈Human Kuru〉, 유튜브닷컴

〈Mad Cow Disease〉, 유튜브닷컴

제20장

서경희, 신현영, 〈선충, 1mm 생명체의 위대함〉, http://www-2.kyungpook.ac.kr/~mmpl/2essay7.html

김우재, 〈40%의 인간, 착한벌레 예쁜꼬마선충〉, 「사이언스타임즈」, 2008

선웅, 〈Bcl–2 family의 신경세포 사멸 조절과 신경계 발달〉, 「한국생화학회지」, 2013년 12월호

세포자살 http://www.seehint.com/word.asp?no=12633

〈Apoptosis, 세포의 자살 프로그램〉 http://prozac.pe.kr/xfiles/season9/cite915_1.htm

〈Apoptotic Pathways〉, 유튜브닷컴

제21장

김상균 외, 〈한국인 헬리코박터 파일로리 감염의 진단과 치료 임상 진료지침 개정안 2013〉,「한국내과학회지 62권 1호」, 2013

임소형, 〈고집 센 과학자들 노벨상 먹었네〉, 「주간동아 506호」, 2005

최낙언, 〈헬리코박터 오해와 진실〉, http://seehint.com

〈과연 위암은 헬리코박터로 인해 딜레마에 빠졌는가〉, 「사이언스온」, 2011

〈헬리코박터 파일로리〉, 국가암정보센터, 2013

제22장

최낙언, 〈면역이 없어지면 치명적〉, http://www.seehint.com

박미용, 〈HIV 발견 둘러싼 논란 종식〉, 「사이언스타임즈」, 2008

KISTI 미리안, 〈국경없는의사회는 왜 의약품 차등가격제에 반대할까?〉, 「글로벌동향브리핑」, 2014

〈후천성면역결핍증 (AIDS)〉, http://bric.postech.ac.kr/

〈HIV and AIDS〉, 유튜브닷컴

제23장

만프레트 라이츠, 정수정 옮김, 『세포들의 반란』, 프로네시스, 2008

바이오매니아, 〈올해의 노벨상과 여성과학자〉, 「굿모닝사이언스」, 2009

정인권, 〈노화시계-텔로미어〉, 「과학과 기술」, 2005년 7월호

박상철, 「우리 몸의 노화와 기능적 장수」, http://www.ihappyworld.net/nboard/n_bbs_sql.php?mode=mdown&no=137&PHPSESSID=0a72fa0dd8371a2886628b944df2156d

〈텔로미어-텔로미어 연관 노화와 암〉, 「과학으로 세상의 감을 잡다」, http://plug.hani.co.kr/gwagam

제24장

라르스 함베르예르, 렌나르트 닐손 사진, 고경심 옮김, 『아기의 탄생』, 지식의 숲, 2006

〈시험관 아기〉, 메드시티 http://www.medcity.com

〈'시험관 아기'로 신의 섭리 넘어서다〉, 「과학동아」, 2010년 11월호

〈'시험관 아기 1호' 엄마 된다〉, 「중앙일보」, 2006

〈Test-tube babies〉, 유튜브닷컴

제25장

야마나카 신야 · 미도리 신야 공저, 김소연 옮김, 『가능성의 발견』, 해나무, 2013

일본 뉴턴 프레스, 『재생의학의 새로운 길 IPS 세포』, 뉴턴코리아, 2010

박병상, 〈양서류 복제에서 포유류 복제까지, 그 논쟁들〉, 『생명윤리 제1권 제1호』, 2000

〈iPS Cell revolution〉, 유튜브닷컴

하리하라의 청소년을 위한 의학 이야기

펴낸날 **초판 1쇄 2014년 6월 30일**
초판 16쇄 2024년 6월 3일

지은이 **이은희**
펴낸이 **심만수**
펴낸곳 **(주)살림출판사**
출판등록 **1989년 11월 1일 제9-210호**

주소 **경기도 파주시 광인사길 30**
전화 **031-955-1350** 팩스 **031-624-1356**
홈페이지 **http://www.sallimbooks.com**
이메일 **book@sallimbooks.com**

ISBN 978-89-522-2895-6 03400
살림Friends는 (주)살림출판사의 청소년 브랜드입니다.